U0286553

国家级工程训练示范中心"十三五"规划教材

机械工程训练

主　编　魏德强　吕汝金　刘建伟

副主编　廖维奇　王喜社　桂　慧

清华大学出版社

北京

内 容 简 介

　　本书为机械工程训练(金工实习)教材,由桂林电子科技大学组织编写。全书共分四篇13章,主要内容包括工程材料基础、铸造、锻压、焊接、金属热处理、车工、铣工、刨工、磨工、钳工、数控加工及特种加工等内容。本书内容力求精选,讲求实用,图文并茂,便于自学。

　　本书可作为高等院校工科、理科类学生机械工程训练指导教材,也可供高职、高专、成人高校有关学生和相关工程技术人员作为参考。

图书在版编目(CIP)数据

　　机械工程训练/魏德强,吕汝金,刘建伟主编.--北京:清华大学出版社,2016(2024.1重印)
　　国家级工程训练示范中心"十三五"规划教材
　　ISBN 978-7-302-42935-7

　　Ⅰ. ①机… Ⅱ. ①魏… ②吕… ③刘… Ⅲ. ①机械工程-高等学校-教材 Ⅳ. ①TH

　　中国版本图书馆 CIP 数据核字(2016)第 030551 号

责任编辑:赵　斌　赵从棉
封面设计:常雪影
责任校对:赵丽敏
责任印制:杨　艳

出版发行:清华大学出版社
　　　　　　网　　　址:https://www.tup.com.cn, https://www.wqxuetang.com
　　　　　　地　　　址:北京清华大学学研大厦 A 座　　　　　　邮　　编:100084
　　　　　　社 总 机:010-83470000　　　　　　　　　　　　　邮　　购:010-62786544
　　　　　　投稿与读者服务:010-62776969, c-service@tup.tsinghua.edu.cn
　　　　　　质量反馈:010-62772015, zhiliang@tup.tsinghua.edu.cn
印 装 者:三河市科茂嘉荣印务有限公司
经　　销:全国新华书店
开　　本:185mm×260mm　　**印　　张:**23.25　　　　　**字　　数:**562 千字
版　　次:2016 年 3 月第 1 版　　　　　　　　　　　　　**印　　次:**2024 年 1 月第 11 次印刷
定　　价:59.80 元(全两册)

产品编号:067957-03

国家级工程训练示范中心"十三五"规划教材

编审委员会

顾问

傅水根

主任

梁延德　孙康宁

委员（以姓氏首字母为序）

陈君若　贾建援　李双寿　刘胜青　刘舜尧

邢忠文　严绍华　杨玉虎　张远明　朱华炳

秘书

庄红权

前言

FOREWORD

    本教材结合我校多年的机械工程实践教学经验,并考虑工程训练教学发展的新形势需要,参考了众多工程训练教材及技术文档编写而成。

    机械工程训练是高等院校学生的重要实践教学环节之一,它是一门传授机械制造基础知识和技能的基础课。学生在训练过程中通过独立的实践操作,将有关机械制造的基本工艺知识、基本工艺方法和基本工艺实践等有机结合起来,了解新工艺、新材料在现代机械制造工程中的应用,拓宽工程视野,进行工程实践综合能力的训练及进行思想品德和素质的培养与锻炼;可以培养学生严谨的科学作风,让学生有更多的独立设计、独立制作和综合训练的机会,使学生动手动脑,并在求新求变和反复地归纳与比较中丰富知识,锻炼能力,从而提高学生的综合素质,培养创新精神和创新能力。

    本教材编写中力求简明扼要,突出重点,注重基本概念,讲求实用,强调可操作性和便于自学,供学生在工程训练期间预习和复习使用。

    本教材由桂林电子科技大学机电综合工程训练中心魏德强、吕汝金、刘建伟、廖维奇、王喜社和武汉轻工大学桂慧编写。其中,第1,2,3,5章由魏德强编写,第6,9章由吕汝金编写,第4,13章由刘建伟编写,第7,8章由廖维奇编写,第10,11章由王喜社编写,第12章由桂慧、廖维奇编写。

    本教材在编写过程中,得到了桂林电子科技大学教学实践部领导和机电综合工程训练中心全体教职工的热情帮助和支持,在此一并致谢。

    由于编者水平有限,书中难免存在错误疏漏之处,恳请广大读者批评指正。

编　者

2015 年 9 月

目 录

CONTENTS

第四篇　现代制造技术训练

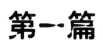

第一篇

工程训练基础

CHAPTER 1

工程材料基础

1.1 工程材料概述

翻开人类文明史,不难发现,材料的开发、使用和完善贯穿始终。从天然材料的使用到陶器和青铜器的制造,从钢铁冶炼到材料合成,人类成功地制造出满足自身需求的材料,进而走出深山、洞穴,奔向茫茫平原和辽阔海洋,飞向广袤的太空。

人类社会的发展历史证明,材料是人类生产与生活的物质基础,是社会进步与发展的前提。当今社会,材料、信息和能源技术已构成了人类现代社会大厦的三大支柱,而且能源和信息的发展都离不开材料,所以世界各国都把研究、开发新材料放在突出的地位。

材料是人类社会可接受、能经济地制造有用器件(或物品)的固体物质。工程材料是在各工程领域中使用的材料。工程上使用的材料种类繁多,有许多不同的分类方法,按化学成分、结合键的特点,可将工程材料分为金属材料、非金属材料和复合材料三大类,见表 1-1。

表 1-1 工程材料分类

金 属 材 料		非 金 属 材 料			复 合 材 料
黑色金属材料	有色金属材料	无机非金属材料	有机高分子材料		
碳素钢、合金钢、铸铁等	铝、镁、铜、锌及其合金等	水泥、陶瓷、玻璃等	合成高分子材料(塑料、合成纤维、合成橡胶等)	天然高分子材料(木材、纸、纤维、皮革等)	金属基复合材料、塑料基复合材料、橡胶基复合材料、陶瓷基复合材料等

金属材料可分为黑色金属材料和有色金属材料。黑色金属材料主要是铁基金属合金,包括碳素钢、合金钢、铸铁等;有色金属材料包括轻金属及其合金、重金属及其合金等。而非金属材料可分为无机非金属材料和有机高分子材料。无机非金属材料包括水泥、陶瓷、玻璃等,有机高分子材料包括塑料、橡胶及合成纤维等。上述两种或两种以上材料经人工合成后,获得的优于组成材料特性的材料称为复合材料。

工程材料按照用途可分为两大类,即结构材料和功能材料。结构材料通常指工程上对硬度、强度、塑性及耐磨性等力学性能有一定要求的材料,主要包括金属材料、陶瓷材料、高分子材料及复合材料等。功能材料是指具有光、电、磁、热、声等功能和效应的材料,包括半导体材料、磁性材料、光学材料、电解质材料、超导体材料、非晶和微晶材料、形状记忆合金等。

工程材料按照应用领域还可分为信息材料、能源材料、建筑材料、生物材料和航空材料等多种类别。

1.2　金　属　材　料

金属材料是人们最为熟悉的一种材料,机械制造、交通运输、建筑、航天航空、国防与科学技术等各个领域都需要使用大量的金属材料,因此,金属材料在现代工农业生产中占有极其重要的地位。

金属材料是由金属元素或以金属元素为主、其他金属或非金属元素为辅构成的,并具有金属特性的工程材料。金属材料品种繁多,工程上常用的金属材料主要有黑色及有色金属材料等。

黑色金属材料中使用最多的是钢铁。钢铁是世界上的头号金属材料,年产量高达数亿吨。钢铁材料广泛用于工农业生产及国民经济各部门。例如,各种机器设备上大量使用的轴、齿轮、弹簧,建筑上使用的钢筋、钢板,以及交通运输中的车辆、铁轨、船舶等都要使用钢铁材料。通常所说的钢铁是钢与铁的总称。实际上钢铁材料是以铁为基体的铁-碳合金,当碳的质量分数大于 2.11% 时称为铁,当碳的质量分数小于 2.11% 时称为钢。

为了改善钢的性能,人们常在钢中加入硅、锰、铬、镍、钨、钼及钒等合金元素。它们各有各的作用,有的提高强度,有的提高耐磨性,有的提高抗腐蚀性能,等等。在冶炼时有目的地向钢中加入合金元素就形成了合金钢。合金钢中合金元素含量虽然不多,但具有特殊的作用,就像炒菜时放入少量的味精一样,含量不多但味道鲜美。合金钢种类很多,按照性能与用途不同,合金钢可分为合金结构钢、合金工具钢、不锈钢、耐热钢、超高强度钢等。

人们可以按照生产实际提出的使用要求,加入不同的合金元素而设计出不同的钢种。例如,切削工具要求硬度及耐磨性较高,在切削速度较快、温度升高时其硬度不降低。按照这样的使用要求,人们就设计了一种称为高速工具钢的刀具材料,其中含有钨、钼、铬等合金元素。普通钢容易生锈,化工设备及船舶壳体等的损坏都与腐蚀有关。据不完全统计,全世界因腐蚀而损坏的金属构件约占总产量的 10%。人们经过大量试验发现,在钢中加入 13% 的铬元素后,钢的抗蚀性能显著提高,如在钢中同时加入铬和镍,还可以形成具有新的显微组织的不锈钢,于是人们设计出了一种能够抵抗腐蚀的不锈钢。

有色金属包括铝、铜、钛、镁、锌、铅及其合金等,虽然它们的产量及使用量不如钢铁材料多,但由于具有某些独特的性能和优点,从而成为当代工业生产中不可缺少的材料。

由于金属材料的历史悠久,因而在材料的研究、制备、加工以及使用等方面已经形成了一套完整的系统,拥有一整套成熟的生产技术和巨大的生产能力,并且经受住在长期使用过程中各种环境的考验,具有稳定可靠的质量,以及其他任何材料不能完全替代的优越性能。金属材料的另一个突出优点是性价比较高,在所有的材料中,除了水泥和木材外,钢铁是最便宜的材料,它的使用可谓量大面广。由于金属材料具有成熟稳定的工艺,大规模的现代化装备以及高性价比,因而具有强大的生命力,在国民经济中占有极其重要的位置。

此外,为了适应科学技术的高速发展,人们还在不断推陈出新,进一步发展新型的、高性能的金属材料,如超高强度钢、高温合金、形状记忆合金、高性能磁性材料以及储氢合金等。

1. 碳素钢

碳素钢是指碳的质量分数小于 2.11% 并含有少量硅、锰、硫、磷等杂质元素的铁-碳合金,简称碳钢。其中锰、硅是有益元素,对钢有一定强化作用;硫、磷是有害元素,会分别增加钢的热脆性和冷脆性,应严格控制。碳钢的价格低廉,工艺性能良好,在机械制造中应用广泛。常用碳钢的牌号及用途见表1-2。

表1-2 常用碳钢的牌号及用途

名称	牌号	应用举例	说 明
碳素结构钢	Q215A 级	承受载荷不大的金属结构件,如薄板、铆钉、垫圈、地脚螺栓及焊接件等	碳素钢的牌号是由代表钢材屈服点的汉语拼音的第一个字母"Q"、屈服点(强度)值(MPa)、质量等级符号、脱氧方法四个部分组成。其中质量等级共分四级,分别以 A、B、C、D 表示
	Q235A 级	金属结构件、钢板、钢筋、型钢、螺母、连杆、拉杆等,Q235C 级、Q235D 级可用作重要的焊接结构	
优质碳素结构钢	15	强度低,塑性好,一般用于制造受力不大的冲压件,如螺栓、螺母、垫圈等。经过渗碳处理或氰化处理可用作表面要求耐磨、耐腐蚀的机械零件,如凸轮、滑块等	牌号的两位数字表示平均含碳量的万分数,45 钢即表示平均碳的质量分数为 0.45%。含锰量较高的钢,须加注化学元素符号 Mn[①]
	45	综合力学性能和切削加工性能均较好,用于强度要求较高的重要零件,如曲轴、传动轴、齿轮、连杆等	
碳素铸钢	ZG200—400	有良好的塑性、韧性和焊接性能,用于受力不大、要求韧性好的各种机械零件,如机座、变速箱壳等	ZG 代表铸钢,其后第一组数字为屈服点(MPa),第二组数字为抗拉强度(MPa)。ZG200—400 表示屈服强度为 200MPa、抗拉强度为 400MPa 的碳素铸钢

2. 合金钢

为了改善和提高钢的性能,在碳钢的基础上加入其他合金元素的钢称为合金钢。常用的合金元素有硅、锰、铬、镍、钨、钼、钒、稀土元素等。合金钢还具有耐低温、耐腐蚀、高磁性、高耐磨性等良好的特殊性能,它在工具或力学性能、工艺性能要求高的、形状复杂的大截面零件或有特殊性能要求的零件方面,得到了广泛应用。常用合金钢的牌号、性能及用途见表1-3。

表1-3 常用合金钢的牌号、性能及用途

种 类	牌 号	性能及用途
普通低合金结构钢	9Mn2、10MnSiCu、16Mn、15MnTi	强度较高,塑性良好,具有良好的焊接性和耐蚀性,用于建造桥梁、车辆、船舶、锅炉、高压容器、电视塔等
渗碳钢	20CrMnTi、20Mn2V、20Mn2TiB	心部的强度较高,用于制造重要的或承受重载荷的大型渗碳零件

---

① 含碳量表示碳的质量分数,含锰量表示锰的质量分数,余同。

续表

种　　类	牌　　号	性能及用途
调质钢	40Cr、40Mn2、30CrMo、40CrMnSi	具有良好的综合力学性能(高的强度和足够的韧性),用于制造一些复杂的重要机器零件
弹簧钢	65Mn、60Si2Mn、60Si2CrVA	淬透性较好,热处理后组织可得到强化,用于制造承受重载荷的弹簧
滚动轴承钢	GCr4、GCr15、GCr15SiMn	用于制造滚动轴承的滚珠、套圈

3. 铸铁

　　碳的质量分数大于 2.11% 的铁-碳合金称为铸铁。由于铸铁含有的碳和杂质较多,其力学性能比钢差,不能锻造。但铸铁具有优良的铸造性、减振性及耐磨性等特点,加之价格低廉,生产设备和工艺简单,是机械制造中应用最多的金属材料。据资料表明,铸铁件占机器总质量的 45%～90%。常用铸铁的牌号、用途见表1-4。

表 1-4　常用铸铁的牌号、应用及说明

名称	牌　　号	应用举例	说　　明
灰铸铁	HT150	用于制造端盖、泵体、轴承座、阀壳、管子及管路附件、手轮,一般机床底座、床身、滑座、工作台等	"HT"为"灰铁"两字汉语拼音的字头,后面的一组数字表示 $\phi30$ 试样的最低抗拉强度。如 HT200 表示灰铸铁的抗拉强度为 200MPa
灰铸铁	HT200	用于承受较大载荷和较重要的零件,如汽缸、齿轮、底座、飞轮、床身等	
球墨铸铁	QT400—18 QT450—10 QT500—7 QT800—2	广泛用于机械制造业中受磨损和受冲击的零件,如曲轴(一般用 QT500—7)、齿轮(一般用 QT450—10)、汽缸套、活塞环、摩擦片、中低压阀门、千斤顶座、轴承座等	"QT"为球墨铸铁的代号,后面的数字表示最低抗拉强度和最低伸长率。如 QT500—7 即表示球墨铸铁的抗拉强度为 500MPa,伸长率为 7%
可锻铸铁	KTH300—06 KTH330—08 KTZ450—06	用于受冲击、振动等零件,如汽车零件、机床附件(如扳手)、各种管接头、低压阀门、农具等	"KTH""KTZ"分别为黑心和珠光体可锻铸铁的代号,后面的数字分别代表最低抗拉强度和最低伸长率

4. 有色金属及其合金

　　有色金属的种类繁多,虽然产量和使用不及黑色金属,但由于其具有的某些特殊性能,已成为现代工业中不可缺少的材料。常用有色金属及其合金的牌号、应用及说明见表1-5。

表 1-5　常用有色金属及其合金的牌号举例、应用及说明

名称	牌　　号	应用举例	说　　明
纯铜	T1	电线、导电螺钉、储藏器及各种管道等	纯铜分 T1～T4 四种。如 T1(一号铜)铜的质量分数为 99.95%,T4 铜的质量分数为 99.50%
黄铜	H62	散热器、垫圈、弹簧、各种网、螺钉及其他零件等	"H"表示黄铜,后面数字表示铜的质量分数,如 62 表示铜的质量分数为 60.5%～63.5%

续表

名称	牌号	应用举例	说明
纯铝	1070A 1060 1050A	电缆、电气零件、装饰件及日常生活用品等	铝的质量分数为98%～99.7%
铸铝合金	ZL102	耐磨性中上等,用于制造载荷不大的薄壁零件等	"Z"表示铸,"L"表示铝,后面数字表示顺序号。如 ZL102 表示 Al-Si 系 02 号合金

5. 金属材料的性能

金属材料的性能分为使用性能和工艺性能,具体说明见表1-6。

表 1-6　金属材料的性能

性能名称			性能内容
	物理性能		包括密度、熔点、导电性、导热性及磁性等
	化学性能		指金属材料抵抗各种介质的侵蚀能力,如抗腐蚀性能等
使用性能	力学性能	强度	在外力作用下材料抵抗变形和破坏的能力,分为抗拉强度 σ_b、抗压强度 σ_{bc}、抗弯强度 σ_{bb} 及抗剪强度 τ_b,单位均为 MPa
		硬度	衡量材料软硬程度的指标,较常用的硬度测定方法有布氏硬度(HBS,HBW)、洛氏硬度(HR)和维氏硬度(HV)等
		塑性	在外力作用下材料产生永久变形而不发生破坏的能力,常用指标是断后伸长率 δ_5、δ_{10}(%)和断面收缩率 ψ(%)。δ 和 ψ 越大,材料塑性越好
		冲击韧度	指材料抵抗冲击力的能力,常把各种材料受到冲击破坏时,消耗能量的数值作为冲击韧度的指标,用 α_K 表示。冲击韧度值主要取决于塑性、硬度,尤其是温度对冲击韧度值的影响更具有重要的意义
		疲劳强度	材料在多次交变载荷作用下而不至引起断裂的最大应力
	工艺性能		包括热处理工艺性能、铸造性能、锻造性能、焊接性能及切削加工性能等

1.3　硬　　度

硬度是指材料抵抗比它更硬的物体压入其表面的能力,即受压时抵抗局部塑性变形的能力。硬度是衡量金属软硬的判据。机械制造业所用的刀具、量具等必须具备足够的硬度,才能保证使用性能的要求。一些重要的机械零件如轴承、齿轮等也必须具备一定的硬度才能正常使用。

硬度试验操作简单、迅速,不一定要用专门的试样,且不破坏零件,根据测得的硬度值还能估计金属材料的近似强度值,因而被广泛使用。硬度还影响到材料的耐磨性,一般情况下金属的硬度越高,耐磨性也越高。目前生产中采用的硬度试验方法主要有布氏硬度、洛氏硬度和维氏硬度等。

1.3.1　布氏硬度

1. 布氏硬度试验的基本原理

图 1-1(a)所示为布氏硬度测试原理的示意图,用直径为 D 的钢球或硬质合金球作压头,在压力 P 作用下压入试样表面,经规定的保持时间后,卸除压力,测量压痕直径 d。根据压力压痕的平均直径(见图 1-1(b)),用下式可求出布氏硬度值:

$$\text{HBS} = \frac{2P}{\pi D(D - \sqrt{D^2 - d^2})} \times 0.102$$

式中:P——压力,N;

$\quad\quad D$——球体直径,mm;

$\quad\quad d$——压痕平均直径,mm。

从上式可以看出,当压力 P 和球体直径一定时,压痕直径 d 越小,则布氏硬度值越大,也就是硬度越高。布氏硬度的单位为 MPa,但习惯上不予标出。在实际应用中,布氏硬度值一般不用计算方法求得,而是先测出压痕直径 d,然后从专门的硬度表中查得相应的布氏硬度值。

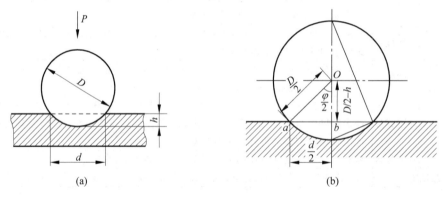

图 1-1　布氏硬度测试原理

(a) 原理图;(b) h 和 d 的关系

压头为钢球时用 HBS,适用于布氏硬度值在 450 以下的材料;压头为硬质合金球时用 HBW,适用于布氏硬度值在 650 以下的材料。表示布氏硬度值时,在符号 HBS 或 HBW 前的数字为硬度值,符号后按一定顺序用数字表示试验条件(球体直径、压力大小和保持时间等)。如 160HBS10/1000/30 表示用直径 10mm 的钢球在 1000kgf① 压力作用下保持 30s 测得的布氏硬度为 160。当保持时间为 10~15s 时,不标注。

2. 布氏硬度试验机的结构和操作

布氏硬度试验主要用于组织不均匀的锻钢和铸铁的硬度测试。锻钢和灰铸铁的布氏硬度与拉伸试验有着较好的对应关系。

---

① 　1kgf=9.80665N。

HB—3000 型布氏硬度试验机的外形结构如图 1-2 所示。其主要部件及作用说明如下：

（1）机体与工作台：铸铁机体，在机体前台面上安装了丝杠座，其中装有丝杠 5，丝杠上装有立柱 4 和工作台 3，可上下移动。

（2）杠杆机构：杠杆系统通过电动机将载荷自动加在试样上。

（3）压轴部分：用以保证工作时试样与压头中心对准。

（4）减速器部分：带动曲柄及曲柄连杆，在电机转动及反转时，将载荷加到压轴上或从压轴上卸除。

（5）换向开关系统：用于控制电机回转方向，使加、卸载荷自动进行。

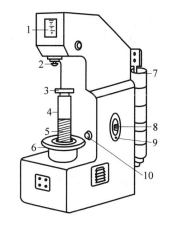

图 1-2　HB—3000 型布氏硬度试验机
外形结构图

1—指示灯；2—压头；3—工作台；4—立柱；
5—丝杠；6—手轮；7—载荷砝码；8—压紧螺钉；
9—时间定位器；10—加载按钮

1.3.2　洛氏硬度

1. 洛氏硬度试验的基本原理

洛氏硬度试验与布氏硬度试验不同，它采用测量压痕深度的方法来确定材料的硬度值。洛氏硬度的测量原理如图 1-3 所示。在初始试验力 F_0 和总试验力 F_0+F_1 的先后作用下，将顶角为 120°的金刚石圆锥体或直径为 1.588mm 的淬火钢压入试样表面，经规定保持时间后，卸除主试验力，用测得的残余压痕深度增量来计算洛氏硬度值。

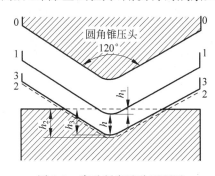

图 1-3　洛氏硬度试验原理图

图 1-3 中，0—0 为压头未与试样接触时的位置；1—1 为压头受到初始试验力 F_0 后压入试样的位置；2—2 为压头受到总试验力 F_0+F_1 后压入试样的位置；经规定的保持时间后，卸除主试验力 F_1，仍保持初始试验力 F_0，由于试样弹性变形的恢复使压头上升到 3—3 的位置。此时压头受主试验力作用压入深度为 h，即 1—1 至 3—3 的位置。h 值越小，则金属硬度越高。为了与习惯上数值越大硬度越高的概念相一致，采用一常数 K 减去 h_3-h_1 的差值来表示硬度值。

为简便起见，又规定每 0.002mm 压入深度作为一个硬度单位（即刻度盘上一小格）。洛氏硬度值的计算公式为

$$HR = \frac{K-(h_3-h_1)}{0.002}$$

式中：h_1——预加载荷压入试样的深度，mm；

　　　h_3——卸除主载荷后压入试样的深度，mm；

K——常数,采用金刚石圆锥压头时 $K=0.2$(用于 HRA、HRC),采用淬火钢球压头时 $K=0.26$(用于 HRB)。

因此上式可改写为

$$HRC(或 HRA) = 100 - \frac{h_3 - h_1}{0.002}, \quad HRB = 130 - \frac{h_3 - h_1}{0.002}$$

由此可见,洛氏硬度值是一个无量纲的材料性能指标,硬度值在试验时直接从硬度计的表盘上读出。

2．洛氏硬度试验机的结构和操作

H—100 型杠杆式洛氏硬度试验机的结构如图 1-4 所示,其主要部分及作用如下:

（1）机体及工作台:铸铁机体,在机体前面安装有不同形状的工作台 5。通过手轮 7 的转动,借助螺杆 6 的上下移动从而使工作台上升或下降。

（2）加载机构:由加载杠杆 10(横杆)及挂重架 11(纵杆)等组成,通过杠杆系统将载荷传至压头 3 而压入试样 4,借扇形齿轮 18 的转动可完成加载和卸载任务。

（3）千分表指示盘:通过刻度盘指示各种不同的硬度值(见图 1-5)。

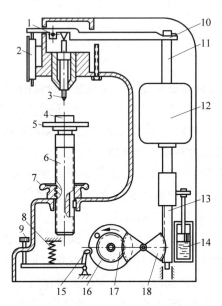

图 1-4　H—100 型洛氏硬度试验机结构图

1—支点;2—指示器;3—压头;4—试样;5—工作台;6—螺杆;
7—手轮;8—弹簧;9—按钮;10—横杆;11—纵杆;12—重锤;
13—齿轮;14—油压缓冲器;15—插销;16—转盘;17—小齿轮;
18—扇形齿轮

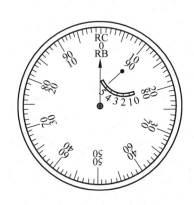

图 1-5　千分表指示盘

国家标准 GB/T 230—1991 规定,洛氏硬度用符号 HR 表示,根据压头和试验力的不同,共有 9 种标尺,常用的有 HRA、HRB、HRC 三种。这三种洛氏硬度的压头、负荷及使用范围列于表 1-7。

表 1-7   常见洛氏硬度的试验规范及使用范围

标尺所用符号/压头	总负荷/kgf	表盘上刻度颜色	测量范围	相当维氏硬度值	应 用 范 围
HRA 金刚石圆锥	60	黑色	70～85	390～900	碳化物、硬质合金、淬火工具钢、浅层表面硬化层
HRB 1/16" 钢球	100	红色	25～100	60～240	软钢(退火态、低碳钢正火态)、铝合金
HRC 金刚石圆锥	150	黑色	20～67	249～900	淬火钢、调质钢、深层表面硬化层

注：(1) 金刚石圆锥的顶角为 $120°+30'$，顶角圆弧半径为 $0.21±0.01$mm；

     (2) 初负荷均为 10kgf。

洛氏硬度试验方法简单直观，操作方便，测试硬度范围大，可以测量从很软到很硬的金属材料，且测量时几乎不损坏零件，因而成为目前生产中应用最广的试验方法。但由于压痕较小，当材料内部组织不均匀时，会使测量值不够准确，因此在实际操作时一般至少选取 3 个不同部位进行测量，取其算术平均值作为被测材料的硬度值。

1.3.3   维氏硬度

维氏硬度也是一种压入式硬度试验，其试验原理如图 1-6 所示。将一个相对面夹角为 136° 的正四棱锥体金刚石压头，以选定的试验力压入试样表面，经规定的保持时间后，卸除试验力，测量压痕对角线长度。维氏硬度值为单位压痕表面积所承受试验力的大小，用符号 HV 表示，单位为 kgf/mm²，通常引入常数转换成国际单位 N/mm²，计算公式如下：

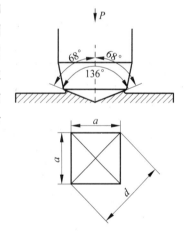

$$HV = 0.1891 \frac{P}{d^2}$$

式中：P——试验力，N；

    d——压痕两对角线长度算术平均值，mm。

在实际应用中，维氏硬度与布氏硬度一样，不用通过计算，而是根据压痕对角线长度直接查表求得。

图 1-6   维氏硬度的测试原理

由于试验力小，压入深度浅，故维氏硬度试验适用于测定金属镀层、薄片金属、表面硬化层以及化学热处理后的表面硬度。试验力选择应根据材料硬度及硬化层或试样厚度来定。当试验力小于 1.961N 时，压痕非常好，可用于测量金相组织中不同相的硬度，此时测得的硬度值称为显微硬度，用符号 HM 表示。

维氏硬度试验可测量从很软到很硬的各种金属材料，且连续性好，准确度高，但试验时对零件表面质量要求较高，方法较繁琐，效率较低。

1.4　非金属材料

1.4.1　非金属材料的分类

非金属材料的分类如图 1-7 所示。

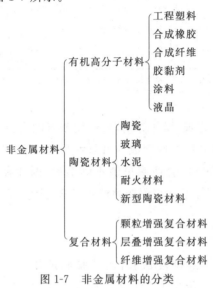

图 1-7　非金属材料的分类

1.4.2　高分子材料

1. 塑料

塑料是高分子化合物,其主要成分是合成树脂,再加入各种添加剂而制成,塑料在一定的温度、压力下可软化成形,是最主要的工程结构材料之一。由于塑料具有许多优良的性能,如具有良好的电绝缘性、耐腐蚀性、耐磨性、成形性,而且密度较小等,因此不仅在日常生活中到处可见,在工程结构中也得到广泛应用。

塑料的种类很多,按性能可分为热塑性塑料和热固性塑料两大类。

热塑性塑料通常为线形结构,在加热时软化和熔融,冷却后能保持一定的形状,再次加热时又可软化和熔融,具有可塑性并易于加工成形。此外,热塑性塑料能溶于有机溶剂。属于热塑性塑料的有聚乙烯(PE)、聚氯乙烯(PVC)、聚丙烯(PP)、聚苯乙烯(PS)和 ABS 等。常用热塑性塑料的名称、性能、用途见表 1-8。

热固性塑料固化后再次加热时,不能像热塑性塑料那样再次软化和熔融,不再具有可塑性。热固性塑料通常为网形结构,不溶于有机溶剂。属热固性塑料的有酚醛树脂(PF)、环氧塑料(FP)等。常用热固性塑料的名称、性能、用途见表 1-9。

塑料按用途可分为通用塑料、工程塑料和其他塑料。通用塑料有酚醛塑料、聚乙烯(PF)、聚氯乙烯(PVC)、聚丙烯(PP)和聚苯乙烯(PS)等。工程塑料有聚酰胺(PA,俗称尼龙)、聚碳酸酯(PC)、聚甲醛(POM)和 ABS 等。工程塑料具有良好的力学性能,能替代金属制造一些机械零件和工程结构件。还有一些有特殊性能的塑料,如聚四氟乙烯,它具有很好的耐蚀、耐磨和耐热性,有塑料王之称,但产量较少,价格较高,仅用于特殊用途。随着塑料工业的发展,新塑料品种不断出现,这几种塑料之间已没有明显的界限了。

表 1-8　常用热塑性塑料的名称、性能、用途

名　　　称	性　　　能	应用举例
聚乙烯(PE)	无毒无味,质地较软,比较耐磨、耐腐蚀,绝缘性较好	薄膜、软管,如塑料管、塑料板、塑料绳等
聚丙烯(PP)	具有良好的耐磨性、耐热性、耐折性、绝缘性	机械零件、医疗器械、生活用具,如齿轮、叶片、壳体、包装袋等
聚苯乙烯(PS)	无色、透明,着色性好,耐腐蚀、耐绝缘,但易燃、易脆裂	仪表零件、设备外壳及隔音、包装、救生等器材
ABS	具有良好的耐腐蚀性、耐磨性、加工工艺性、着色性等综合性能	轴承、齿轮、叶片、叶轮、管道、容器、方向盘等
聚酰胺(PA)	强度、韧性较高,耐磨性、自润滑性、成形工艺性、耐腐蚀性良好	仪表、机械零件、电缆护层,如油管、轴承、导轨
聚甲醛(POM)	具有优异的综合性能,如良好的耐磨性、自润滑性、耐疲劳性、冲击韧性及较高的强度、刚性等	齿轮、轴承、凸轮、制动闸瓦、阀门、化工容器、运输带等
聚碳酸酯(PC)	透明度高,耐冲击性突出,强度较高,抗蠕变性好,自润滑性能差	齿轮、蜗轮、凸轮,防弹窗玻璃、安全帽、汽车风挡等
聚四氟乙烯(F-4)	耐热性、耐寒性极好,耐腐蚀性极高,耐磨、自润滑性优异等	化工用管道、泵、阀门,机械用密封圈、活塞环,医用人工心、肺等
PMMA(俗称有机玻璃)	透明度、透光率很高,强度较高,耐酸、碱,不易老化,表面易擦伤	油标、窥镜、透明管道、仪器、仪表等

表 1-9　常用热固性塑料的名称、性能、用途

名　　　称	性　　　能	应用举例
酚醛塑料(PF)	较高的强度、硬度、绝缘性、耐热性,耐磨性好	电器开关、插座、灯头,齿轮、轴承、汽车刹车片等
氨基塑料(UF)	表面硬度较高,颜色鲜艳,有光泽,绝缘性良好	仪表外壳、电话外壳、开关、插座等
环氧塑料(EP)	强度较高,韧性、化学稳定性、绝缘性、耐寒、耐热性较好,成形工艺性好	船体、电子工业零部件等

2. 橡胶

橡胶与塑料的不同之处是橡胶在室温下具有很高的弹性。经硫化处理和炭黑增强后,其抗拉强度可达 25～35MPa,并具有良好的耐磨性。

表 1-10 所列为常见橡胶的名称、性能、用途。

表 1-10　常见橡胶的名称、性能、用途

名　　称	性　　能	应 用 举 例
天然橡胶	电绝缘性、弹性很好,耐碱性较好,耐溶剂性差	轮胎、胶带、胶管等
合成橡胶	耐磨、耐热、耐老化性能较好	轮胎、胶带、减振器等
特种橡胶	耐油耐蚀、耐热耐磨、耐老化	输油管、储油箱、密封件

1.4.3　陶瓷材料

陶瓷是各种无机非金属材料的统称,在现代工业中具有很好的发展前途。未来世界将是陶瓷材料、高分子材料、金属材料三足鼎立的时代,它们构成了固体材料的三大支柱。常见工业陶瓷的分类、性能、用途见表 1-11。

表 1-11　常见工业陶瓷的分类、性能、用途

名　　称	性　　能	应 用 举 例
普通陶瓷	质地坚硬,有良好的抗氧化性、耐蚀性、绝缘性,强度较低,耐一定高温	日用、电气、化工、建筑用陶瓷
特种陶瓷	有自润滑性及良好的耐磨性、化学稳定性、绝缘性,耐腐蚀、耐高温,硬度高	切削工具、量具、高温轴承、拉丝模
金属陶瓷 (硬质合金)	强度高,韧性好,耐腐蚀,高温强度好	刀具、模具、喷嘴、密封环、叶片、涡轮等

1.5　复 合 材 料

复合材料是由两种或两种以上物理、化学性质不同的物质,经人工合成的材料。它保留了各组成材料的优良性能,从而得到单一材料所不具备的优良的综合性能。

复合材料一般由增强材料和基体材料两部分组成。增强材料均匀地分布在基体材料中。增强材料有纤维(玻璃纤维、碳纤维、硼纤维、碳化硅纤维等)、丝、颗粒、片材等。基体材料有金属基体材料和非金属基体材料两类,金属基体材料主要有铝合金、镁合金、钛合金等,非金属基体材料有合成树脂、陶瓷等。

复合材料区别于单一材料的显著特性是材料性能的可设计性,即可根据工程结构的载荷分布、环境条件和使用要求,选择相应的基体、增强材料和它们各自所占的比例以及选用不同的复合工艺,设计不同的排列方式、层数,以满足构建的强度、刚度、耐热、耐腐蚀等要求。复合材料的另一个特性是材料与结构一次成形,即在形成复合材料的同时也得到了设计结构。这一特性使零件数目减少,整体化程度高,同时由于取消或减少了接头,避免或减少了焊接、铆接等工艺。

复合材料种类繁多,性能各有特点。如玻璃纤维和合成树脂的合成材料具有优良的强度,可制造密封件及耐磨、减磨的机械零件。碳纤维复合材料密度小,强度高,可应用于航空、航天及原子能工业。

第二篇

热加工训练

第 2 章

铸　　造

2.1　铸造概述

将熔融的金属浇入与零件形状相适应的铸型型腔中，经冷却、凝固，从而获得一定形状和性能铸件的金属成形方法称为铸造。大多数铸件只是毛坯，需要经过机械加工后才能成为各种机械零件。铸造在机械制造中的应用十分广泛。例如，在普通机床中，铸件占总质量的 60%～80%；在起重机械、矿山机械、水力发电等设备中，铸件占 80% 以上。

铸造的主要优点是：适用性强，可以铸造出外形和内腔十分复杂、不同尺寸的各种金属材料及其合金铸件，且不受铸件生产批量的限制；铸造生产的原材料来源丰富，即使是铸造生产中的金属废料，大都可以回炉再利用；设备投资较少，成本较低。

铸造的主要缺点是：生产工序较多；铸件的力学性能较锻件低；质量不稳定，废品率高。此外，传统的砂型铸造在劳动条件和环境污染方面存在一定的问题。

铸造是机械制造业中一项重要的毛坯制造工艺过程，其质量和产量以及精度等直接影响到产品的质量、产量和成本。铸造生产的现代化程度，反映了机械工业的先进程度，同时也反映了环保生产和节能省材的工艺水准。

熔融金属和铸型是铸造的两大基本要素。铸件常用金属有：铸铁、铸钢、铝合金、镁合金等。铸型由砂、金属或其他耐火材料制成，用来形成铸件形状的空腔等部分。

铸造的工艺方法有很多，一般分为砂型铸造和特种铸造两大类。

1. 砂型铸造

用型（芯）砂制造铸型，将液态金属浇注后获得铸件的铸造方法称为砂型铸造。砂型铸造的生产工序很多，其生产过程如图 2-1 所示。

2. 特种铸造

凡不同于砂型铸造的所有铸造方法，统称为特种铸造，如金属型铸造、离心铸造、压力铸造、熔模铸造等。

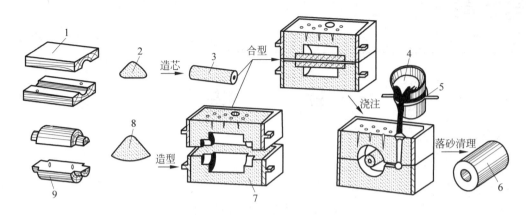

图 2-1　轴套铸件的生产过程

1—芯盒；2—芯砂；3—型芯；4—浇包；5—金属液；6—铸件；7—砂型；8—型砂；9—模样

2.2　造型与造芯

造型和造芯是利用造型材料和工艺装备制作铸型的工序，按成形方法总体可分为手工造型（造芯）和机械造型（造芯）。本节主要介绍应用广泛的砂型造型和造芯。

2.2.1　铸型的组成

铸型是根据零件形状用造型材料制成的。图 2-2所示为铸型装配图，其组成部分的名称与作用见表 2-1。砂型外围常用砂箱加固。一般铸件的砂型多由上、下两个半型装配组成；有些复杂铸件的砂型则可分为多个组元，各组元之间的配合面称为分型面。在分型面上应撒分型砂，使上、下型在分型面上互不黏合。用于在铸造生产中形成铸件本体的空腔称为型腔。型腔中的型芯可形成铸件上的孔或凹槽等内腔轮廓。型芯上用来安放和固定型芯的部分称为芯头，芯头坐落在砂型的芯座上。

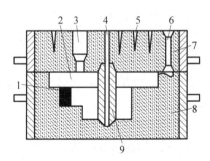

图 2-2　铸型的装配

1—冷铁；2—型腔；3—冒口；4—排气道；
5—通气孔；6—浇注系统；7—上型；
8—下型；9—型芯

砂型设有浇注系统，金属液从浇口杯浇入，经直浇道、横浇道及内浇道流入型腔。型腔最高处开有冒口，其作用是显示金属液是否流满、排除型腔中的气体等。型芯及砂型上均扎有通气孔，以排出浇注时型芯及砂型中的气体。质量合格的砂型应达到：型腔表面光洁，轮廓清晰，尺寸准确，浇注系统位置开设合理；砂型的紧实程度适当，能承受搬运、翻转及金属液冲刷等外力作用，还能保证砂型排气畅通。

表 2-1　砂型各组成部分的名称与作用

名　称	作用与说明
上型(上箱)	浇注时铸型的上部组元
下型(下箱)	浇注时铸型的下部组元
分型面	铸型组元间的接合面
型砂	按一定比例配制的、经过混制、符合造型要求的混合料
浇注系统	为金属液填充型腔和冒口而开设于铸型中的一系列通道,通常由浇口杯、直浇道、横浇道和内浇道组成
冒口	在铸型内储存熔融金属的空腔,该空腔中充填的金属也称为冒口,冒口有时还起排气、集渣的作用
型腔	铸型中造型材料所包围的空腔部分,型腔不包括模样上芯头部分形成的相应空腔
排气道	在型砂及型芯中,为排除浇注时的气体而设置的沟槽或孔道
型芯	为获得铸件的内孔或局部外形,用芯砂或其他材料制成的、安装在型腔内部的铸型组元
出气孔	在砂型或砂芯上,用针或成形扎气板扎出的通气孔,出气孔的底部要与型腔离开一定距离
冷铁	为加快局部的冷却速度,在砂型、砂芯表面或型腔中安放的金属物

2.2.2　造型(芯)材料

造型(芯)材料包括制造砂型的型砂和制造型芯的芯砂,以及砂型和型芯的表面涂料。造型材料性能的好坏将直接影响着造型和造芯工艺及铸件质量。型(芯)砂的组成原料有原砂、水、有机或者无机黏结剂和其他附加物。

1. 原砂

砂子是型砂及芯砂的骨干材料,属于耐高温的物质。并非所有砂子都能用于铸造,铸造用砂必须满足一定的条件,符合一定的技术要求。最常用的原砂是硅砂,其二氧化硅含量为 $80\% \sim 98\%$,二氧化硅含量越高,杂质含量越少,原砂的耐火度越高。原砂的粒度大小及均匀性、表面状态、颗粒形状对铸造性能有很大影响。

2. 黏结剂

黏结剂的作用是将砂粒黏结起来,从而使型砂具有一定的强度和可塑性。黏土是铸造生产中应用量最广的一种黏结剂,此外,水玻璃、植物油、合成树脂、水泥等也是常用的黏结剂。

用黏土做黏结剂制成的型砂又称为黏土砂,其造型如图 2-3 所示。黏土资源丰富,价格低廉,耐火度高,复用性好。水玻璃可以适应造型、造芯工艺的多样性,在高温下有较好的退让性。油类黏结剂具有很好的流动性和溃散性,很高的干强度,适合于制造复杂的砂芯。

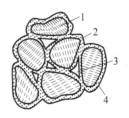

图 2-3　黏土砂的结构
1—砂粒;2—黏土;
3—空隙;4—附加物

3. 涂料

为了使铸件表面光洁,防止高温金属液熔化型腔表面的砂粒,造成铸件黏砂,常在型腔及型芯的表面涂刷液状涂料或喷撒粉状涂料。铸铁件的干砂型(芯)是用石墨粉、黏土、水和少量其他添加剂调成的涂料,湿型(芯)则直接将石墨粉喷洒到砂型(芯)表面;铸钢件熔点高,含碳量低,其砂型(芯)需用不含碳的硅石粉或锆石粉涂料;有色合金铸件砂型(芯)可用滑石粉涂料。型砂中除含有原砂、黏结剂、水等材料外,还要加入一些辅助材料,如煤粉、重油、锯木屑、淀粉等,使砂型和型芯增加透气性、退让性,提高铸件黏砂能力和铸件的表面质量,使铸件具有一些特定的性能。

2.2.3　型(芯)砂的性能要求

砂型芯的材料为型(芯)砂,其质量好坏直接影响着铸件的质量、生产效率和成本。它们必须具备一定的铸造工艺性能,才能保证造型、造芯、起模、修型、下芯、合模、搬运等顺利进行,同时还要能承受高温金属液的冲刷与烘烤,铸件的一些缺陷(如砂眼、夹砂、气孔等)往往与造型材料直接相关,因此要求型(芯)砂要具备以下性能。

1. 透气性

型砂让气体通过的能力称为透气性。当高温金属液浇入砂型时,砂型中的水分在高温作用下会产生水蒸气;有机物挥发、分解和燃烧也会产生大量气体,此外,金属液在熔化过程中所吸收的气体,当金属液冷凝时也会随温度降低而析出。型腔中的空气及浇注时随金属液卷入的气体,都应在金属液开始凝固以前排出型外,否则气体便会留在铸件内,形成内表面光滑的气孔缺陷。

型砂透气性的好坏取决于型砂颗粒间的空隙通道。空隙通道越大,数量越多,型砂的透气性就越好。显然,粗颗粒型砂的透气性比细颗粒型砂的好;相同粒度的砂子,圆形颗粒型砂的透气性比其他粒型型砂的好。当砂粒间的空隙通道被堵塞时,型砂的透气性就会下降。例如,反复浇注后的旧砂,在高温金属液的热作用和机械作用下会破碎变细,甚至形成部分粉尘,使透气性显著降低。此外,型砂的紧实度过大,其透气性也会下降。

2. 强度

紧实的型砂在外力作用下不被破坏的性能称为强度,一般用型砂强度仪进行测定。若型砂强度不足,当搬运、翻转及经受金属液冲刷时,就易使铸件形成垮砂、冲砂、砂眼及胀砂等缺陷。强度过高时,会限制型砂自身的受热膨胀、阻碍铸件收缩及降低型砂的透气性,使铸件产生夹砂、裂纹和气孔等缺陷。因此,型砂的强度应适当。

砂子本身无黏结能力,型砂之所以具有强度,主要是因为在砂粒表面黏附着一层均匀的黏结剂膜,它使砂粒间产生黏结强度。黏结剂的质量和最佳用量是决定型砂强度的主要因素。此外,型砂的紧实程度也影响其强度。

3. 耐火性

型砂在高温金属液作用下不软化和不烧结的性能称为耐火性。耐火性差的型砂易被金属液熔化,并黏在铸件表面,产生黏砂缺陷。黏砂严重时,不仅清理铸件困难,且难以进行切削加工,甚至使铸件成为废品。

耐火性主要取决于原砂的物理化学性质。原砂成分越纯,颗粒越粗、越圆,其耐火性越高。

4. 退让性

铸件在冷凝收缩过程中,型砂的体积可随之被压缩的性能称为退让性。型砂的退让性不好时,会阻碍铸件自由收缩,使铸件产生裂纹。

凡促使型砂在高温下烧结的因素,均导致其退让性降低。例如,用黏土作黏结剂时,由于黏土在高温下产生烧结,强度进一步增加,故型砂的退让性降低。使用有机黏结剂(如油类、树脂等),在型砂中加入少量木屑等附加物,可提高型砂的退让性。

此外,型砂还须具有回用性好、发气性低和出砂性好等待点。回用性好的型砂可重复使用,由此降低铸件成本。发气性低的型砂,浇注时自身产生的气体少,铸件不易产生气孔。出砂性好的型砂,浇注冷却后所残留的强度低,铸件易于清理,节约工时。

型芯大部分被金属液包围,受高温金属液流的热作用、冲击力,浮力大,排气条件差,冷却后被铸件收缩力包紧,清理困难,所以,对芯砂性能的要求应比型砂更高。

2.2.4　型(芯)砂的制备

黏土砂根据在合箱和浇注时的砂型烘干,可分为湿型砂、干型砂和表面烘干型砂。湿型砂造型后不需要烘干,生产效率高,主要应用在生产中小铸件;干型砂需要烘干,它主要靠涂料保证铸件表面质量,可采用粒度较粗的原砂,其透气性好,铸件不易产生冲砂、黏砂等缺陷,主要用于浇注中大型铸件;表面烘干型砂只在浇注前对型腔表面用适合的方法烘干一定程度,其性能兼备湿型砂和干型砂的特点,主要用于中型铸件的生产。

型砂及芯砂主要由原砂、黏结剂、附加物和水混制而成。制备型(芯)砂的工序是将上述各种造型材料按一定比例定量加入混砂机,经过混砂过程,在砂粒表面形成均匀的黏结剂膜,使其达到造型或造芯的工艺要求。型(芯)砂的性能可用型砂性能试验仪(如锤击式制样机、透气性测定仪、SQY 液压万能强度试验仪等)进行检测。检测项目包括型(芯)砂的含水量、透气性、型砂强度等。单件小批量生产时,可用手捏法检验型砂性能,如图 2-4 所示。

型砂干湿度适当时,　　手放开后可看出　　折断时断面没有碎裂状,
可用手攥成砂团　　　　清晰的手纹　　　　表明有足够的强度

图 2-4　检验型砂性能

2.2.5　模样与芯盒

模样和芯盒是造砂型和型芯的模具。模样的形状和铸件外形相同，只是尺寸比铸件增大了一个合金的收缩量，用来形成砂型型腔。芯盒用来造芯，它的内腔与铸件内腔相似，所造出型芯的外形与铸件内腔相同。图 2-5 所示为零件与模样的关系示意图。

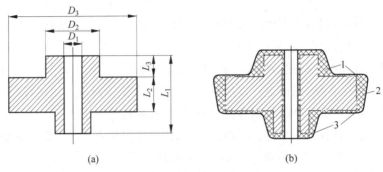

图 2-5　零件与模样关系示意图
（a）零件；（b）模样
1—铸造圆角；2—起模斜度；3—加工余量

制造模样和芯盒的材料很多，现在使用最多的是木材。用木材制造出来的模样称为木模，使用金属制造出来的模样称为金属模。木模适用于小批量生产；大批量生产大多采用金属模。金属模比木模耐用，但制造困难，成本高。模样和芯盒的形状尺寸由零件图的尺寸、加工余量、金属材料及制造和造芯方法确定。

在设计制造模样和芯盒时，必须注意分型面和分模面的选择。应选择铸件截面尺寸最大、有利于模样从型腔中取出、并使铸造方便和有利于保证铸件质量的位置作为分型面。此外还应注意零件需要加工的表面要留有加工余量；垂直于分型面的铸件侧壁要有起模斜度，以利于起模；模样的外形尺寸要比铸件的外形尺寸大出一个合金收缩量。为便于造型及避免铸件在冷缩时尖角处产生裂纹和黏砂等缺陷，模壁间交角处要做成圆角；铸件上大于 25mm 的孔均要用型芯铸出。为了安放和固定型芯，型芯上要有芯头；模样的相应部分要有在砂型中形成芯座的芯头，且芯头端部应有斜度。

2.2.6　造型

在砂型铸造中，主要的工作是用型砂和模样制造铸型。按紧实型砂的方法，造型分为手工造型和机械造型。

1. 手工造型

造型主要工序为填砂、春砂、起模和修型。填砂是将型砂填充到已放置好模样的砂箱内，春砂则是把砂箱内的型砂紧实，起模是把形成型腔的模样从砂型中取出，修型是起模后对砂型损伤处进行修理的过程。手工完成这些工序的操作方式即手工造型。手工造型方法很多，有砂箱造型、脱箱造型、刮板造型、组芯造型、地坑造型和泥芯块造型等。砂箱造型又可分为两箱造型、三箱造型、叠箱造型和劈箱造型等。各种造型方法的特点及应用见表 2-2。下面介绍几种常用的手工造型方法。

表 2-2　常用手工造型方法的特点和应用范围

分类	造型方法	特　　点			应用范围
		模样结构和分型面	砂箱	操作	
按模样特征	整模造型	整体模；分型面为平面	两个砂箱	简单	较广泛
	分模造型	分开模；分型面多为平面	两或三个砂箱	较简单	回转类铸件
	活块造型	模样上有妨碍起模的部分,做成活块；分型面多为平面	两或三个砂箱	较费事	单件小批量
	挖砂造型	整体模,铸件最大截面不在分型面处,造型时须挖去阻碍起模的型砂；分型面一般为曲面	两或三个砂箱	费事,对操作技能要求高	单件小批生产的中小铸件
	假箱造型	为免去挖砂操作,用假箱代替挖砂操作；分型面仍为曲面	两或三个砂箱	较简单	需挖砂造型的成批铸件
	刮板造型	与铸件截面相适应的板状模样；分型面为平面	两箱或地坑	很费事	大中型轮类、管类铸件,单件小批生产
按砂箱特征	两箱造型	各类模样手工或机器造型均可,分型面为平面或曲面	两个砂箱	简单	较广泛
	三箱造型	铸件截面为中间小两端大,用两箱造型取不出模样,必须用分开模；分型面一般为平面,有两个	三个砂箱	费事	各种大小铸件,单件小批生产
	地坑造型	中、大型整体模、分开模、刮板模均可；分型面一般为平面	上型用砂箱、下型用地坑	费事	大、中件单件生产

（1）整模两箱造型

整模造型的特点是模样为整体,铸型的型腔一般只在下箱。造型时,整个模样能从分型面方便地取出。整模造型操作简便,铸型型腔不受上下砂箱错位的影响,所得铸型型腔的形状和尺寸精度较好,适用于外形轮廓上有一个平面可作分型面的简单铸件,如齿轮坯、轴承、皮带轮、罩等。图 2-6 所示为整模造型的基本过程。

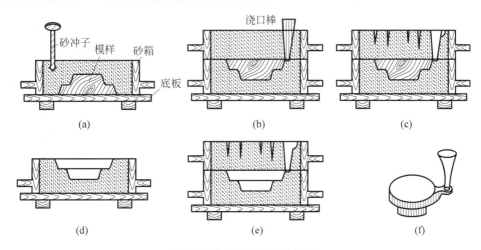

图 2-6　整模造型的基本过程

（a）造下砂型；（b）造上砂型；（c）开外浇口,扎通气孔；（d）起出模样；（e）合型；（f）带浇口铸件

（2）分模两箱造型

分模造型的特点是当铸件截面中间小两端大时，如做成整体造型，很难从铸型中起模，因此将模样在最大截面处分开（用销钉定位，可合可分）以便于造型时顺利起模。

分模造型操作较简便，适用于形状较复杂的铸件，特别是广泛用于有孔或带有型芯的铸件，如套筒、水管、阀体、箱体等。图 2-7 所示为轴套零件的分模造型操作过程。

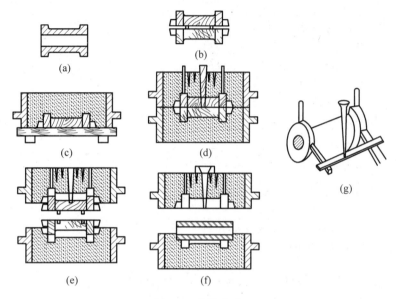

图 2-7　分模造型

（a）轴套零件；（b）模样；（c）造下砂型；（d）翻转下砂型后，造上砂型放浇口棒及出气口棒；
（e）开箱，起模，开浇口；（f）下型芯，合箱；（g）带浇口的铸件

（3）挖砂造型

有些铸件的最大截面在中部，且不宜做成分开结构，必须做成整体，在造型过程中局部被砂型埋住不能起出模样，这时就需要采用挖砂造型，即沿着模样最大截面挖掉一部分型砂，形成不太规则的分型面，如图 2-8 所示。挖砂造型工作麻烦，适用于单件或小批量的铸件生产。对于分型面为阶梯面或曲面的铸件，当生产数量较多时，可用成形底板代替平面底板，并将模样放置在成形底板上造型，可省去挖砂操作。成形底板可根据生产数量的不同，分别用金属、木材制作；如果件数不多，也可用黏土较多的型砂舂紧制成砂质成形底板，称为假箱，如图 2-9 所示。

（4）活块造型

有些零件侧面带有凸台等突起部分时，造型时这些突出部分会妨碍模样从砂型中起出，故在模样制作时，将凸起部分做成活块，用销钉或燕尾槽与模样主体连接，起模时，先取出模样主体，然后从侧面取出活块，这种造型方法称为活块造型，如图 2-10 所示。

（5）刮板造型

刮板造型是用与铸件断面形状相适应的刮板代替模样的造型方法。造型时，刮板围绕固定轴回转，将型腔刮出，如图 2-11 所示。这种造型方法可以节省制模时间以及材料，但操作麻烦，要求较高的操作技术，生产率低，多用于单件或小批量生产的较大回转体铸件。

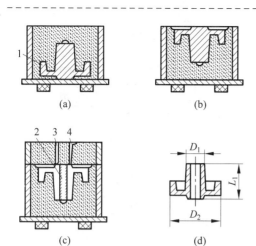

图 2-8　挖砂造型

(a) 造下砂型；(b) 翻箱，挖砂，成分型面；

(c) 撒分型砂，造上砂型，起模，合型；(d) 零件

1—模样；2—型芯；3—出气孔；4—浇口杯

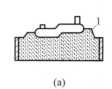

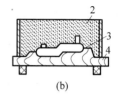

图 2-9　用假箱或成形底板造型

(a) 假箱；(b) 成形底板

1—假箱；2—下砂型；3—最大分型面；4—成形底板

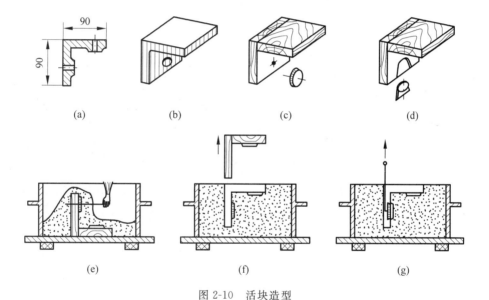

图 2-10　活块造型

(a) 零件；(b) 铸件；(c) 用销钉连接的活块；(d) 用燕尾榫连接的活块；

(e) 造下砂型，拔出销钉；(f) 取出模样本体；(g) 取出活块

（6）三箱造型

　　一些形状复杂的铸件，只用一个分型面的两箱造型难以正常取出型砂中的模样，必须采用三箱或多箱造型的方法。三箱造型有两个分型面，操作过程较两箱造型复杂，生产效率低，只适用于单件小批量生产，其工艺过程如图 2-12 所示。

2．机械造型

　　手工造型虽然投资少，灵活性和适应性强，但生产效率低，铸件质量差，因此适合单件小批量生产时采用，而成批大量生产时，就要采用机械造型。

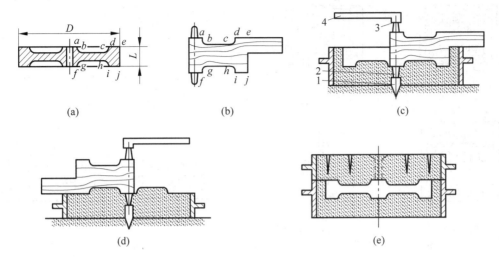

图 2-11 刮板造型

(a) 零件；(b) 刮板；(c) 刮制下砂型；(d) 刮制上砂型；(e) 合型

1—木桩；2—下顶针；3—上顶针；4—转动臂

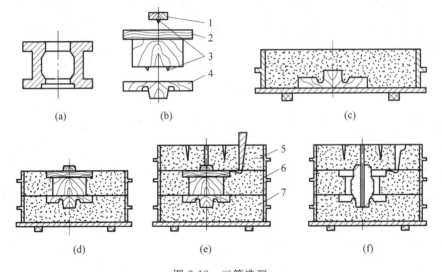

图 2-12 三箱造型

(a) 零件；(b) 模样；(c) 造下砂型；(d) 翻箱,造中砂型；(e) 造上砂型；(f) 起模,下芯,合模

1—上箱模样；2—中箱模样；3—销钉；4—下箱模样；5—上砂型；6—中砂型；7—下砂型

用机械全部地完成或至少完成紧砂操作的造型工序,叫作机械造型。机械造型实质上是用机械方法取代手工进行造型过程中的填砂、舂砂和起模。填砂过程常在造型机上用加砂斗完成,要求型砂松散,填砂均匀。舂砂就是使砂型紧实,达到一定的强度和刚度。型砂被紧实的程度通常用单位体积内型砂的质量表示,称作紧实度。机械造型可以降低劳动强度,提高生产效率,保证铸件质量,适用于批量铸件的生产。

机械造型的主要方法有震压造型、抛砂造型、射砂造型、静压造型、多触头高压造型、垂直分型无箱射压造型、真空密封造型等。震压造型、多触头高压造型过程示意图分别如图 2-13 及图 2-14 所示。

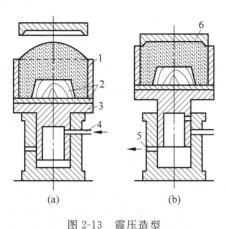

图 2-13　震压造型

（a）震击前的位置；（b）震击与压实

1—砂箱；2—模板；3—汽缸；

4—进气口；5—排气口；6—压板

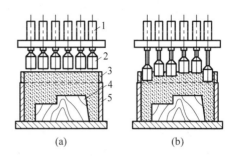

图 2-14　多触头高压造型

（a）加压前的位置；（b）加压后的位置

1—液压缸；2—触头；3—辅助框；

4—模样；5—砂箱

　　机械造型方法的选择应根据多方面的因素综合考虑，铸件要求精度高、表面粗糙度值低时，选择砂型紧实度高的造型方法；铸钢、铸铁件与非铁合金铸件相比对砂型刚度要求高，也应选用砂型紧实度高的造型方法；铸件批量大、产量大时，应选用生产率高或专用的造型设备；铸件形状相似、尺寸和质量相差不大时，应选用同一造型机和统一的砂箱。

　　机械起模也是铸造机械化生产的一道工序。机械起模比手工起模平稳，能降低工人劳动强度。机器起模有顶箱起模和翻转起模两种。

　　（1）顶箱起模

　　顶箱起模如图 2-15 所示，起模时利用液压或油气压，用 4 根顶杆顶住砂箱四角，使之垂直上升，而固定在工作台上的模板不动，砂箱与模板逐渐分离，实现起模。

　　（2）翻转起模

　　翻转起模如图 2-16 所示，起模时用翻台将砂型和模板一起翻转 180°，然后用接箱台将砂型接住，而固定在翻台上的模板不动，接着下降接箱台使砂箱下移，完成起模。

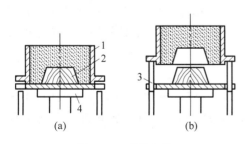

图 2-15　顶箱起模

（a）舂砂；（b）起模

1—砂箱；2—模板；3—顶杆；4—造型机工作台

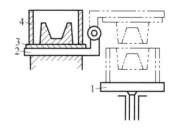

图 2-16　翻转起模

1—接箱台；2—翻台；3—模板；4—砂箱

2.2.7　造芯

型芯的主要作用是形成铸件的内腔和孔,有时也用于形成铸件外形上妨碍起模的凸台和凹槽。浇注时型芯被金属液冲刷和包围,因此要求型芯有更好的强度、透气性、耐火性和退让性。

1. 造芯工艺

（1）放芯骨

芯骨又称为型芯骨,由芯砂包围,其作用是加强型芯的强度。通常芯骨由金属制成。根据型芯的尺寸不同,用来制造芯骨的材料、形状也不同。小型芯的芯骨用铁丝、铁钉制成;中、大型型芯一般采用铸铁芯骨或由型钢焊接而成的芯骨,如图 2-17 所示。为了保证型芯的强度,芯骨应伸入型芯头,但不能露出型芯表面,应有 20~50mm 的吃砂量,以免阻碍铸件收缩。大型芯骨还须做出吊环,以利吊运。

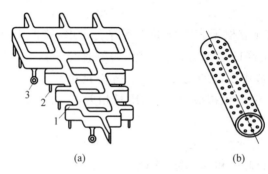

图 2-17　芯骨
（a）铸铁芯骨；（b）钢管芯骨
1—芯骨框架；2—芯骨齿；3—吊环

（2）开通气孔

在型芯中开设通气孔,可提高型芯的排气能力。通气孔应贯穿型芯内部,并从芯头引出。形状简单的型芯大多用通气针扎出通气孔;形状复杂的型芯（如弯曲芯）,可在型芯中埋放蜡线,以便在烘干时蜡线熔化或燃烧后形成通气孔;大型型芯为了使气体易于排出和改善韧性,可在型芯内部填放焦炭,以减小砂层厚度,增加孔隙。常见的提高型芯通气性的方法如图 2-18 所示。

（3）上涂料

涂刷涂料可降低铸件表面的粗糙度值,减少铸件黏砂、夹砂等缺陷。一般中、小铸钢件和部分铸铁件可用硅粉涂料,大型铸钢件用刚玉粉涂料,石墨粉涂料常用于铸铁件生产中。

（4）烘干

型芯一般需要烘干以增强透气性和强度。根据芯砂的成分,选择适当的烘干温度及烘干时间,如黏土砂型芯烘干温度为 250~350℃,保温 3~6h;油砂型芯烘干温度为 200~220℃,保温 1~2h。

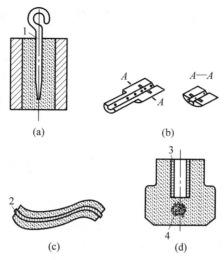

图 2-18 提高型芯通气性的方法

(a) 扎出气孔；(b) 挖出气孔；(c) 蜡线做出气孔；(d) 焦炭及钢管排气

1—通气针；2—蜡线；3—钢管；4—焦炭

2. 造芯方法

造芯方法一般分为两种：手工造芯和机械造芯。在单件小批量生产中，大多用手工造芯；在成批大量生产中，广泛采用机械造芯。

（1）手工造芯

手工造芯可分为芯盒造芯和刮板造芯两类。图 2-19 所示为整体翻转式芯盒造芯示意图。

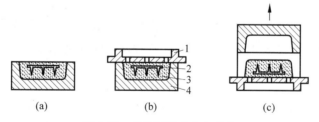

图 2-19 整体翻转式芯盒造芯

(a) 舂砂，放芯骨，刮平；(b) 放烘干板；(c) 翻转，脱去芯盒

1—烘干板；2—芯骨；3—型芯；4—芯盒

（2）机械造芯

机械造芯与机械造型的原理相同，也有震实式、微震压实式和射芯式等多种方法。机械造芯生产率高，型芯紧实度均匀，质量好，但安放芯骨、取出活块或开气道等工序有时仍需手工完成。

2.2.8 浇注系统

为保证金属液能顺利填充型腔而开设于铸型内部的一系列用来引入金属液的通道称为浇注系统。浇注系统的作用为：

（1）使金属液平稳地充满铸型型腔，避免冲坏型腔壁和型芯；

（2）阻挡金属液中的熔渣进入型腔；

（3）调节铸型型腔中金属液的凝固顺序。

浇注系统对获得合格铸件、减少金属的消耗有重要作用。合理的浇注系统可以确保得到高质量的铸件，不合理的浇注系统会使铸件产生冲砂、砂眼、渣眼、浇不足、气孔和缩孔等缺陷。

1．浇注系统的组成

典型的浇注系统如图 2-20 所示，主要由外浇道、直浇道、横浇道和内浇道组成。

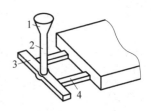

图 2-20　浇注系统的组成
1—外浇道；2—直浇道；
3—横浇道；4—内浇道

（1）外浇道

外浇道又称为外浇口，常用的有漏斗形和浇口盆两种形式。漏斗形外浇道是在造型时将直浇道上部扩大成漏斗形，因结构简单，常用于中、小型铸件的浇注。浇口盆用于大、中型铸件的浇注。外浇道的作用是承受来自浇包的金属液，缓和金属液的冲刷，使它平稳地流入浇道。

（2）直浇道

直浇道是浇注系统中的垂直通道，其形状一般是一个有锥度的圆柱体。它的作用是将金属液从外浇道平稳地引入横浇道，并形成充型的静压力。

（3）横浇道

横浇道是连接直浇道和内浇道的水平通道，截面形状多为梯形。它除了向内浇道分配金属液外，还主要起挡渣作用，阻止夹杂物进入型腔。为了便于集渣，横浇道必须开在内浇道上面，末端距最后一个内浇道要有一段距离。

（4）内浇道

内浇道是引导金属液流入型腔的通道，截面形状为扁梯形、三角形或月牙形，其作用是控制金属液流入型腔的速度和方向，调节铸型各部分温度分布。

2．浇注系统的类型

（1）顶注式浇口

顶柱式浇口金属消耗少，补缩作用少，但容易冲坏砂型和产生飞溅，挡渣作用也差。主要用于不太高且形状简单、薄壁的铸件。

（2）底注式浇口

底注式浇口浇注时液体金属流动平稳，不易冲砂和飞溅，但补缩作用较差，不易浇满薄壁铸件。主要用于形状较复杂、壁厚、高度较大的大中型铸件。

（3）中间注入式浇口

中间注入式浇口是介于顶注式和底注式之间的一种浇口，开设方便，应用广泛。主要用于一些中型、不很高、但水平尺寸较大的铸件。

（4）阶梯式浇口

阶梯式浇口由于内浇口从铸件底部、中部、顶部分层开设，因而兼有顶注式和底注式的优点。主要用于高大铸件的浇注。

图 2-21 为上述几种浇注系统的示意图。

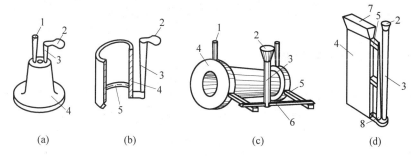

图 2-21 浇注系统的类型

(a) 顶注式；(b) 底注式；(c) 中间注入式；(d) 阶梯式

1—出气口；2—浇口杯；3—直浇道；4—铸件；5—内浇道；6—横浇道；7—冒口；8—分配直浇道

2.2.9 冒口与冷铁

1. 冒口

对于大铸件或收缩率大的合金铸件，由于凝固时收缩大，如不采取措施，在最后凝固的地方(一般是铸件的厚壁部分)会形成缩孔和缩松。为使铸件在凝固的最后阶段能及时地得到金属液而增设的补缩部分称为冒口。冒口即为在铸型内储存供补缩铸件用的熔融金属的空腔，也指该空腔中充填的金属。冒口的大小、形状应保证其在铸型中最后凝固，这样才能形成由铸件至冒口的凝固顺序。冒口有明冒口和暗冒口两种，如图 2-22 所示。

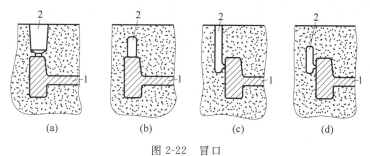

图 2-22 冒口

(a) 明顶浇口；(b) 暗顶浇口；(c) 明侧冒口；(b) 暗侧冒口

1—铸件；2—冒口

2. 冷铁

为增加铸件局部的冷却速度，在砂型、型芯表面或型腔中安放的金属物，称为冷铁。位于铸件下部的厚截面很难用冒口补缩，如果在这种厚截面处安放冷铁，由于冷铁处的金属液冷却速度较快，则可使厚截面处先凝固，从而实现自下而上的顺序凝固。冷铁通常用钢或铸铁制成，分为外冷铁和内冷铁两种，如图 2-23 所示。

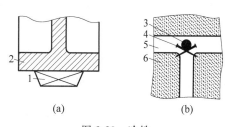

图 2-23 冷铁

(a) 外冷铁；(b) 内冷铁

1—冷铁；2—铸件；3—长圆柱形冷铁
4—钉子；5—型腔；6—型砂

2.3　合金的熔炼与浇注

2.3.1　铸造合金种类

铸造用金属材料种类繁多,有铸铁、铸钢、铸造铝合金、铸造铜合金等。其中铸铁件是应用最广泛的铸造合金,据统计,铸铁件产量约占铸件总产量的80%。

1. 铸铁

工业上常用的铸铁是碳的质量分数大于2.11%,以铁、碳、硅为主要元素的多元合金,它具有廉价的生产成本,良好的铸造性能、加工性能,耐磨性、减振性、导热性较好,以及适当的强度和硬度。因此,铸铁在工程上有比铸钢更广泛的应用。但铸铁的强度较低,且塑性较差,所以制造受力大而复杂的铸件,特别是中、大型铸件,往往采用铸钢。铸铁按用途分为常用铸铁和特种铸铁,常用铸铁包括灰铸铁、球墨铸铁、可锻铸铁、蠕墨铸铁,特种铸铁包括抗磨铸铁、耐腐蚀铸铁等。

2. 铸钢

铸钢包括碳钢(碳的质量分数为0.20%~0.60%的铁-碳二元合金)和合金钢(碳钢和其他合金元素组成的多元合金)。铸钢强度较高,塑性较好,具有耐热、耐蚀、耐磨等特殊性能,某些高合金钢具有特种铸铁所没有的良好的加工性和焊接性。除应用于一般工程结构件外,铸钢还广泛应用于受力复杂、要求强度高且韧性好的铸件,如水轮机转子、高压阀体、大齿轮、辊子、球磨机衬板和挖掘机的斗齿等。

3. 铸造非铁合金

常用的铸造非铁合金有铜合金、铝合金和镁合金等。其中铸造铝合金应用最多,它密度小,具有一定的强度、塑性及耐腐蚀性,广泛应用于制造汽车轮毂,发动机的汽缸体、汽缸盖、活塞等。铸造铜合金具有比铸造铝合金好得多的力学性能,并有优良的导电、导热性和耐蚀性,可以制造承受高应力、耐腐蚀、耐磨损的重要零件,如阀体、泵体、齿轮、蜗轮、轴承套、叶轮、船舶螺旋桨等。镁合金是目前最轻的金属结构材料,也是21世纪最具有发展前景的金属材料之一,它的密度小于铝合金,但比强度和比刚度高于铝合金。铸造镁合金已经开始广泛应用于汽车、航空航天、兵器、电子电器、光学仪器以及电子计算机等制造部门,如飞机的框架、壁板、起落架的轮毂,汽车发动机缸盖等。

2.3.2　铸铁的熔炼

铸铁熔炼是将金属料、辅料入炉加热,熔化成铁水,为铸造生产提供预定成分和温度、非金属夹杂物和气体含量少的优质铁液的过程,它是决定铸件质量的关键工序之一。

对铸铁熔炼的基本要求是优质、低耗和高效,即金属液温度足够高;金属液的化学成分符合要求,纯净度高(夹杂物和气体含量少);熔化效率高,燃料、电力消耗少,金属烧损少,熔炼速度快。

1．冲天炉的基本构造

熔炼铸铁的设备种类很多,如冲天炉、电炉(感应电炉和电弧炉)、坩埚炉和反射炉等,目前还是以冲天炉应用最为广泛。图 2-24 所示为冲天炉的结构简图,由烟囱、炉身、炉缸、前炉等部分组成。

（1）烟囱

从炉顶至加料口下沿为烟囱。烟囱顶部常带有火花罩。其作用是增大炉内的抽风能力,并把烟气和火花引出车间。

（2）炉身

从加料口下沿至第一排风口为炉身,炉身的高度亦称为有效高度。炉身的上部为顶预热区,其作用是使下移的炉料被逐渐预热到熔化温度。炉身的下部是熔化区和过热区。在过热区的炉壁四周配有 2～3 排排风口(每排 5～6 个),风口与其外面的风带相通,风机排出的高压风沿风管进入风带后经进风口吹入炉腔,使焦炭燃烧。下落到熔化区的金属料在该区被熔化,而铁水在流经过热区时被加热到所需温度。

（3）炉缸

从第一排风口至炉底为炉缸,熔化的铁水被过热区过热后经炉缸流入前炉。炉缸与前炉连接的部分称为过桥。

（4）前炉

前炉的作用是储存铁水并使其成分、温度均匀化,以备浇注用。

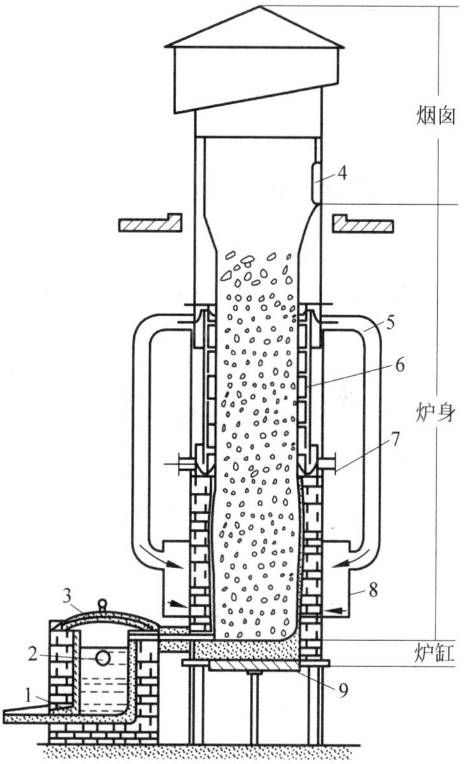

图 2-24　冲天炉

1—出铁口；2—出渣口；3—前炉；4—加料口；
5—风管；6—排风口；7—进风口；8—风带；
9—炉底门

2．冲天炉炉料

冲天炉熔化用的炉料包括金属炉料、燃料和熔剂三部分。

（1）金属炉料

金属炉料包括新生铁、回炉铁、废钢和铁合金。新生铁又称为高炉生铁,是冲天炉主要加入的金属料；回炉铁,包括浇冒口、废旧铸件等,按配料的需要加入回炉铁,可以减少新生铁的加入量,降低铸件成本；废钢,包括废钢件、钢料、钢屑等,加入废钢可以降低铁水的含碳量；铁合金,包括硅铁、锰铁、铬铁等,用于调整铁水的化学成分或配制合金铸铁。

（2）燃料

冲天炉所用燃料有焦炭、重油、煤粉、天然气等,其中以焦炭应用最为广泛。焦炭的质量和块度大小对熔炼质量有很大影响。焦炭中固定碳含量越高，发热量越大，铁液温度越高，同时熔炼过程中由灰分形成的渣量相应减少。焦炭应具有一定的强度及块料尺寸，以保持料柱的透气性，维持炉子正常熔化过程。层焦块度为 40～120mm，底焦块度大于层焦。焦炭用量为金属炉料的 1/10～1/8，这一数据称为焦铁比。

（3）熔剂

熔剂的作用是排渣。在熔化过程中，熔剂与炉料中有害物质会形成熔点低、比重轻、易于流动的熔渣，以便于排除。常用的熔剂有石灰石（$CaCO_3$）或者萤石（CaF_2），块度比焦炭略小，加入量为焦炭质量的 25%～30%。

3. 冲天炉熔炼的基本原理

冲天炉是利用对流原理来进行熔炼的，其熔炼过程为：

（1）炉料从加料口装入，自上而下运动，被上升的热炉气预热，并在炉化带（在底焦顶部，温度约为 1200℃）开始熔化。

（2）铁水在下落的过程中又被高温炉气和炽热的焦炭进一步加热（称过热），温度可达 1600℃左右，经过过道进入前炉。此时温度稍有下降，最后出炉温度为 1360～1420℃。

（3）从风口进入的风和底焦燃烧后形成的高温炉气自上而下流动，最后变成废气，从烟囱排出。

4. 冲天炉熔炼基本操作

冲天炉熔炼有以下几个操作过程：

（1）修炉与烘炉

冲天炉每一次开炉前都要对上次开炉后炉衬的侵蚀和损坏进行修理，用耐火材料修补好炉壁，然后用干柴或烘干器慢火充分烘干前、后炉。

（2）点火与加底焦

烘炉后，加入干柴，引火点燃，然后分三次加入底焦，使底焦燃烧，调整底焦加入量至规定高度。这里，底焦是指金属料加入以前的全部焦炭量，底焦高度则是从第一排风口中心线至底焦顶面为止的高度，不包括炉缸内的底焦高度。

（3）装料

加完底焦后，加入两倍批料量的石灰石，然后加入一批金属料，然后依次加入批料中的焦炭、熔剂、废钢、新生铁、铁合金、回炉铁。加入层焦的作用是补充底焦的消耗，批料中熔剂的加入量为层焦质量的 20%～30%。批料应一直加到加料口下缘为止。

（4）开风熔炼

装料完毕后，自然通风 30min 左右，即可开风熔炼。在熔炼过程中，应严格控制风量、风压、底焦高度，注意铁水温度、化学成分，保证熔炼正常进行。熔炼过程中，金属料被熔化，铁水滴穿过底焦缝隙下落到炉缸，再经过通道流入前炉，而生成的渣液则漂浮在铁水表面。此时可打开前炉出铁口排出铁水，用于铸件浇注，同时每隔 30～50min 打开渣口出渣。在熔炼过程中，正常投入批料，使料柱保持规定高度，最低不得比规定料位低二批料。

（5）停风打炉

停风前在正常加料后加二批打炉料（大块料）。停料后，适当降低风量、风压，以保证最后几批料的熔化质量。前炉有足够的铁液量时即可停风，待炉内铁液排完后进行打炉，即打开炉底门，用铁棒将底焦和未熔炉料捅下，并喷水熄灭。

2.3.3　浇注工艺

将金属液注入铸型的过程即为浇注。浇注是铸造生产中的重要工序，若操作不当会造成冷隔、气孔、缩孔、夹渣和浇不足等缺陷。

1．准备工作

（1）根据待浇铸件的大小准备浇包并烘干预热，以免导致铁液飞溅和急剧降温。常见的浇包有一人使用的端包、两人操作的抬包和用吊车装运的吊包，容量分别为 20kg、50～100kg、大于 200kg。

（2）去掉盖在铸型浇道上的护盖并清除周围的散砂，以免落入型腔中。

（3）应明了待浇铸件的大小、形状和浇注系统类型等，以便正确控制金属液的流量并保证在整个浇注过程中不断流。

（4）浇注场地应畅通，如地面潮湿积水应用干砂覆盖，以免造成金属液飞溅伤人。

2．浇注方法

（1）控制浇注速度

浇注速度要适中，太慢会使金属液降温过多，易产生浇不足、冷隔、夹渣等缺陷；浇注速度太快，金属液充型过程中气体来不及逸出，易产生气孔，同时金属液的动压力增大，易冲坏砂型或产生抬箱、跑火等缺陷。浇注速度应根据铸件的大小、形状决定。浇注开始时，浇注速度应慢些，利于减小金属液对型腔的冲击和气体从型腔排出；随后浇注速度加快，以提高生产速率，并避免产生缺陷；结束阶段再降低浇注速度，防止发生抬箱现象。

（2）控制浇注温度

金属液浇注温度的高低，应根据铸件材质、大小及形状来确定。浇注温度过低时，铁液的流动性差，易产生浇不足、冷隔、气孔等缺陷；而浇注温度偏高时，铸件收缩大，易产生缩孔、裂纹、晶粒粗大及黏砂等缺陷。铸铁件的浇注温度一般为 1250～1360℃。对形状复杂的薄壁铸件浇注温度应高些，厚壁简单铸件可低些。

（3）估计好铁水质量

铁水不够时不应浇注，因为浇注中不能断流。

（4）扒渣

为使熔渣变稠，便于扒出或挡住，可在浇包内金属液面上加些干砂或稻草灰。浇注前进行扒渣操作，即清除金属液表面的熔渣，以免熔渣进入型腔。

（5）引火

用红热的挡渣钩点燃从砂型中逸出的气体，防止一氧化碳等有害气体污染空气以及形成气孔。

2.4　铸件的落砂、清理及缺陷分析

2.4.1　落砂

用手工或机械方法使铸件和型砂、砂箱分开的操作,称为落砂,在工厂中又称为开箱或打箱。浇注后的铸件必须要有适当的落砂时间和温度,落砂过早,由于铸件温度高,冷却速度快,容易产生变形和裂纹,同时,还有可能烫伤操作者;落砂过迟,又会影响铸件的固态收缩和生产率。因此,落砂时间和温度要根据铸件大小、形状和合金种类来确定。一般铸铁件的落砂温度为 400～500℃,有些金属件为低于相变温度 100～150℃。单件小批量生产时采用手工落砂,常用的工具有铁锤、铁杆等。落砂时应避免用铁锤敲击砂箱的砂挡和定位部分,也不能敲击铸件的薄壁部分和棱角。在成批大量生产时常用振动落砂机落砂。

2.4.2　清理

落砂后的铸件必须进行清理。铸件清理包括清除表面黏砂、型芯、浇冒口、飞翅和氧化皮等。对于小型灰铸铁件上的浇冒口,可用手锤或大锤敲掉,敲击时要选好敲击的方向,以免将铸件敲坏,并应注意安全,敲打方向不要正对他人;铸钢件因塑性好,浇冒口要用气割切除;有色金属件上的浇冒口则多用锯削。铸件内腔的型芯可用手工或机械方法清除。手工清除的方法是用钩铲、风铲、铁棍、钢凿和手锤等工具在型芯上慢慢铲削,或者轻轻敲击铸件,震松型芯,使其掉落;机械清除可采用震砂机、水力清砂等方法。表面黏砂、飞翅和浇冒口余痕的清除,一般使用钢丝刷、錾子、锉刀等手工工具进行。手工清理的劳动强度大,条件差,效率低,现已多用机械代替。常用的清理机械有清理滚筒、喷砂及抛丸机等。清理滚筒是最简单而又普遍使用的清理机械,为提高清理效率,在滚筒中可装入一些白口铸铁制的铁星,当滚筒转动时,铸件和白口铁星互相撞击、摩擦而将铸件表面清理干净。滚筒端部有抽气出口,可将所产生的灰尘吸走。

2.4.3　铸件缺陷分析

由于铸造生产工序繁多,产生缺陷的原因相当复杂。常见铸件缺陷的特征及其产生的主要原因见表 2-3。

表 2-3　常见铸件缺陷的特征及其产生原因

名称	简图及特征	原因
气孔	聚集气孔 铸件内部或者表面有大小不等的孔眼,孔的内壁光滑,多呈圆形	1. 造型材料水分过多或含有大量发气物质; 2. 砂型、型芯透气性差,型芯未烘干; 3. 浇注系统不合理,浇注速度过快; 4. 浇注温度低,金属液除渣不良,黏度过高; 5. 型砂、芯砂和涂料成分不当,与金属液发生反应

续表

名称	简图及特征	原　因
缩孔与缩松	缩孔　　缩松 1. 缩孔是指在铸件厚断面内部、两交界面的内部及厚断面和厚断面交接处的内部或表面，形状不规则，孔内壁粗糙不平，晶粒粗大； 2. 缩松是指在铸件内部微小而不连贯的缩孔，聚集在一处或多处，金属晶粒间存在很小的孔眼，水压试验渗水	1. 浇注温度不当，过高易产生缩孔，过低易产生缩松； 2. 合金凝固时间过长或凝固间隔过宽； 3. 合金中杂质和溶解的气体过多，金属成分中缺少晶粒细化元素； 4. 铸件结构设计不合理，壁厚变化大； 5. 浇注系统、冒口、冷铁等设置不当，使铸件在冷缩时得不到有效补缩
渣眼	孔眼内充满熔渣、孔型不规则	1. 浇注温度过低； 2. 浇注时断流或浇注速度太慢； 3. 浇口位置不当或浇口太小
冷隔	铸件上有未完全融合的缝隙，接头处边缘圆滑	1. 浇注温度过低； 2. 浇注时断流或者浇注速度太慢； 3. 浇口位置不对或浇口太小
黏砂	黏砂 铸件表面黏着一层难以除掉的砂粒，使表面粗糙	1. 砂型舂得太松； 2. 浇注温度过高； 3. 砂型透气性过高
夹砂与结疤	金属凸起　砂壳　金属疤 铸件正常表面 夹砂　　结疤 在铸件表面上，有金属夹杂物或片状、瘤状物，表面粗糙，边缘锐利，在金属瘤片和铸件之间夹有型砂	1. 砂型受热膨胀，表层鼓起或开裂； 2. 型砂热湿强度较低； 3. 型砂局部过紧，水分过多； 4. 内浇口过于集中，使局部砂型烘烤厉害； 5. 浇注温度过高，浇注速度太慢

续表

名称	简图及特征	原　因
偏芯	铸件形状和尺寸由于型芯位置偏移而变动	1. 砂型变形； 2. 下芯时放偏； 3. 型芯没有固定好，浇注时被冲偏
浇不足	铸件未浇满，形状不完整	1. 浇注温度太低； 2. 浇注时液体金属量不够； 3. 浇口太小或未开出气口
错箱	铸件在分型面处错开	1. 合箱时上、下型未对准； 2. 定位销或定位标记不准； 3. 造型时上、下模型未对准
热裂与冷裂	热裂的铸件开裂，裂纹处表面氧化，呈蓝色； 冷裂的裂纹处表面不氧化，不发亮	1. 铸件设计不合理，厚薄差别大； 2. 合金化学成分不当，收缩大； 3. 型砂(芯)退让性差，阻碍铸件收缩； 4. 浇注系统开设不当，使铸件各部分冷却及收缩不均匀，造成过大的内应力

2.5　特种铸造

　　砂型铸造是铸造中应用最广的一种方法，但砂型铸造的精度、表面质量低，加工余量大，生产率低，很难满足各种类型生产的需求。为了满足生产的需要，往往采用其他一些铸造方法，这些除砂型铸造以外的铸造方法统称为特种铸造。特种铸造方法很多，目前应用较多的有金属型铸造、熔模铸造、压力铸造和离心铸造等。

2.5.1　金属型铸造

　　将金属液浇入用金属材料(铸铁或钢)制成的铸型来获得铸件的方法称为金属型铸造，又称硬模铸造。

　　根据铸件的结构特点,金属型的结构类型可分为垂直分型式、水平分型式、复合分型式和铰链开合式四种,如图 2-25 所示。其中垂直分型式开设浇口和取出铸件都较方便,易实现机械化,故应用较多。

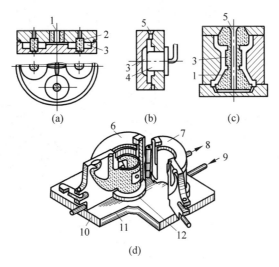

图 2-25　金属型的结构类型

（a）水平分型式；（b）垂直分型式；（c）复合分型式；（d）铰链开合式

1—浇口；2—砂芯；3—型腔；4—金属芯；5—浇口；6—左半型；7—右半型；

8—冷却水出口；9—冷却水入口；10—底板；11—冷却水管；12—底型

金属型铸造的主要特点如下:

（1）一型多铸,生产率高。

（2）金属液冷却快,铸件内部组织致密,力学性能较好。

（3）铸件的尺寸精度和表面粗糙度较砂型铸件好。

由于金属型成本高,无退让性和冷速快,主要适用于大批量生产形状简单的有色金属铸件,如铝合金活塞、铝合金缸体等。

2.5.2　熔模铸造

　　熔模铸造又称失蜡铸造,它是用易熔材料(如蜡料)制成零件的模样,在蜡模上涂挂几层耐火材料,经硬化、加热,将脱掉蜡模后的模壳经高温焙烧装箱加固后,趁热进行浇注,从而获得铸件的一种方法。图 2-26 所示为熔模铸造工艺流程示意图。

　　熔模铸造的主要特点如下:

（1）此法无起模、分型、合型等操作,能获得形状复杂、尺寸精度高、表面粗糙度小的铸件,故又有精密铸造之称。

（2）适用于各种铸造合金,尤其是高熔点、难加工的耐热合金。

　　此法由于受蜡模强度的限制,目前主要用于生产形状复杂、精度要求高或难以进行锻压、切削加工的中小型铸钢件、不锈钢件、耐热钢件等,如汽轮机叶片、成形刀具、锥齿轮等。

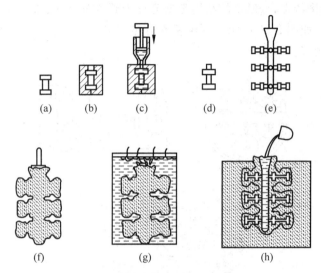

图 2-26　熔模铸造的工艺流程

（a）母模；（b）压型；（c）制造蜡模；（d）单个蜡模；（e）蜡模组别；

（f）型壳制造；（g）熔化蜡模；（h）浇注

2.5.3　压力铸造

将金属液在高压下高速注入铸型，并在压力下凝固成形的铸造方法称为压力铸造。图 2-27 所示为热压室铸填充过程原理，当压射冲头上升时，坩埚内的金属液通过进口进入压室内，而当压射冲头下压时，金属液沿通道经喷嘴填充压铸模，冷却凝固成形，然后压射冲头回升，开模取出铸件，完成一个压铸循环。

压力铸造的主要特点如下：

（1）生产率极高。

（2）铸件表面质量好，特别是能铸出壁很薄、形状很复杂的铸件。

因铸件内部易产生细小分散的气孔，故压铸件不能进行热处理和在高温条件下工作。此法主要用于大批量生产形状复杂的有色金属薄壁件，在航空、汽车、电器、仪表

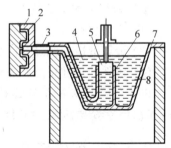

图 2-27　热压室铸填充过程

1—铸模；2—型腔；3—喷嘴；
4—金属液；5—压射冲头；6—压室；
7—坩埚；8—进口

工业中得到广泛应用。为进一步提高压铸件的内在质量，近年来又出现了真空压铸、吹氧压铸、低压铸造等压铸新工艺。

2.5.4　离心铸造

将熔融金属浇入旋转的铸型内，在离心力的作用下填充铸型而凝固成形的铸造方法，称为离心铸造。离心铸造的铸型可以是金属型，也可以是砂型。图 2-28 所示为圆环形铸件立式离心铸造示意图。金属型模的旋转速度根据铸件结构和金属液体重力决定，应保证金属

液在金属型腔内有足够的离心力不产生淋落现象,离心铸造常用的旋转速度为 250～1500r/min。

离心铸造的主要特点如下:

(1) 铸件组织细密,无缩孔、气孔等缺陷。

(2) 不用型芯便可制得中空铸件。

(3) 不需要浇注系统,提高了液体金属的利用率。

但离心铸造存在内表面质量较差的问题,对成分上易产生偏析的合金不宜采用。目前主要用于圆形空心铸件的生产,也可铸造成形铸件及双金属铸件,如铸铁管、轴瓦(钢套铜衬)等。

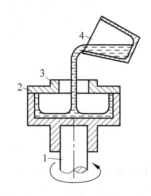

图 2-28　立式离心铸造示意图

1—旋转机构；2—铸件；3—铸型；4—浇包

第3章

锻　　压

锻压是锻造和冲压的合称,是利用锻压机械的锤头、砧块、冲头或通过模具对坯料施加压力,使之产生塑性变形,从而获得所需形状和尺寸的制件的成形加工方法。

3.1　锻压概述

3.1.1　锻造

锻造的根本目的是获得所需形状和尺寸的锻件,同时其性能和组织要符合一定的技术要求,是在一定的温度条件下,用工具或模具对坯料施加外力,使金属发生塑性流动,从而使坯料发生体积的转移和形状的变化,获得所需要的锻件。一般来说,锻件的复杂程度不如铸件,但铸件的内部组织和机械性能却不能与锻件相提并论。经过热处理的锻件,无论冲击韧性、相对收缩率、疲劳强度等机械性能均占压倒性优势。许多重要零件选用锻造方法生产,其根本原因也就在于此。

3.1.2　锻造分类

锻造主要是指自由锻造和模锻。随着生产和科学技术的发展,为了更经济有效地生产锻件,锻造行业中发展了各种特殊成形的成形锻件方法,并且新工艺还在不断产生和发展。所以,按照变形方式来分类,锻造可分为自由锻、模锻和特殊成形方法三大类。

自由锻是在锻锤或压力机上,使用简单或通用的工具使坯料变形,获得所需形状和性能的锻件。它适用于单件或小批量生产。主要变形工序有墩粗、拔长、冲孔、弯曲、错移和扭转等。

模锻是在锻锤或压力机上,使用专门的模具使坯料在模膛中成形,获得所需形状和尺寸的锻件。它适用于成批或大量的生产。按照变形情况不同,又可分为开式模锻、闭式模锻、挤压和体积精压等。

特殊成形方法通常采用专用设备,使用专门的工具或模具使坯料成形,获得所需形状和尺寸的锻件。它适用于产品的专业化生产。目前,生产中采用的特殊成形方法有电镀、辊轧、旋转锻造、摆动辗压、多向模锻和超塑性锻造等。

3.1.3　冲压

冲压是靠压力机和模具对板材、带材、管材和型材等施加外力,使之产生塑性变形或分离,从而获得所需形状和尺寸的工件(冲压件)的成形加工方法。冲压的坯料主要是热轧和冷轧的钢板和钢带。全世界的钢材中,有60%~70%是板材,其中大部分经过冲压制成成品。汽车的车身、底盘、油箱、散热器片,锅炉的汽包,容器的壳体,电机、电器的铁心硅钢片等都是冲压加工的。仪器仪表、家用电器、自行车、办公机械、生活器皿等产品中,也有大量冲压件。

冲压件与铸件、锻件相比,具有薄、匀、轻、强的特点。冲压可制出其他方法难以加工的带有加强筋、肋、起伏或翻边的工件,以提高其刚性。

冲压生产的一般工艺过程为:剪切下料—落料/下形状料—拉延/压形/压弯—切边/冲孔/整形—表面处理(电镀、发蓝、抛丸、抛光、喷涂等)。

3.2 金属材料锻前加热

在锻造生产中,金属坯料锻前需加热一段时间,其目的是提高金属塑性、降低变形抗力、使之易于流动成形并获得良好的锻后组织。因此,锻前加热是整个锻造过程中的一个重要环节,对提高锻造生产率、保证锻件质量以及节约能源消耗等都有直接影响。

3.2.1 金属坯料加热方法

根据热源的不同,锻造生产中有火焰加热和电加热两种。火焰加热是利用烟煤、重油或烟气燃烧时产生的高温火焰直接加热金属;电加热是利用电能转化为热能,加热金属。

1. 火焰加热

火焰加热时,燃料在加热炉内燃烧,产生含有大量热能的高温气体(火焰),通过对流、辐射把热能传到坯料表面,再由表面向中心传导而使金属坯料加热。在加热温度低于600~700℃时,坯料主要依靠对流换热,即借助高温气体与坯料表面进行热交换,把热能传给金属坯料。当加热温度超过700~800℃时,坯料加热则主要依靠辐射传热,即依靠高温产生的电磁波对金属坯料进行辐射,金属坯料吸收辐射后,辐射能转变为热能从而使坯料加热。通常情况下,锻造炉在高温加热时,辐射传热占90%以上,对流传热只占8%~10%。

火焰加热的优点在于燃料来源方便,炉子易于维修,加热费用低廉,对坯料适用广泛等。因此,这种加热方式广泛用于大、中、小型坯料加热。但是火焰加热也有明显的缺点:劳动条件差,加热速度慢,加热温度难以控制等。

2. 电加热

电加热主要包括:感应电加热、接触电加热、电阻炉加热以及盐浴加热。

(1)感应电加热

感应电加热的原理如图3-1所示,在感应器通入交变电流产生的交变磁场作用下,金属坯料内部产生交变涡流;由于涡流发热和磁化发热(磁性转变点以下),便直接将金属坯料加热。感应电加热的主要优点是加热速度快,加热质量好,温度控

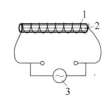

图3-1 感应电加热的原理图
1—感应器;2—坯料;3—电源

制准确,金属损耗少,操作简单,工作稳定,便于和锻压设备组成生产线实现机械化和自动化;其缺点是设备投资费用高,一种规格感应器所能加工的坯料尺寸范围很窄,电能消耗大等。

（2）接触电加热

接触电加热原理如图 3-2 所示,将低压大电流直接通入金属坯料,由于金属存在一定电阻,电流通过就会产生热量,从而使之加热。由于金属电阻一般较小,为提高生产率、减少加热时间,必须以大电流注入金属坯料。为避免短路,常采用降低电压的办法,以得到低压大电流。接触电加热用的变压器副端空载电压只有 2～15V。

接触电加热的优点是加热速度快,金属损耗少,加热温度范围不受限制,热效率高,耗电少,成本低,设备简单,操作方便,适用于长坯料的整体或局部加热;缺点是坯料的表面光洁度有严格限制,特别是坯料的端部,此外,加热温度的测量和控制也比较困难。

（3）电阻炉加热

电阻炉工作原理如图 3-3 所示,利用电流通入炉内的电热体所产生的热量,以辐射与对流的方式来加热金属坯料。这种点加热方法的加热温度受到电热体的限制,热效率也比较低。但对坯料的适应度很大,便于实现自动化,也可以进行真空或者保护气体加热。

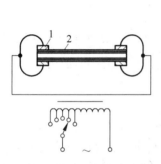

图 3-2　接触电加热原理图

1—感应器；2—坯料

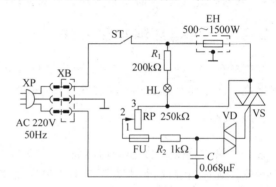

图 3-3　电阻炉工作原理图

（4）盐浴加热

盐浴加热是利用电流通入盐浴炉内电极产生热量把导电介质熔融,通过高温介质的对流传导来传热,将埋在介质中的金属坯料加热。常用的导电介质有 $BaCl_4$、$NaCl$、KCl、$CaCl_2$ 等。这种点加热方式速度快,加热均匀,可以实现金属坯料的整体加热。但热效率较低,材料消耗大,劳动条件较差。

3.2.2　实习用锻造加热设备

锻工实习中常用的是手锻炉。手锻炉常用烟煤做燃料,其结构简单,容易操作,但生产率低,加热质量不高。

1. 反射炉

图 3-4 所示为燃煤反射炉的结构示意图。燃烧室 1 产生的高温炉气越过火墙 2 进入加热室 3 加热坯料 4,废气经烟道 7 排出。鼓风机 6 将换热器 8 中经预热的空气送入燃烧室,

坯料从炉门 5 装取。这种炉的加热室面积大,加热温度均匀一致,加热质量较好,生产率高,适用于中小批量生产。

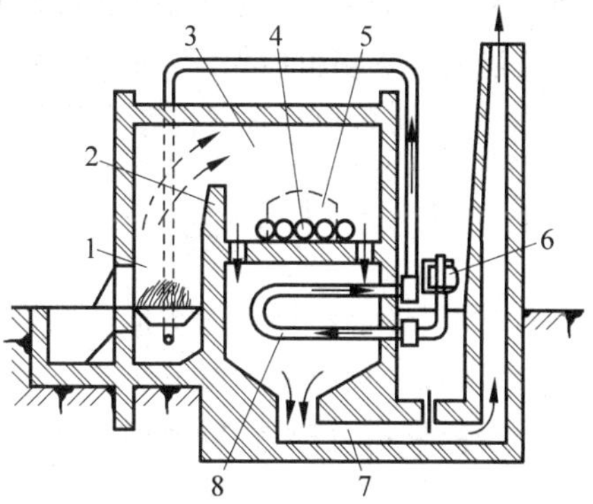

2. 油炉或煤气炉

燃料可以为煤、煤气或者重油。室式重油炉的结构如图 3-5 所示,重油和压缩空气分别由两个管道送入喷嘴 4,压缩空气从喷嘴喷出时产生的负压使重油呈雾状喷出,在炉膛 1 内燃烧。煤气炉的结构和重油炉基本相同,主要区别是喷嘴的结构不同。

3. 红外箱式炉

图 3-4　燃煤反射炉结构

1—燃烧室;2—火墙;3—加热室;4—坯料;

5—炉门;6—鼓风机;7—烟道;8—换热器

红外箱式炉的结构如图 3-6 所示,它采用硅碳棒作为发热元件,并在内壁涂有高温烧结的辐射涂料,加热时炉内形成高温辐射均匀温度场,升温较快,单位耗电低,可达到节能目的。红外炉采用无级调压控制柜与其配套,具有快速启动、精密控温,送电功率和炉温可任意调节的特点。

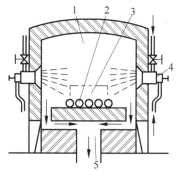

图 3-5　室式重油炉结构

1—炉膛;2—坯料;3—炉门;

4—喷嘴;5—烟道

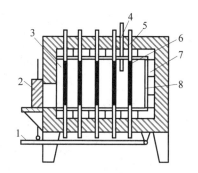

图 3-6　红外箱式炉

1—踏杆;2—炉门;3—炉膛;4—温度传感器;

5—硅碳棒冷端;6—硅碳棒热端;7—耐火砖;

8—反射层

3.3　钢的锻前加热

钢料在锻前加热过程中,应尽快达到所规定的始锻温度。但是,如果温升得太快,温度应力过大,可能会造成钢料的断裂。相反,升温速度过于缓慢,会降低生产率,增加燃料消耗。因此在实际过程中,钢料应按一定加热规范进行加热。

所谓加热规范(加热制度),是指钢料从装炉开始到加热结束的整个过程中,对炉子温度和钢料温度随时间变化的规定。为了应用方便和清晰起见。加热规范采用温度-时间的变化曲线来表示,而且通常是以炉温-时间的变化曲线来表示。

正确的加热规范应保证:钢料在加热过程中不产生裂纹,不过热过烧,温度均匀,氧化脱碳少,加热时间短和节省燃料等。总之,在保证加热质量的前提下,力求加热过程越快越好。

3.3.1　装料炉温

开始预热阶段,钢料温度低而塑性差,同时还存在蓝脆区,为了避免温度应力过大引起裂纹,必须规定钢料装炉时的炉温。装料炉温取决于温度应力,与钢的导热性和坯料的大小有关。一般来讲,导热性好或断面尺寸小的钢料,装料炉温一般不做限制;导热性差或断面尺寸大的钢料,则应限制装料炉温。

根据加热温度应力的理论计算推导,可按钢材断面最大允许温差$[\Delta t]$来确定装料炉温。圆柱坯料的最大允许温差可用下式计算:

$$[\Delta t] \stackrel{\text{def}}{=\!=} \frac{1.4[\sigma]}{\beta E} (℃)$$

式中:$[\sigma]$——许用应力,可按相应温度的强度极限计算,N/mm^2;

　　　β——线膨胀系数,$mm/(mm \cdot ℃)$;

　　　E——弹性模量,N/mm^2。

3.3.2　加热速度

加热速度一般用单位时间内钢料表面温度的变化来表示($℃/h$),也有采用单位时间内钢料截面热透的数值来表示(mm/min)。

在加热规范中,有两种不同的加热速度,一种称为最大可能的加热速度,另一种称为钢料允许加热速度。

最大可能的加热速度是指炉子按最大供热能量升温时所能达到的加热速度,它与炉子的结构形式、燃料种类及燃烧情况、坯料的形状尺寸及其在炉中的安放方法等有关。

钢料允许加热速度则为钢料在保持完整性的条件下所允许的加热速度,它取决于钢在加热时所产生的温度应力,与钢的导热性、机械性能及坯料尺寸有关。

根据加热温度应力的理论计算导出,钢料允许加热速度可由许用应力确定。圆柱坯料的允许加热速度可按下式计算:

$$[c] = \frac{5.6\alpha[\sigma]}{\beta E R^2} (℃/h)$$

式中:$[\sigma]$——许用应力,可用相应温度的强度极限计算,N/mm^2;

　　　β——线膨胀系数,$mm/(mm \cdot ℃)$;

　　　α——导温系数,m^2/h;

　　　E——弹性模量,N/mm^2;

　　　R——坯料半径,m。

3.3.3　均热保温

当钢料表面加热到锻造温度时,中心温度仍较低,断面温差较大,如立即出炉锻造,将引起变形不均,因此需要均热保温。通过保温,除了减小坯料断面温差外,还可借高温扩散作用使钢组织均匀化。这样,不但有利于锻造均匀变形,还能提高钢的塑性。

均热阶段要考虑制定出适当的保温时间。时间太短,达不到保温应有的作用;时间过长,除了降低生产率外,还会影响锻件质量。所以加热规范所规定的保温时间有最小保温时间和最大保温时间。

最小保温时间与温度头和坯料直径有关。温度头越大,坯料直径越大,则坯料断面的温差就越大,因此最小保温时间需要长些。相反,则保温时间可短些。为了保证钢料断面温度不致过大,通常加热钢锭时温度头取 30～50℃,加热钢材时温度头取 40～80℃。

3.4　自　由　锻　造

自由锻造是利用冲击力或压力使金属在上下砧面间各个方向自由变形,不受任何限制而获得所需形状及尺寸和一定机械性能的锻件的一种加工方法,简称自由锻。自由锻造所用工具和设备简单,通用性好,成本低。

同铸造毛坯相比,自由锻消除了缩孔、缩松、气孔等缺陷,使毛坯具有更好的力学性能。锻件形状简单,操作灵活,因此,它在重型机器及重要零件的制造上有特别重要的意义。自由锻造是靠人工操作来控制锻件的形状和尺寸的,所以锻件精度低,加工裕量大,劳动强度大,生产率也不高,主要应用于单件、小批量生产。

3.4.1　自由锻基本工艺及分析

1. 墩粗

镦粗是使坯料截面变大、高度减小的锻造工序,可分为完全镦粗和局部镦粗两种。如图 3-7 所示,完全镦粗是将坯料在直立情况下置于砧上进行锻打,使其高度减小;局部镦粗又可分为端部镦粗和中间镦粗,需要借助工具(如胎模或漏盘)来进行。镦粗通常用来生产盘类毛坯,如齿轮坯、法兰坯等。

锤上墩粗时的工艺参数和操作规则如下:

(1) 为了防止坯料在墩粗时产生纵向弯曲,应该限制其高度与直径或边长的比值,对于圆柱坯料,$H_0/D_0 < (2.5～3)$;方形或矩形截面坯料,$H_0/B_0 < (3.5～4)$,B_0 为方坯截面边长或矩形坯料截面短边长。

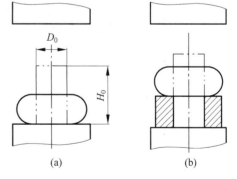

图 3-7　镦粗

(a) 完全镦粗;(b) 局部镦粗

(2) 为了使坯料在墩粗时不产生纵向裂纹,应使每次的压下量小于材料的塑性允许范围。

(3) 为了减小墩粗的变形力,应将坯料加热到该种材料所允许的最高温度。

(4) 坯料高度 H_0 应与锤头行程相适应,即 $H_锤 - H_0 > 0.25 H_锤$,$H_锤$ 为锤头的最大行程。

2．拔长

在生产轴类零件毛坯(如车床主轴、连杆等)时，为使坯料长度增加、截面减小而采用的另一种自由锻工序是拔长。

拔长时坯料送进与翻转的方法有两种，第一种方法如图 3-8(a)所示，反复转动 90°拔长，常用于手工操作锻造；第二种方法如图 3-8(b)所示，沿整个坯料长度方向拔长一遍后再翻转 90°拔长，多用于锻造大型锻件。

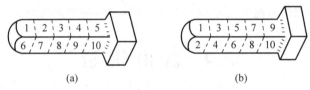

图 3-8   拔长锻件的翻转方法

(a) 来回翻转 90°锻打；(b) 打完一面后翻转 90°

拔长的主要工艺参数是送进量(L)和下压量(Δh)，如图 3-9 所示。它对锻件质量和生产率有重大影响，因此要满足以下条件：

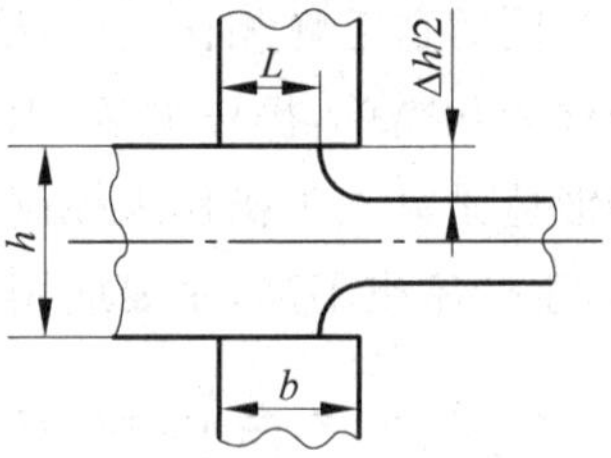

(1) 锤上拔长(见图 3-10)时，送进量小于$(0.75\sim0.8)B$，或相对送进量$L/B=0.5\sim0.8$。送进量太大，金属沿坯料宽度方向流动过多，纵向流动少，拔长效率降低；送进量太小，易产生夹层。

(2) 每次锤击的下压量小于材料塑性所允许的数值，即不允许坯料在拔长过程中出现裂纹。

图 3-9   拔长示意图

(3) 每次锤击压下之后的毛坯宽度与其高度之比小于$2\sim2.5$。

(4) 每次送进量与单边压下量之比大于$1\sim1.5$，以免产生折叠，即$2L/\Delta h>1\sim1.5$。

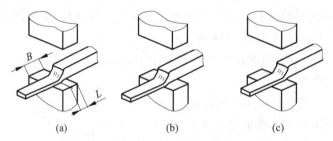

图 3-10   拔长的送进方向和送进量

(a) 送进量合适；(b) 送进量太大，拔长效率低；(c) 送进量太小，产生夹层

3．冲孔

在坯料上冲出通孔或盲孔的工序为冲孔，有双面冲孔和单面冲孔两种，如图 3-11、图 3-12 所示。双面冲孔时，冲子从坯料一面冲入，当孔冲到深度为坯料高度的$70\%\sim80\%$时，将坯料翻转 180°，再用冲子从另一面把孔冲穿。单面冲孔则不需要翻转。

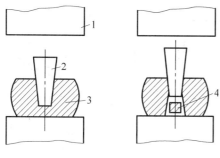
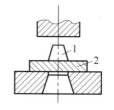
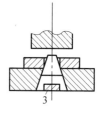

图 3-11　双面冲孔
1—上锤；2—冲头；3—坯料；4—冲孔余料

图 3-12　单面冲孔
1—冲子；2—零件；3—冲孔余料

其操作工艺要点如下：

（1）冲孔前，坯料应先镦粗，以尽量减小冲孔深度。

（2）为保证孔位正确，应先试冲，即用冲子轻轻压出凹痕，如有偏差，可加以修正。

（3）冲孔过程中应保证冲子的轴线与锤杆中心线（即锤击方向）平行，以防将孔冲歪。

（4）一般锻件的通孔采用双面冲孔法冲出，即先从一面将孔冲至坯料厚度 2/3～3/4 的深度再取出冲子，翻转坯料，从反面将孔冲透。

（5）为防止冲孔过程中坯料开裂，一般冲孔孔径要小于坯料直径的 1/3。大于这一限制的孔，要先冲出一较小的孔，然后采用扩孔的方法达到所要求的孔径尺寸。常用的扩孔方法有冲头扩孔和心轴扩孔。冲头扩孔利用扩孔冲子锥面产生的径向分力将孔扩大。心轴扩孔实际上是将带孔坯料沿切向拔长，内外径同时增大，扩孔量几乎不受什么限制，最适于锻制大直径的薄壁圆环件。

4. 弯曲

弯曲是指使坯料弯曲成一定角度或形状的锻造工序，如图 3-13 所示。

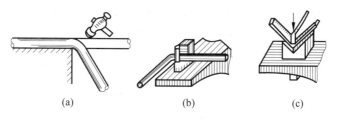

（a）　　　　　　　（b）　　　　　　　（c）

图 3-13　弯曲变形图
（a）送进量合适；（b）送进量太大，拔长效率低；（c）送进量太小，产生夹层

5. 扭转

扭转是指使坯料的一部分相对另一部分旋转一定角度的锻造工序，如图 3-14 所示。

6. 切割

切割是指将锻件从坯料上分割下来或切除锻件余料的工序，如图 3-15 所示。

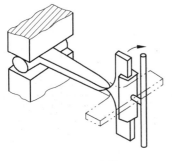

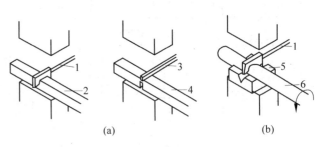

图 3-14　扭转

(a)　　　　　　　(b)

图 3-15　切割

1—剁刀；2,4,6—零件；3—刻棍；5—剁垫

3.4.2　自由锻常见的缺陷及其产生的原因

自由锻常见的缺陷有表面横向裂纹、表面纵向裂纹、中空纵裂、弯曲、变形以及冷硬现象等。其中,表面横向裂纹是由于原材料质量不好或者拔长时进锤量过大而造成的锻件表面及角部出现横向裂纹。表面纵向裂纹是由于原材料质量不好或者镦粗时压下量过大而造成的锻件表面出现纵向裂纹。中空纵裂是由于未加热透,内部温度过低,使得变形集中于上下表面,心部出现横向拉应力,导致坯料中心出现较长甚至贯穿的纵向裂纹。

弯曲和变形是由于锻造矫直不够,热处理操作不当而造成锻造、热处理后弯曲与变形。冷硬现象是指当变形温度偏低、变形速度过快、锻后冷却过快时,锻造后锻件内部保留冷变形组织。

3.4.3　典型锻件自由锻工艺过程举例

锻件通常需要经过若干个工序锻造而成,锻造之前需要根据锻件的形状、尺寸大小以及坯料形状等具体情况,选择合理的基本工序和锻造工艺过程。表 3-1 为六角螺栓的锻造工艺过程,主要锻造工序是镦粗和冲孔。

表 3-1　六角螺栓的锻造工艺过程

锻件名称	六角螺栓	工艺类别	自由锻
材料	45 钢	设备	100kg 空气锤
锻件图			

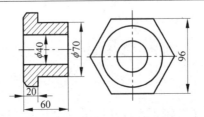

续表

序号	工序名称	工序简图	使用工具	操作方法
1	局部镦粗		镦粗漏盘 火钳	漏盘高度和内径尺寸要符合要求；局部镦粗高度为20mm
2	修整		火钳	将镦粗造成的鼓形修平
3	冲孔		镦粗漏盘 冲子	冲孔时套上镦粗漏盘，以防径向尺寸胀大；采用双面冲孔法冲孔，冲孔时孔位要对正，并防止冲歪
4	锻六角		冲子 火钳 平锤	冲子操作；轻击，并随时用样板测量
5	罩圆倒角		罩圆窝子	罩圆窝子要对正，轻击
6	精整	略		检查及精整各部分尺寸

3.5　胎模锻造

　　模锻即模型锻造，是将加热后的坯料放置在固定的模锻设备上的锻模内锻造成形。模锻的生产率和锻件精度比自由锻高，可锻造形状较为复杂的锻件，但要有专门设备，且模具制造成本高，只适用于大批量生产。用于模锻的设备有多种。在工业上，锤上模锻多采用蒸汽-空气锤。按所用的设备不同，模锻可分为胎模锻、锤上模锻及压力机模锻等。

3.5.1　胎模锻

　　胎模锻是介于自由锻和模锻之间的一种锻造方法，它使用不固定在锻压设备上的活动锻模，可根据工艺需要随时放上或取下。胎模锻一般采用自由锻方法制坯，再在胎模中成形。

1. 胎模

胎模锻使用的胎模种类很多,生产中常见的有以下几种。

(1) 扣模

扣模用于对坯料进行全面或局部扣形,主要用于生产杆状非回转体锻件。当用扣模锻造时,坯料固定不转动,如图 3-16 所示。

(2) 筒模

筒模锻的锻件呈筒形,主要用于生产齿轮、法兰盘等回转体类锻件,如图 3-17 所示。

(3) 合模

合模由上模和下模两部分组成,有导向结构,可锻造出形状复杂、精度比较高的非回转体锻件,如图 3-18 所示。

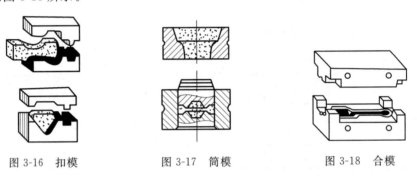

图 3-16　扣模　　　　　图 3-17　筒模　　　　　图 3-18　合模

胎模锻的模具制造简便,在自由锻上便可进行锻造,不需要模锻设备。虽然生产率和锻件的质量比自由锻高,但胎模容易损坏,与其他模锻方法相比,锻造出的锻件精度低,劳动强度大,因此,胎模锻广泛应用于没有模锻设备的中小型工厂生产小批量锻件。

2. 胎模结构及其锻造过程

胎模锻通常是先用自由锻制坯,然后再在胎模中锻造成形。胎模的结构及其锻造过程如图 3-19 和图 3-20 所示。

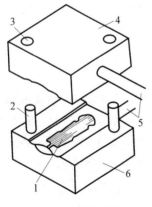

图 3-19　胎模结构

1—模腔; 2—导销; 3—销孔;
4—上模块; 5—手柄; 6—下模块

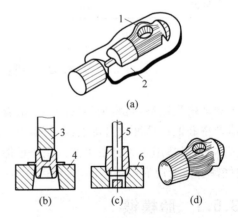

图 3-20　胎模锻锻造过程

(a) 胎膜锻件; (b) 用冲头; (c) 用冲子; (d) 锻件成品

1—连皮; 2—胎模锻件; 3—冲头; 4,6—凹模; 5—冲子

胎模锻造时,将下模置于锻锤的下砧上,但不固定;合上上模,用锤头打击上模,待上、下模块合拢后,即可形成锻件。

3.5.2　法兰盘胎模锻锻造工艺过程

图 3-21 所示为一法兰盘的锻件,其胎模锻过程如图 3-22 所示。坯料加热后,先用自由锻镦粗,再在胎模中锻成成形。所用胎模为封闭式胎模,由模筒、模垫及冲头三部分组成。将胎模放在锻锤的下抵铁上,将镦粗的坯料平放在模筒内,且将冲头放入终成锻件,最后将连皮切除。

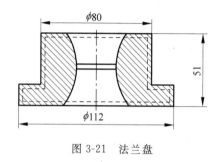

图 3-21　法兰盘

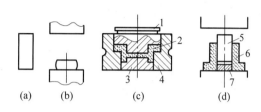

图 3-22　法兰盘毛坯的胎膜锻过程

(a) 下料,加热;(b) 镦粗;(c) 胎模中终锻;(d) 去除连皮
1—冲头;2—锻件;3—模垫;4—模筒;5—冲子;6—锻件;7—连皮

3.6　板料冲压

板料冲压是将板料置于冲模内,使金属板料变形或者分离的加工方法,在室温下进行的又称冷冲压。常用的冲压材料有低碳钢、铜、铝及其合金、奥氏体不锈钢等强度低而塑性好的金属。

板料冲压的特点为:可以生产形状复杂的零件或毛坯;互换性好,质量稳定;生产率高,易于实现生产自动化和机械化;冲压件的质量较轻,强度高,精度高,刚性好,表面光洁,一般不需要经过切削加工即可装配使用。因此,板料冲压广泛应用于汽车、电器、日用品、仪表和航空等制造业。

3.6.1　冲床

常用的冲压设备有剪床、冲床和液压机等。其中,冲床是进行冲压加工的基本设施。冲床又称曲柄压力机,按其结构及滑块的运动方式可分为很多类型,常用的开式冲床如图 3-23 所示。通电后,电动机 4 带动飞轮 9 旋转,踩下踏板 12 可使离合器 8 闭合,从而带动曲轴 7 旋转,曲轴 7 带动连杆 5 使原处于最高极限位置的滑块 11 沿导轨向下运动,进行冲压。

冲床性能的主要参数包括:

(1) 公称压力,指冲床工作时滑块上所允许的最大作用力,常用 kN 表示。

(2) 滑块行程,指曲轴旋转时滑块从最上位置到最下位置所走过的距离,常用 mm 表示。

（3）闭合高度，指滑块在行程达到最下位置时，其下表面到工作台的距离，常用 mm 表示。由于冲床的连杆长度可调，通常可以通过调节连杆的长度来实现对冲床闭合高度的调整。

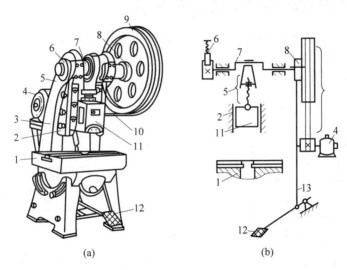

图 3-23　开式冲床

（a）外形图；（b）传动图

1—工作台；2—导轨；3—床身；4—电动机；5—连杆；6—制动器；7—曲轴；
8—离合器；9—飞轮；10—V 形带；11—滑块；12—踏板；13—拉杆

3.6.2　板料冲压的基本工序

冷冲压的工序有分离工序和成形工序两大类。其中，分离工序是使零件与母材沿一定的轮廓线相互分离的工序，包括剪切、冲孔和落料等；成形工序是使板料产生局部或整体塑性变形的工序，包括弯曲、拉伸、翻边等。

1. 剪切

剪切是指利用剪床把板料剪切成条料的过程。常用的剪床有平口刃剪床、斜口刃剪床等。

2. 冲孔和落料

冲孔和落料统称冲裁，是使板料按封闭的轮廓分离的工序。两者板料分离的过程完全一样，只是用途不一样。落料时，冲落部分为工件，余料是废料；冲孔时，在工件上冲出所需的孔，冲落部分为废料。冲裁主要用于制造各种形状的平板零件或者作为变形工序的下料，如图 3-24 和图 3-25 所示。

冲裁的凸模和凹模刃口须锋利，以便于剪切使板料分离。而且，凸模与凹模之间要有合适的间隙，一般单边间隙为材料厚度的 5%～8%。否则，孔的边缘或工件的边缘会有较大的毛刺。

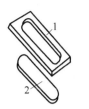

图 3-24　落料

1—废料；2—工件；3—凹模；
4—凸模；5—坯料；6—工件

图 3-25　冲孔

1—凹模；2—凸模；3—坯料；
4—落料部分；5—工件；6—废料

3．弯曲

弯曲是呈一定的角度和曲率的变形工序，如图 3-26 所示。弯曲时，板料内侧受压，外侧受拉。若板料所受拉应力超过板料的强度极限，则会出现裂纹。弯曲模的工作部分应有一定的圆角，以防工件表面的弯裂。因此，弯曲件受最小弯曲半径的限制，要选择合理的弯曲半径。

4．拉伸

拉伸也称拉延，是将冲裁后的平板坯料在拉伸模的作用下制成杯形或盒形零件，属于变形工序，如图 3-27 所示。为避免拉裂，拉伸凹模和凸模的工作部分应加工成圆角。为确保拉伸时板料可以顺利通过，凹凸模的间隙应较大，为板厚的 1.1～1.2 倍。为减少摩擦，板料和模具之间应有润滑剂。另外，为了防止板料起皱，要用压板将坯料压紧。

图 3-26　弯曲过程

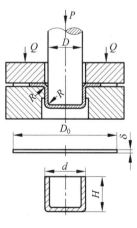

图 3-27　拉伸

5．翻边

翻边是指在带孔的平坯料上用扩孔的方法获得凸缘的工序，主要用于制造带有凸缘或具有翻边的冲压件。对于凸缘高度较大的零件，可采用先拉伸、后冲孔、最后翻边的工艺过程。

3.6.3 冲模模具

冲模是使板料分离或成形的工具。其中,较为典型的冲模结构是由上模与下模组成。上模模柄是固定在冲床的滑块上,并与滑块一起上下运动;下模则被固定在工作台上,结构如图 3-28 所示。

1. 简单冲模

简单冲模是指滑块的一次行程中只完成一道冲压工序的冲模,如图 3-29 所示。分上模和下模两部分,上模经模柄安装在冲床滑块上,下模则经下模板通过压板和螺栓安装在冲床工作台上。工作时,板料在凹模上沿两个导板之间送进,碰到定位销停止;凸模向下冲压,被冲下的零件或废料进入凹模孔,板料和凸模一起向上运动;当向上运动的板料碰到卸料板时被推下,板料便可以在导板之间继续被送进。

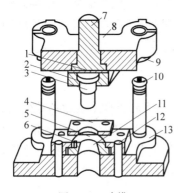

图 3-28　冲模

1—模垫;2—冲头压板;3—冲头;4—卸料板;
5—导板;6—定位销;7—模柄;8—上模板;
9—导套;10—导柱;11—凹模;12—凹模压板;
13—下模板

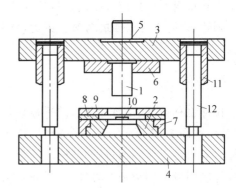

图 3-29　简单冲模

1—凸模;2—凹模;3—上模板;4—下模板;
5—模柄;6,7—压板;8—卸料板;9—导板;
10—定位销;11—导套;12—导柱

冲模各部分的作用说明如下:

(1) 凸模和凹模是模具的核心工作部件,又称为冲头,两者共同作用,使板料分离或变形。它们分别通过凸模固定板和凹模固定板固定在上、下模座上。

(2) 导柱和导套在工作过程中起导向作用,以保证模具的运动精度。

(3) 导料板和定位销分别用来控制板料的进给方向和送进量。

(4) 卸料板的作用是在冲压后将工件或坯料从凸模上卸下来。

2. 连续冲模

在滑块的一次冲程中,模具的不同部位同时完成两道以上的冲压工序的冲模称为连续冲模,如图 3-30 所示。工作时,定位销对准定预先冲好的定位孔进行导正,上模向下运动,凸模 1 进行落料,凸模 4 进行冲孔;当上模回程时,卸料板从凸模上推下残料;再将坯料 7 继续向前送进,执行第二次冲模。连续冲模生产率较高,易于实现机械化和自动化,但其定位精度要求较高,制造成本高。

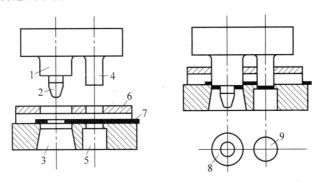

图 3-30　连续冲模

1—落料凸模；2—定位销；3—落料凹模；4—冲孔凸模；5—冲孔凹模；

6—卸料板；7—坯料；8—成品；9—废料

3. 复合冲模

在滑块的一次冲程中,模具的同一部位完成两道以上冲压工序的冲模称为复合冲模,如图 3-31 所示。这种模具结构的主要特点是有一个凸凹模,其外缘是落料凸模,内缘是拉深凹模。当凹凸模下降时,首先落料；然后坯料被拉深凸模反向顶入凹凸模内被拉深；顶出器在滑块回程时将拉深件顶出。复合冲模的加工精度和生产率较高,但制造较为复杂,适用于大批量生产。

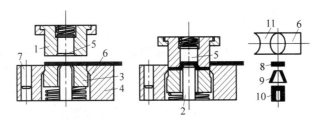

图 3-31　落料及拉深复合冲模

1—凹凸模；2—拉深凸模；3—压板；4—落料凹模；5—顶出器；6—板料；

7—挡料销；8—坯料；9—拉深件；10—零件；11—切余材料

第4章

焊 接

4.1 电 弧 焊

电弧焊是利用焊条与焊件间的电弧热熔化焊条和焊件进行手工焊接的过程。焊接过程中,电弧把电能转化成热能,加热零件,使焊丝或焊条熔化并过渡到焊缝熔池中去,熔池冷却后形成一个完整的焊接接头。电弧焊具有机动、灵活、适应性强,设备简单耐用,维护费用低等特点,但工人劳动强度大,焊接质量受工人技术水平影响,焊接质量不稳定。电弧焊多用于焊接单件、小批量产品和难以实现自动化加工的焊缝,可焊接板厚 1.5mm 以上的各种焊接结构件,并能灵活应用于空间位置不规则焊缝的焊接,适用于碳钢、低合金钢、不锈钢、铜及铜合金等金属材料的焊接。

4.1.1 电弧焊的原理

电弧焊的方法如图 4-1 所示,焊机电源两输出端通过电缆、焊钳和地线夹头分别与焊条和被焊零件相连;焊接过程中,焊条与工件之间燃烧的电弧热熔化焊条端部和工件的局部,受电弧力作用,焊条端部熔化后的熔滴过渡到母材和熔化的母材融合在一起形成熔池;随着电弧向前移动,熔池中的液态金属逐渐冷却结晶并形成焊缝。

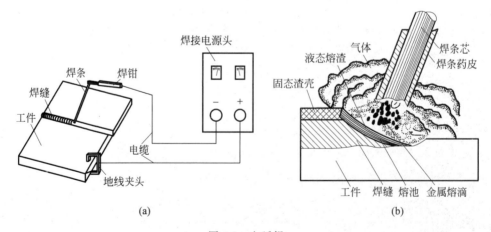

(a)   (b)

图 4-1 电弧焊

(a) 焊接连线;(b) 焊接过程

4.1.2　焊接设备

电弧焊的焊接设备主要有弧焊机、焊钳和焊接电缆,另外还有面罩、敲渣锤、钢丝刷和焊条保温桶等辅助设备。

1. 常用焊条电弧焊机

弧焊机按电流种类可分为交流弧焊机和直流弧焊机两种。

（1）交流弧焊机

交流弧焊机又称弧焊变压器,是一种符合焊接要求的降压变压器,如图 4-2 所示。这种焊机具有结构简单、噪声小、价格便宜、使用可靠、维护方便等优点,但其电流波形为正弦波,输出为交流下降外特性,电弧稳定性较差,功率因数低,但磁偏吹现象很少产生,空载损耗小,一般应用于手弧焊、埋弧焊和钨极氩弧焊等。

（2）直流弧焊机

直流弧焊机的电源输出端有正、负极之分,焊接时电弧两端极性不变,如图 4-3 所示。弧焊机正、负两极与焊条、焊件有两种不同的接线法:将焊件接到弧焊机正极,焊条接至负极,这种接法称正接,又称正极性;反之,将焊件接到负极,焊条接至正极,称为反接,又称反极性。焊接厚板时,一般采用直流正接,这是因为电弧正极的温度和热量比负极高,采用正接能获得较大的熔深;焊接薄板时,为防止烧穿,常采用反接。在使用碱性低氢钠型焊条时,均采用直流反接。

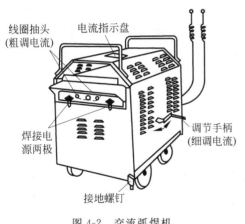

图 4-2　交流弧焊机

图 4-3　直流弧焊机

2. 辅助器具

（1）焊钳

电弧焊时,用于夹持电焊条同时传导焊接电流的器械称为焊钳。手工电弧焊时,用焊钳来夹持和操纵焊条。对焊钳的要求是导电性能好、外壳绝缘性好、质量小、装换焊条方便、夹持牢固和安全耐用等。

（2）面罩

面罩是防止焊接时的飞溅、弧光及其他辐射对焊工面部及颈部损伤的一种遮蔽工具。面罩有手持式和头盔式两种，对面罩的要求是质轻、坚韧、绝缘性和耐热性好。面罩正面安装有护目滤光片，即护目镜，起减弱弧光强度、过滤红外线和紫外线以保护焊工眼睛的作用。滤光片有各种颜色，从人眼对颜色的适应角度考虑，以墨绿、蓝绿和黄褐色为好；颜色有深浅之分，应根据焊接电流大小和焊接方法以及焊工的年龄和视力情况选用。

（3）焊条保温桶

焊条保温桶是装载已烘干的焊条，且能保持一定温度以防止焊条受潮的一种筒形容器。焊条保温桶分为卧式和立式两种，工人可随身携带，方便取用。通常利用弧焊电源二次电压对桶内加热，维持焊条药皮含水率不大于 0.4%。

4.1.3 焊条

1. 焊条的组成

焊条是涂有药皮供焊条电弧焊使用的熔化电极，它由药皮和焊心组成，如图 4-4 所示。

焊心是一根实心金属棒，焊接时作为电极，传导焊接电流，使之与焊件之间产生电弧；在电弧热作用下自身熔化过渡到焊件的熔池内，成为焊缝中的填充金属。

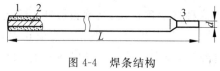

图 4-4　焊条结构

1—药皮；2—焊心；3—焊条夹持部分

药皮在焊接过程起到机械保护、冶金处理和改善焊接工艺性能的作用。一方面，在高温下药皮中矿物质（造渣剂）在焊接电弧高温作用下熔化形成熔渣，对熔滴、熔池周围和焊缝金属表面起到机械保护作用，使其免受大气侵入与污染；另一方面，药皮与焊心配合，通过冶金反应起到脱氧，去氢，排除硫、磷等杂质和渗入合金元素的作用；在改善焊接工艺性能方面，通过药皮中某些物质可使焊接过程中电弧稳定、飞溅少、易于脱渣、提高熔敷率和改善焊缝成形等。

2. 焊条的分类

由于焊条药皮类型不同，焊条的种类繁多，可按酸碱度划分为酸性焊条和碱性焊条。

（1）酸性焊条

药皮熔化后熔渣中酸性氧化物比碱性氧化物多，这种焊条就称为酸性焊条。酸性焊条的焊接工艺性好，电弧稳定，可交直流两用，飞溅小，脱渣性能好，焊缝外表美观；但氧化性强，焊缝金属塑性和韧性较低。这种焊条常用于焊接一般钢结构。

（2）碱性焊条

药皮熔化后形成的熔渣中含碱性氧化物（如氧化钙等）比酸性氧化物（如二氧化硅、二氧化钛）多，这种焊条就称为碱性焊条，或称为低氢焊条。碱性焊条的熔渣脱硫能力强，焊缝金属中氧、氢和硫的含量低，抗裂性好；但电弧稳定性差，应采用直流反接。这种焊条一般用于较重要的焊接结构或承受动载的结构。

3．焊条的型号和牌号

按焊条用途分类时，国家现行规定方法有两种，一种由国家标准规定，另一种是按原机械工业部编制的《焊接材料产品样本》确定的，常用焊条的代号，见表 4-1。

表 4-1　焊条按用途分类及其代号

国 家 标 准			焊接材料产品样本		
焊条分类	代号	焊条型号	焊条分类	焊条牌号	
				字母	汉字
碳钢焊条	E	GB/T 5117—1995	结构钢焊条	J	结
低合金钢焊条	E	GB/T 5118—1995	钼及铬-钼耐热钢焊条	R	热
			低温钢焊条	W	温
不锈钢焊条	E	GB/T 983—1995	铬不锈钢焊条	G	铬
			铬-镍不锈钢焊条	A	奥
堆焊焊条	ED	GB/T 984—2001	堆焊焊条	D	堆
铸铁焊条	EZ	GB/T 10044—2006	铸铁焊条	Z	铸
镍及镍合金焊条	ENi	GB/T 13814—2008	镍及镍合金焊条	Ni	镍
钢及钢合金焊条	ECu	GB/T 3670—1995	钢及钢合金焊条	T	钢
铝及铝合金焊条	EAl	GB/T 3669—2001	铝及铝合金焊条	L	铝
			特殊用途焊条	TS	特

（1）焊条型号

按国家标准，焊条型号的编制必须能反映焊条的主要特性，如焊条类别、焊条特点、药皮类型和焊接电源等，其型号编制方法及含义见图 4-5。

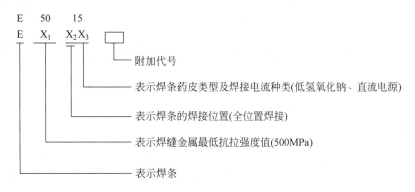

图 4-5　焊条型号编制方法示例

（2）焊条牌号

焊条牌号是按焊条的主要用途、性能特点等对焊条产品的具体命名，是行业统一代号。其表示方法为：用大写拼音字母或汉字表示焊条的类别；后面跟三位数字，前两位表示焊缝金属的性能（如强度、化学成分、工作温度等），第三位数字表示焊条药皮的类型和焊接电源。例如：J422（结 422），"J"（"结"）表示结构钢焊条，"42"表示熔敷金属的抗拉强度（σ_b）不低于 420MPa，"2"表示氧化钛钙型药皮，交流、直流电源均可使用；Z248（铸 248），"Z"

（"铸"）表示铸铁焊条，"2"表示熔敷金属主要化学成分的组成类型（铸铁），"4"是牌号编号，"8"表示石墨型药皮，交流、直流电源均可使用。

4. 焊条的选用原则

选用焊条的基本原则是在确保焊接结构安全使用的前提下，尽量选用工艺性能好、生产效率高的焊条。

（1）等强度原则。在焊接接头设计过程中，必须考虑焊缝金属与母材匹配问题。对于承载用途的焊接接头，应根据等强度原则，选择熔敷金属的抗拉强度相等或接近母材的焊条。应注意的是，非合金结构（碳素结构）钢、低合金高强度结构钢的牌号是按屈服强度的强度等级确定的，而非合金结构钢、低合金高强度结构钢焊条的等级是指抗拉强度的最低保证值。

（2）同成分原则。焊接耐热钢、不锈钢等有特殊性能要求的金属材料时，应选用与焊件化学成分相适应的专用焊条，以保证焊缝的主要化学成分和性能与焊接母材相同。

（3）抗裂性原则。焊接刚性大、结构复杂或承受动载的构件时，应选用抗裂性好的碱性焊条。

（4）低成本原则。在满足使用要求的条件下，优先选用工艺性能好、成本低的酸性焊条。

此外，根据施焊操作的需要或现场条件的限制，应选择满足一定工艺性能要求的焊条，如全位置焊的焊条等。

4.1.4　电弧焊的焊接过程

1. 引弧

引弧即产生电弧。电弧焊采用低电压、大电流放电产生电弧，引弧是依靠电焊条瞬时接触工件，即焊条表面接触形成短路实现的。引弧的方法有两种：碰击法和擦划法。

（1）碰击法引弧时，将焊条和工件保持一定的距离，然后垂直落下使之轻轻敲击工件，发生短路，再迅速将焊条提起，产生电弧。

（2）擦划法也称线接触法或摩擦法。引弧时，将焊条末端在坡口上滑动，形成一条线，当焊条端部与工件接触时发生短路，因接触面很小，温度急剧上升，在未融化前，将焊条提起，产生电弧。

上述两种引弧方法应根据具体情况灵活选用。擦划法引弧虽比较容易，但使用不当时，会擦伤焊件表面。为尽量减少焊件表面的损伤，应在焊接坡口处擦划，划擦长度以 20～25mm 为宜。在狭窄的地方焊接或焊件表面不允许有划伤时，应采用碰击法引弧。碰击法引弧较难掌握，焊条的提起动作太快或焊条提得过高，电弧易熄灭；动作太慢，会使焊条黏在工件上。焊条一旦黏在工件上，应迅速将焊条左右摆动，使之与焊件分离；若仍不能分离，应立即松开焊钳切断电源，以免短路时间过长而损坏电焊机。

2. 运条

为获得良好的焊缝成形，焊条需要不断地运动，焊条的运动称为运条。正确的运条可以控制焊接熔池的形状和尺寸，从而获得良好的熔合和焊缝成形。运条包括控制焊条角度、焊条送进、焊条摆动和焊条前移,运条技术的具体运用应根据工件材质、接头形式、焊接位置、焊件厚度等因素决定。焊条运动和角度控制如图4-6所示,常见的电弧焊运条方法如图4-7所示。

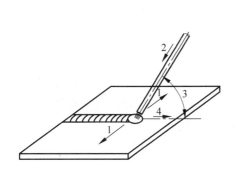

图4-6　焊条运动和角度控制
1—横向摆动;2—送进;
3—焊条与零件夹角为70°~80°;4—焊条前移

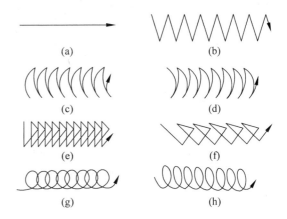

图4-7　常见电弧焊运条方法
(a)直线形;(b)锯齿形;(c)月牙形;(d)反月牙形;
(e)正三角形;(f)斜三角形;(g)圆圈形;(h)斜圆圈形

3. 焊缝的起头、接头和收弧

焊缝的起头是指焊缝起焊时的操作。由于此时工件温度低、电弧稳定性差,焊缝容易出现气孔、未焊透等缺陷,为避免此现象,应在引弧后将电弧稍微拉长,对起焊部位进行适当预热,并多次往复运条,达到所需要的熔深和熔宽后再调到正常的弧长进行焊接。

在完成一条长焊缝焊接时,往往要消耗多根焊条,这时就有前后焊条更换时焊缝接头的问题。为不影响焊缝成形,保证接头处的焊接质量,更换焊条的动作越快越好,并在接头弧坑前约15mm处起弧,然后移到原来弧坑位置继续焊接。

当一条焊缝在焊接结束时,采用正确的中断电弧的方法称为收弧。如果焊缝收尾时采用立即拉断电弧的方法,则会形成低于表面的弧坑,容易产生应力集中和减弱接头强度,从而导致产生弧坑裂纹、疏松、气孔、夹渣等现象。因此焊缝完成时的收尾动作不仅是熄灭电弧,而且是填满弧坑。电弧焊常用的收弧方法有划圈收弧法、反复断弧收弧法和回焊收弧法。

4.1.5　电弧焊工艺参数的选择

选择合适的焊接工艺参数是获得优良焊缝的前提,并将直接影响劳动生产率。电弧焊的工艺参数应根据焊接接头形式、工件材料、板材厚度、焊缝焊接位置等具体情况制定,工艺参数包括焊条直径、焊接电流、电弧电压、焊接速度、热输入等。

1. 焊条直径

焊条直径对焊缝质量有明显的影响,同时与提高生产率有密切的关系。使用粗的焊条焊接,会造成未焊透和焊缝成形不良;使用过细的焊条,会降低生产效率。

焊条直径的选择一般依据焊件厚度、焊接位置和焊接接头形式来确定。根据焊件的厚度可参照表4-2选取焊条直径。

表 4-2　焊条直径的选择与焊件厚度　　　　　　　　　　　mm

焊件厚度	焊条直径	焊件厚度	焊条直径
0.5～1.0	1.0～1.5	5.0～10	4～5
1.0～2.0	1.5～2.5	10 以上	5 以上
2.0～5.0	2.5～4.0		

2．焊接电流

焊接电流是焊条电弧焊的主要工艺参数，它直接影响焊接质量和生产率。确定焊接电流大小要根据焊条类型、焊条直径、焊件厚度、接头形式、焊接位置、母材性质和施焊环境等因素。一般碳钢焊接结构可根据焊条直径按下式确定：

$$I = k \times d$$

式中：I——焊接电流，A；

　　　d——焊条直径，mm；

　　　k——经验系数，见表 4-3：

表 4-3　焊条经验系数 k

焊条直径/mm	1～2	2～4	4～6
k	25～30	30～40	40～60

3．焊接层数

多层焊和多层多道焊的接头显微组织较细，热影响区较窄，因此有利于提高焊接接头的塑性和韧性。特别对于易淬火钢，后焊道对前焊道有回火作用，可改善接头的组织性能。但随着层数的增多，生产效率下降，焊接变形也随之增加。一般每层厚度以不大于 4～5mm 为好。

4．焊接位置、焊接接头与坡口形式

（1）焊接位置

在实际生产中，由于焊接结构和焊条移动的限制，焊缝在空间的位置除平焊外，还有平焊、横焊、立焊、仰焊，如图 4-8 所示。平焊操作方便，焊缝成形条件好，容易获得优质焊缝并具有高的生产率，是最合适的位置；其他三种又称空间位置焊，焊工操作较平焊困难，受熔池液态金属重力的影响，需要对焊接规范控制并采取一定的操作方法才能保证焊缝成形，其中仰焊位置最差，立焊、横焊次之。

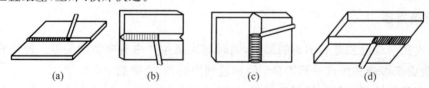

（a）　　　　　（b）　　　　　（c）　　　　　（d）

图 4-8　焊缝的空间位置

（a）平焊；（b）横焊；（c）立焊；（d）仰焊

（2）焊接接头型式

在手工电弧焊中，由于焊件厚度、结构形状以及对质量要求的不同，其接头型式也不相同。根据国家标准 GB 985—80 规定，焊接接头的型式主要可分为四种，即对接接头、角接接头、搭接接头和 T 形接头。

• 对接接头

两焊件端面相对平行的接头称为对接接头，这种接头能承受较大的载荷，是焊接结构中最常用的接头。

• 角接接头

两焊件端面间构成大于 30°，小于 135°夹角的接头称为角接接头，角接接头多用于箱形构件，其焊缝的承载能力不高，所以一般用于不重要的焊接结构中。

• 搭接接头

两焊件重叠放置或两焊件表面之间的夹角不大于 30°构成的端部接头称为搭接接头，搭接接头的应力分布不均匀，接头的承载能力低，在结构设计中应尽量避免采用塔接接头。

• T 形接头

一焊件端面与另一焊件表面构成直角或近似直角的接头称为 T 形接头，这种接头在焊接结构中是较常用的，整个接头承受载荷，特别是承受动载荷的能力较强。

（3）坡口作用与形式

根据设计或工艺的需要，在焊件的待焊部位加工成一定几何形状的沟槽称坡口。

• 坡口的作用

其主要作用是为了保证焊缝根部焊透，使焊接热源能深入接头根部，以保证接头质量。坡口还能起到调节基本金属与填充金属比例的作用。

• 常见的坡口形式

常用的坡口形式有 I 形坡口、Y 形坡口、带钝边 U 形坡口、双 Y 形坡口、带钝边单边 V 形坡口等。

4.2　气焊与气割

气焊和气割是利用气体火焰作为热源进行金属焊接和切割的方法，在金属结构件的生产中被大量应用。

4.2.1　气焊

1. 气焊的基本原理及特点

气焊是利用可燃气体与助燃气体混合燃烧的火焰去熔化工件接缝处的金属和焊丝而达到金属间牢固连接的方法，这是利用化学能转变成热能的一种熔化焊接方法。气焊所用的可燃气体主要有乙炔（C_2H_2）、液化石油气（丙烷，C_3H_8）、丁烷（C_4H_{10}）、丙烯（C_3H_6）和氢气（H_2），助燃气体为氧气（O_2）。

气焊的优点为：焊接熔池温度易控制，可以全位置焊接，容易实现单面焊双面成形；便于对焊件进行预热和后热；不需要电源，可在没有电源的野外施工；气焊设备简单，移动方便；通用性强，除用于熔焊外，还可用于钎焊，也可改装成气割设备；适于薄件和小件焊接及熔点较低的金属焊接。但也存在不足，如与电弧焊相比，气焊的气体火焰温度低，热量分散，因此生产率低，焊接变形严重，接头热影响区宽，显微组织粗大，接头性能较差。气焊多为手工操作，对焊工有较高的技巧要求，劳动条件较差。

2. 气焊设备

气焊设备由氧气瓶、乙炔发生器（乙炔瓶）、减压器、回火安全器、焊炬和橡皮管等组成，如图 4-9 所示。

（1）氧气瓶

氧气瓶是储存和运输气态氧的高压容器。工业用氧气瓶是用优质碳素钢或低合金钢冲压拔伸、收口而成的圆柱形无缝容器，头部装有瓶阀并配有瓶帽，瓶体上须装两道橡胶防振圈。氧气钢瓶外表应涂成天蓝色，并用黑漆标以"氧气"字样，其容积为 40L，工作压力 15MPa。氧气瓶应平稳放置，严禁沾染油污、暴晒、火烤，运输时应避免碰撞，也不能与乙炔瓶放在一起以防爆炸。

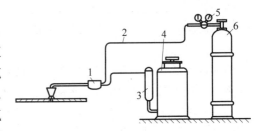

图 4-9　气焊设备的组成

1—焊炬；2—橡胶管；3—回火安全器；
4—乙炔发生器；5—减压器；6—氧气瓶

（2）乙炔发生器和乙炔瓶

乙炔发生器是使水与电石进行化学反应产生一定压力乙炔气体的装置。我国主要使用的是中压式（0.045～0.15MPa）乙炔发生器，结构形式有排水式和联合式两种。

乙炔瓶是储存和运输乙炔的容器，其外表涂白色漆，并用红漆标注"乙炔"字样。瓶内装有浸透丙酮的多孔性填料，使乙炔得以安全且稳定地储存于瓶中。多孔性填料通常由活性炭、木屑、浮石和硅藻土合制而成。乙炔瓶额定工作压力为 1.5MPa，一般容量为 40L。

（3）回火安全器

回火是指气体火焰进入喷嘴内逆向燃烧的现象。回火安全器又称回火保险器，是防止火焰向输气管路（或气源）回烧而引起爆炸的一种保险装置，按阻火介质可分为水封式和干式两种。

（4）减压器

减压器是将气瓶中高压气体的压力减到气焊所需压力的一种调节装置。减压器不但能减低压力、调节压力，而且能使输出的低压气体的压力保持稳定，不会因气源压力降低而降低。常用减压器有氧气减压器、乙炔减压器、丙烷减压器等。

（5）焊炬

焊炬的功用是将氧气和乙炔按一定比例混合，以固定的速度由焊嘴喷出进行燃烧，以形成具有一定能量和性质稳定的焊接火焰。通常按可燃气体与氧气在焊炬的混合方式分为射吸式和等压式两种。最常用的是射吸式焊炬，其构造如图 4-10 所示。工作时，氧气从喷嘴以很高的速度射入射吸管，将低压乙炔吸入射吸管，使两者在混合管充分混合后，由焊嘴喷出，点燃即成焊接火焰。

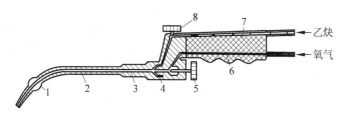

图 4-10　射吸式焊炬的构造

1—焊嘴；2—混合管；3—射吸管；4—喷嘴；5—氧气阀；6—氧气导管；7—乙炔导管；8—乙炔阀

3. 氧-乙炔火焰的种类、性能及应用

气焊火焰是由可燃气体和氧混合燃烧而形成的。常用的气体火焰是由乙炔与氧混合燃烧所形成的，故称为氧-乙炔火焰。气焊主要采用氧-乙炔火焰，并可由两者不同的混合比，得到以下 3 种不同性质的火焰。

（1）中性焰（见图 4-11(a)）

中性焰是氧气与乙炔的混合比为 1～1.2 时产生的火焰，充分燃烧，燃烧过后无剩余氧或乙炔，热量集中，火焰温度可达 3050～3150℃。中性焰最为常用，适用于焊接低碳钢、中碳钢、铸铁、低合金钢、不锈钢、紫铜、锡青铜、铝及铝合金、镁合金等。

（2）碳化焰（见图 4-11(b)）

碳化焰是当氧气与乙炔的混合比小于 1 时产生的火焰，部分乙炔未燃烧，其焰心较长，呈蓝白色，火焰温度最高达 2700～3000℃。碳化焰焊接有增碳作用，适用于焊接高碳钢、铸铁、高速钢、硬质合金、铝青铜等。

（3）氧化焰（见图 4-11(c)）

氧化焰是当氧气与乙炔的混合比大于 1.2 时产生的火焰，燃烧过后的气体中有过剩的氧气，其焰心短而尖，内焰区氧化反应剧烈，火焰温度可达 3100～3300℃。由于氧化焰的火焰具有氧化性，焊接碳钢易产生气体，并出现熔池沸腾现象，故很少用于焊接，轻微氧化的氧化焰适用于气焊黄铜、锰黄铜、镀锌铁皮等。

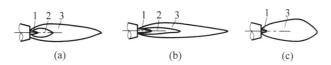

图 4-11　氧-乙炔火焰形态

(a) 中性焰；(b) 碳化焰；(c) 氧化焰

1—焰心；2—内焰；3—外焰

4. 焊接材料

（1）焊丝

气焊使用的填充焊丝，无论是黑色金属还是有色金属，其化学成分基本上与被焊工件相同，有时为了使焊缝有较好的质量，可在焊丝中加入适量的其他合金元素。我国对焊丝已标准化和系列化，可按工件化学成分选用相同的焊丝。为防止气孔和夹杂等缺陷，焊丝使用前应严格清理。气焊时，焊丝直径应与焊件厚度相近。

（2）焊剂

气焊时用以去除焊接过程中形成的氧化物、改善熔池的湿润性的粉状物质，称为气熔焊剂，又称气剂或焊粉。一般将焊剂直接撒在焊件坡口上或蘸在焊丝上。高温下，焊剂与金属熔池内的金属氧化物或非金属夹杂物相互作用，生成熔渣，覆盖在熔池表面以隔绝空气，防止熔池内金属继续氧化。一般非合金钢气焊时可不用焊剂，其他材料气焊时需使用专用焊剂。

4.2.2 气割

1. 基本原理

气割是利用预热火焰将被切割的金属预热到燃点（即该金属在氧气中能剧烈燃烧的温度），再向此处喷射高纯度、高速度的氧气流，使金属燃烧形成金属氧化物。金属燃烧释放出大量的热能使熔渣熔化，且由高速氧气流吹掉，与此同时，燃烧热和预热火焰又进一步加热下层金属，使之达到燃点，并自行燃烧。这种预热—燃烧—去渣的过程重复进行，即形成切口，移动割炬就把金属逐渐割开，这就是气割过程的基本原理。由此可见，金属的气割过程实质上是金属在纯氧中燃烧的过程。

2. 割炬

气割时，除用割炬取代焊炬外，其他所用设备与气焊时相同。割炬的作用是使氧与乙炔按比例进行混合，形成预热火焰，并将高压纯氧喷射到被切割的工件上，使被切割金属在氧射流中燃烧，氧射流并把燃烧生成的熔渣（氧化物）吹走而形成割缝。割炬按预热火焰中氧气和乙炔的混合方式不同分为射吸式和等压式两种，其中以射吸式割炬的使用最为普遍。射吸式割据的结构如图 4-12 所示。

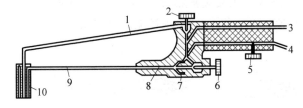

图 4-12　射吸式割炬的构造

1—切割氧气管；2—切割氧气阀；3—氧气；4—乙炔；5—乙炔阀；
6—预热氧气阀；7—喷嘴；8—射吸管；9—混合气管；10—割嘴

3. 金属气割应具备的条件

并不是所有金属都能气割，只有符合下列条件的金属才能进行气割：

（1）金属在氧气中的燃烧点应低于其熔点；

（2）气割时金属氧化物的熔点应低于金属的熔点；

（3）金属在切割氧流中的燃烧应是放热反应；

（4）金属的导热性不应太高；

（5）金属中阻碍气割过程和提高钢的可淬性的杂质要少。

符合上述条件的金属有纯铁、低碳钢、中碳钢和低合金钢以及钛等。其他常用的金属材料（如铸铁、不锈钢、铝和铜等）则必须采用特殊的气割方法，例如等离子切割等。目前气割工艺在工业生产中得到广泛应用。

4.2.3　气焊与气割的安全特点

气焊与气割的主要危险是火灾与爆炸，因此，防火、防爆是气焊、气割的主要任务。

气焊与气割所用的乙炔、液化石油气、氢气等都是易燃易爆气体；氧气瓶、乙炔瓶、液化石油气瓶和乙炔发生器均属于压力容器。在焊补燃料容器或管道时，常会遇到其他许多易燃易爆气体及各种压力容器，同时又使用明火。如果焊接设备和安全装置有故障，或者操作人员违反安全操作规程进行作业等，都有可能引起爆炸和火灾事故。

在气焊火焰的作用下，尤其是气割时氧气射流的喷射，会使熔珠和铁渣四处飞溅，容易造成灼烫事故。而且较大的熔珠和铁渣可能飞溅到距离操作点 5 米以外的地方，引燃可燃易爆物品，从而发生火灾与爆炸。

气焊与气割的火焰温度高达 3200℃以上，被焊金属在高温作用下可能会蒸发成金属蒸气。在焊接镁、铜、铅等有色金属及其合金时，除了这些金属蒸气外，焊剂还散发出氯盐的燃烧产物；黄铜的焊接过程中会蒸发出大量锌蒸气，铅的焊接过程中蒸发铅和氧化铅蒸气等有害物质。在焊补操作中，还可能遇到其他有毒和有害气体，尤其是在密闭容器、管道内的气焊、气割操作等均会对焊接作业人员造成危害，也有可能造成焊工中毒。

4.3　常见焊接缺陷及其检验方法

为了确保在焊接过程中焊接接头的质量符合设计或工艺要求，应在焊接前和焊接过程中对被焊金属材料的可焊性、焊接工艺、焊接规范、焊接设备和焊工的操作进行焊接检验，并对焊成的焊件进行全面检查。

本节主要叙述焊接检验的内容、各种常见焊接缺陷的特征及其产生的原因和焊接质量的检验方法。

4.3.1　焊接检验

焊接检验指在焊前和焊接过程中对影响焊接质量的因素进行系统的检查。焊接检验包括焊前检验和焊接过程中的质量控制，主要内容包括以下方面。

（1）对原材料的检验

原材料指被焊金属和各种焊接材料，在焊接前必须查明牌号及性能，要求符合技术要求、牌号正确、性能合格。如果被焊金属材质不明时，应进行适当的成分分析和性能实验。选用焊接材料（电焊条）是焊接前准备工作的重要环节，材料的选择将直接影响焊接质量，因而必须鉴定焊接材料（电焊条）的质量、工艺性能，做到合理选用、正确保管和使用。

（2）对焊接设备的检查

在焊接前，应对焊接电源和其他焊接设备进行全面仔细的检查。检查的内容包括其工作性能是否符合要求、运行是否安全可靠等。

（3）对装配质量的检查

一般焊件焊接工艺过程主要包括备料、装配、点固焊、预热、焊接、焊后热处理和检验等工作。为确保焊接质量，焊接区应清理干净，特别是坡口的加工及其表面状况会严重影响到焊缝质量。坡口尺寸应符合设计要求，且在整条焊缝长度上均匀一致；坡口边缘应平整光洁，采用氧气切割时，坡口两侧的棱角不应熔化；对于坡口上及其附近的污物（如油漆、铁锈、油脂、水分、气割的熔渣等）应在焊前清除干净。点固焊时应注意检查焊缝的对口间隙、错口和中心线偏斜程度。坡口上母材的裂纹、分层都是产生焊接缺陷的因素。只有在确保焊接质量、符合设计规定的要求后才能进行焊接。

（4）对焊接工艺和焊接规范的检查

焊工在焊接的过程中，焊接工艺参数和焊接顺序都必须严格按照工艺文件规定的焊接规范执行。焊工的操作技能和责任心对焊接质量有直接的影响，应按规定经过培训、考试合格并持有上岗证书的焊工才能焊接正式产品。在焊接过程中应随时检查焊接规范是否变化，如焊条电弧焊时，要随时注意焊接电流的大小；气体保护焊时，应特别注意气体保护的效果。

对于重要工件的焊接，特别是新材料的焊接，焊前应进行工艺性能试验，并制定出相应的焊接工艺措施。焊工需先进行练习，在掌握了规定的工艺措施和要求并能操作熟练后，才能正式参加焊接。

（5）焊接过程中的质量控制

为了鉴定在一定工艺条件下焊成的焊接接头是否符合设计要求，应在焊前和焊接过程中焊制样品，有时也可从实际焊件中抽出代表性试样，通过外观检查和探伤试验，然后再加工成试样，进行各项性能试验。在焊接过程中，若发现有焊接缺陷，应查明缺陷的性质、大小、位置，找出原因及时处理。对于全焊接结构还要做全面强度试验，对于容器要进行致密性试验和水压试验等。

在整个焊接过程中都应有相应的技术记录，要求每条重要焊缝在焊后都要打上焊工钢印，作为技术的原始资料，便于今后检查。

生产实践表明，平焊（尤其是船形焊）焊缝的质量容易保证，缺陷少，而仰焊、立焊等，既不易操作，又难以保证质量。必要时，应尽可能利用胎具、夹具，把要焊的地方调整到平焊位置，以保证焊接质量。同时，利用胎具、夹具对焊件进行定位夹紧，还可有效地减少焊接变形，保证焊接过程中焊件和焊接的稳定性，这对于保证装配质量、焊缝质量以及焊接的机械化和自动化都十分有利。

4.3.2　常见的焊接缺陷

焊接缺陷按其在焊缝中的位置，可分为外部缺陷和内部缺陷两大类。外部缺陷位于焊缝的外表面，可直接或用低倍的放大镜观察到。外部缺陷主要包括焊缝尺寸不符合要求、咬边、焊瘤、塌陷、表面气孔、表面裂纹、烧穿等。内部缺陷主要包括未焊透、内部气孔、内部裂纹、夹渣等。内部缺陷位于焊缝内部，须用无损探伤法或用破坏性试验才能发现。常见焊接缺陷的特征及其产生原因见表4-4。

表 4-4　常见焊接缺陷的特征及产生原因

缺陷名称	缺陷形状	特　征	产　生　原　因
夹渣		焊后残留在焊缝中的熔渣	焊接电流小、焊接速度快、熔池温度低等原因使熔渣流动性差，从而使熔渣残留而未能浮出；多层焊时层间清理不彻底等
咬边		沿焊趾的母材部分产生的沟槽或凹陷	焊接电流过大，运条角度不合适，焊接电弧过长，角焊缝时焊条角度不正确等
气孔		焊接时熔池中的气泡在焊缝凝固时未能逸出而留下形成的空穴	熔池凝固时，熔池中的气体未能逸出，在焊缝中形成气孔；焊件表面不干净，焊条潮湿，焊接速度过高，焊接材料中碳、硅含量较高，易产生气孔
裂纹		热裂纹是焊接接头的金属冷却到固相线附近的高温区产生的焊接裂纹；冷裂纹是焊接接头冷却到较低温度时产生的焊接裂纹	热裂纹形成的主要原因是焊缝金属中含有较多的硫、磷杂质；冷裂纹的产生是因为焊缝及母材中含有较多的氢、结构的刚度大、焊件的淬硬倾向大
未熔合		焊缝与母材之间未完全熔化结合	焊接电流小、焊接速度快造成坡口表面或先焊焊道表面来不及全部熔化；此外，运条时焊条偏离焊缝中心坡口和焊道表面未清理干净也会造成未熔合
未焊透		焊接接头根部未完全熔透	焊接电流小、焊接速度快；坡口角度太小，钝边太厚，间隙太窄；操作时焊条角度不当，电弧偏吹等
焊瘤		熔化金属流淌到焊缝之外未熔化的母材上所形成的金属瘤	焊工操作不熟练，运条角度不当，焊接电流和电弧电压过大或过小等
烧穿		熔化金属自坡口背面流出，形成穿孔	多发生在第一层焊道或薄板的对接接头中；主要原因是焊接电流太大，钝边过薄，间隙太宽，焊接速度太低或电弧停留时间太长等

4.3.3　常用无损检测方法

无损检测(non-destructive testing，NDT)，是利用声、光、磁、电等特性，在不损害或不影响被检对象使用性能的前提下，检测被检对象中是否存在缺陷或不均匀性，并给出缺陷的大小、位置、性质和数量等信息，进而判定被检对象所处技术状态(如合格与否、剩余寿命等)的所有技术手段的总称。

通过无损检测方法，能发现材料或工件内部和表面所存在的缺陷，能测量工件的几何特征和尺寸，能测定材料或工件的内部组成、结构、物理性能和状态等。常见的常规无损检测技术包括超声检测、射线检测、磁粉检测、渗透检验、涡流检测；非常规无损检测技术包括声发射、泄漏检测、光全息照相、红外热成像、微波检测等。

1. 超声检测

超声波是频率大于 20kHz 的一种机械波(相对于频率范围在 20Hz～20kHz 的声波而

言)。超声检测用的超声波,频率为 0.25～15MHz;用于金属材料超声检测的超声波,频率为 0.5～10MHz;而用于普通钢铁材料超声检测的超声波,频率为 1～5MHz。

超声波具有众多与众不同的特性,如声束指向性好(能量集中),声压声强大(能量高),传播距离远;穿透能力强,在界面处会产生反射、透射(或折射)和波形转换,以及产生衍射等。

超声波在被检材料(金属、非金属)中传播时,利用材料本身或内部缺陷所示的声学性质对超声波传播的影响来检测材料的组织和内部缺陷的方法,称为超声探伤。它是一种非破坏性的材料试验方法,即不需破坏被检材料或工件就能探测其内部各种缺陷(如裂纹、气泡、夹杂物等)的大小、形状和分布状况以及测定材料性质。超声探伤具有灵敏度高、快速方便、易实现自动化等优点,因此广泛应用于机器制造、冶金、化工设备、国防建设等部门,已成为保证产品质量、确保安全的一种重要手段。

1) 超声检测原理

通过声源产生超声波,以某种方式向被检测的试件中引入或激励超声;超声波在试件中传播并与试件材料及其中的缺陷相互作用,使其传播方向或特征被改变;改变后的超声波通过检测设备被接收,并可对其进行处理和分析;根据接收的超声波的特征,评估试件本身及其内部是否存在缺陷及缺陷的特性。

2) 超声检测常用的检测方法

(1) 脉冲反射法

脉冲反射法是由超声波探头发射脉冲波到试件内部,通过观察来自内部缺陷或试件底面的反射波的情况来对试件进行检测的方法,它是超声探伤中最基本的方法。在脉冲反射法中,根据声束传播情况可分为直探法和斜探法;根据探伤所用波形可分为纵波探伤法、横波探伤法、表面波探伤法和板波探伤法;根据探头个数和作用可分为单探头法和双探头法;根据声耦合方式可分为直接接触法和水浸法等。由于这些方法具有各自的特点,所以广泛用来对金属和非金属材料及其制品进行无损检验。

(2) 穿透法

穿透法通常采用两个探头,分别放置在试件两侧,一个将脉冲波发射到试件中,另一个接收穿透试件后的脉冲信号,依据脉冲波穿透试件后能量的变化来判断内部缺陷的情况。穿透法有连续波穿透法、脉冲穿透法和共振穿透法等。此方法的优点是适用于薄工件;由于超声波传播路程仅为反射法的一半,故适用于检查衰减大的材料;探伤图形直观,只要定好检查标准就可以进行作业;易实现自动探伤,检查速度快。缺点是不能知道缺陷的深度位置;缺陷探测灵敏度一般比反射法低,难以检查较小缺陷。

3) 超声检测的特点

超声检测的优点为:

(1) 面积型缺陷的检出率较高,而体积型缺陷的检出率较低;

(2) 适宜检验厚度较大的工件,不适宜检验较薄的工件;

(3) 应用范围广,可用于各种试件;

(4) 检测成本低、速度快,仪器体积小、质量轻,现场使用较方便;

(5) 对缺陷在工件厚度方向上的定位较准确。

超声检测的局限性为:

(1) 无法得到缺陷直观图像,定性困难,定量精度不高;

(2) 材质、晶粒度对检测有影响;

（3）工件不规则的外形和一些结构会影响检测；

（4）探头扫查面的平整度和粗糙度对超声检测结果有一定影响。

2．射线检测

1）射线检测原理

射线照相检验法的原理是射线能穿透肉眼无法穿透的物质使胶片感光，当 X 射线或 γ 射线照射胶片时，与普通光线一样，能使胶片乳剂层中的卤化银产生潜影，由于不同密度的物质对射线的吸收系数不同，照射到胶片各处的射线能量也就产生差异，便可根据暗室处理后的底片各处黑度差来判别缺陷。

2）射线检测过程

由 X 射线管、加速器或放射性同位素源发射出的 X 射线透射进入并穿越被检材料或工件；穿越而出的射线与放置于被检材料或工件后的射线照相胶片发生光化学作用（即胶片感光）；对已感光的射线照相胶片进行处理，得到一张以不同光学密度（图像）的方式记录和显示被检材料或工件内部质量密度的射线照相底片；最后，通过对射线照相底片进行观察、分析和评价被检材料或工件的内部质量。

3）射线检测的特点

射线检测的优点为：

（1）检测结果可用底片直接记录；

（2）可以获得缺陷的投影图像，缺陷定性定量准确。

射线检测的局限性为：

（1）体积型缺陷检出率很高，而面积型缺陷的检出率受到多种因素的影响；

（2）适宜检验厚度较薄的工件，而不适宜较厚的工件；

（3）适宜检测对接焊缝，检测角焊缝效果较差，不适宜检测板材、棒材、锻件；

（4）有些试件结构和现场条件不适合射线检测；

（5）对缺陷在工件中厚度方向的位置、尺寸（高度）的确定比较困难；

（6）检测成本高；

（7）射线检测速度慢；

（8）射线对人体有伤害。

3．渗透检测

渗透检测是利用液体的毛细管作用，将渗透液渗入固体材料表面开口缺陷处，再通过显像剂将渗入的渗透液吸出到表面显示缺陷的存在。

1）渗透检测原理

液体渗透检测的基本原理是零件表面被施涂含有荧光染料或着色染料的渗透剂后，在毛细管作用下，经过一段时间，渗透液可以渗透进表面开口缺陷中；经去除零件表面多余的渗透液后，再在零件表面施涂显像剂，同样，在毛细管作用下，显像剂将吸引缺陷中保留的渗透液，渗透液回渗到显像剂中，在一定的光源下，缺陷处的渗透液痕迹被显示，从而探测出缺陷的形貌及分布状态。

2）渗透检测的特点

渗透检测的优点为：

（1）渗透检测可用于除疏松多孔性材料以外的任何种类材料；

（2）形状复杂的部件也可用渗透检测，并一次操作就可大致做到全面检测；

（3）同时存在几个方面的缺陷时，一次操作就可完成检测；

（4）不需要大型的设备，可不用水、电。

渗透检测的局限性为：

（1）试件表面的光洁度影响大，检测结果往往容易受操作人员水平的影响；

（2）可以检出表面开口缺陷，但对埋藏缺陷或闭合型表面缺陷无法检出；

（3）检测工序多，速度慢；

（4）检测灵敏度比磁粉检测低；

（5）材料较贵，成本较高，有些材料易燃、有毒。

4．涡流检测

涡流检测是建立在电磁感应原理基础上的一种无损检测方法，它适用于导电材料。把一块导体置于交变磁场之中，导体中就会有感应电流产生，即产生涡流。由于导体自身各种因素（如电导率、磁导率、形状、尺寸和缺陷等）的变化，会导致感应电流的变化，利用这种现象而判知导体性质、状态的检测方法叫做涡流检测方法。

1）涡流检测原理

涡流检测是运用电磁感应原理，将载有正弦波电流激励线圈接近金属表面时，线圈周围的交变磁场在金属表面感应电流（此电流称为涡流），感应电流也产生一个与原磁场方向相反、频率相等的磁场，反射到探头线圈，导致检测线圈阻抗的电阻和电感发生变化，从而改变了线圈的电流大小及相位。因此，探头在金属表面移动，遇到缺陷或材质、尺寸等变化时，使得涡流磁场对线圈的反作用不同，引起线圈阻抗变化，通过涡流检测仪器测量出这种变化量就能鉴别金属表面有无缺陷或其他物理性质变化。涡流检测实质上就是检测线圈阻抗发生变化并加以处理，从而对试件的物理性能作出评价。

2）涡流检测的特点

涡流检测的优点为：

（1）检测时，线圈不需要接触工件，也无需耦合介质，所以检测速度快；

（2）对工件表面或近表面的缺陷有很高的检出灵敏度，且在一定的范围内具有良好的线性指示，可用作质量管理与控制；

（3）可在高温状态、工件的狭窄区域、深孔壁（包括管壁）进行检测；

（4）能测量金属覆盖层或非金属涂层的厚度；

（5）可检验能感生涡流的非金属材料，如石墨等；

（6）检测信号为电信号，可进行数字化处理，便于存储、再现及进行数据比较和处理。

涡流检测的局限性为：

（1）对象必须是导电材料，只适用于检测金属表面缺陷；

（2）检测深度与检测灵敏度是相互矛盾的，对一种材料进行涡流检测时，须根据材质、表面状态、检验标准做综合考虑，然后再确定检测方案与技术参数；

（3）采用穿过式线圈进行涡流检测时，对缺陷所处圆周上的具体位置无法判定；

（4）旋转探头式涡流检测可定位，但检测速度慢。

5. 磁粉检测

利用漏磁和合适的检验介质发现试件表面和近表面的不连续性的无损检测方法,称为磁粉检测。

1) 磁粉检测原理

铁磁性材料工件被磁化后,由于不连续性的存在,使工件表面和近表面的磁力线发生局部畸变而产生漏磁场,吸附施加在工件表面的磁粉,在合适的光照下形成目视可见的磁痕,从而显示出不连续性的位置、大小、形状和严重程度。

2) 磁粉检测的特点

磁粉检测的优点为:

(1) 适宜铁磁材料检测,不能用于非铁磁材料检验;

(2) 可以检出表面和近表面缺陷,不能用于检查内部缺陷;

(3) 检测灵敏度很高,可以发现极细小的裂纹及其他缺陷;

(4) 检测成本低,速度快。

磁粉检测的局限性为:

工件的形状和尺寸有时对检测有影响,或因其难以磁化而无法检测。

4.4 其他焊接技术

4.4.1 电子束焊接技术

电子束焊接是将高能电子束作为加工热源,用高能量密度的电子束轰击焊件接头处的金属,使其快速熔融,然后迅速冷却来达到焊接的目的。

1. 电子束焊的原理

电子束焊时,电子的产生、加速和会聚成束是由电子枪完成的。电子束焊接如图 4-13 所示,阴极在加热后发射电子,在强电场的作用下电子加速从阴极向阳极运动,通常在发射极到阳极之间加上 $30\sim150\mathrm{kV}$ 的高电压,电子以很高速度穿过阳极孔,并在磁偏转线圈会聚作用下聚焦于零件,电子束动能转换成热能后,使零件熔化焊接。为了减小电子束流的散射及能量损失,电子枪内要保持 $10^{-2}\mathrm{Pa}$ 以上的真空度。

2. 电子束焊的特点

(1) 加热功率密度大。电子束功率为束流及其加速电压的乘积,电子束功率可从几十千瓦到一百千瓦以上,电子束束斑(或称焦点)的功率可达 $10^6\sim$

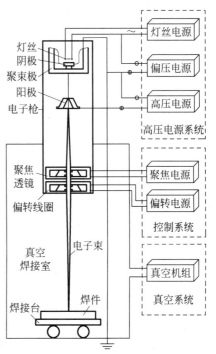

图 4-13 电子束焊接示意图

$10^8\,\mathrm{W/cm^2}$,比电弧功率密度高 $100\sim1000$ 倍。由于电子束功率密度大、加热集中、热效率高、形成相同焊缝接头需要的热输入量小,所以适宜于难熔金属及热敏感性强的金属材料的焊接。而且焊后变形小,可对精加工后的零件进行焊接。

（2）焊缝熔深熔宽比（即深宽比）大。普通电弧焊的熔深熔宽比很难超过 2。而电子束焊接的比值可高达 20 以上,所以电子束焊可以利用大功率电子束对大厚度钢板进行不开坡口的单面焊,从而大大提高了厚板焊接的技术经济指标。目前电子束单面焊接的最大钢板厚度超过了 100mm,而对铝合金的电子束焊,最大厚度已超过 300mm。

（3）熔池周围气氛纯度高。因电子束焊接是在真空度为 $10^{-4}\sim10^{-2}\,\mathrm{Pa}$ 的真空环境中进行的,残余气体中所存在的氧和氮量要比纯度为 99.99% 的氩气还要少几百倍,因此电子束焊不存在焊缝金属的氧化污染问题,特别适宜焊接化学活泼性强、纯度高和在熔化温度下极易被大气污染（发生氧化）的金属,如铝、钛、锆、钼、高强度钢、高合金钢以及不锈钢等。这种焊接方法还适用于高熔点金属,可进行钨-钨焊接。

4.4.2 　激光焊接技术

激光焊是利用高能量密度的激光束作为热源进行焊接的一种高效精密的焊接方法。随着工业生产的迅猛发展和新材料的不断开发,对焊接结构的性能要求越来越高,激光焊以其高能量密度、深穿透、高精度、适应性强等优点日益得到广泛应用。激光焊对于一些特殊材料及结构的焊接具有非常重要的作用,这种焊接方法在航空航天、电子、汽车制造、核动力等高新技术领域中得到应用,并逐渐受到工业发达国家的重视。

1．激光焊的原理

激光焊是利用大功率相干单色光子流聚集而成的激光束为热源进行焊接的方法。激光的产生是利用原子受激辐射的原理,当粒子（原子、分子等）吸收外来能量时,从低能级跃迁至高能级,此时若受到外来一定频率的光子的激励,又跃迁到相应的低能级,同时发出一个和外来光子完全相同的光子。如果利用装置（激光器）使这种受激辐射产生的光子去激励其他粒子,将导致光放大作用,产生更多的光子,在聚光器的作用下,最终形成一束单色的、方向一致和亮度极高的激光输出。再通过光学聚焦系统,可以使焦点上的激光能量密度达到 $10^6\sim10^{12}\,\mathrm{W/cm^2}$,用于焊接。激光焊接装置示意如图 4-14 所示。

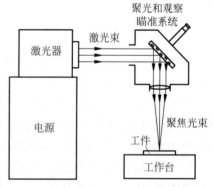

图 4-14 　激光焊接装置示意图

2．激光焊的特点

激光焊和电子束焊同属高能密束焊范畴,与一般焊接方法相比有以下优点:

（1）高的深宽比。焊缝深而窄,光亮美观。

（2）最小热输入。由于功率密度高,熔化过程极快,输入工件的热很少,焊接速度快,热变形小,热影响区小。

（3）高致密性。焊缝生成过程中，熔池不断搅拌，气体逸出，可生成无气孔熔透焊缝；焊后高的冷却速度又易使焊缝组织微细化，焊缝强度、韧性和综合性能高。

（4）强固焊缝。高温热源和对非金属组分的充分吸收产生纯化作用，降低了杂质含量，改变夹渣尺寸和其在熔池中的分布；焊接过程中无需电极或填充焊丝，熔化区受污染小，使焊缝强度、韧性至少相当于甚至超过母体金属。

（5）精确控制。因为聚焦光斑很小，焊缝可高精度定位，光束容易传输与控制，不需要经常更换焊炬、喷嘴，显著减少停机辅助时间，生产效率高；光无惯性，还可以在高速下急停和重新启动，用自控光束移动技术则可焊复杂构件。

（6）非接触、大气环境焊接过程。因为能量来自激光，工件无物理接触，因此没有力施加于工件，电磁和空气对激光都无影响。

（7）由于平均热输入低，加工精度高，可减少再加工费用，另外，激光焊接运转费用较低，可降低工件成本。

（8）容易实现自动化，对光束强度与精细定位能进行有效控制。

4.4.3　等离子弧焊技术

1. 等离子弧焊的原理

等离子弧焊是在钨极氩弧焊的基础上发展起来的一种焊接方法。借助于等离子弧焊枪的喷嘴等外部拘束条件使电弧受到压缩，弧柱横断面受到限制，使弧柱温度、能量密度提高，气体介质的电离更加充分，等离子流速也显著增大。这种将阴极和阳极之间的自由电弧压缩成高温、高电离度、高能量密度及高焰流速度的电弧即为等离子弧。等离子弧既可用于焊接，又可用于切割、堆焊及喷涂，在工业中得到了广泛应用。等离子弧焊接示意图如图 4-15 所示。

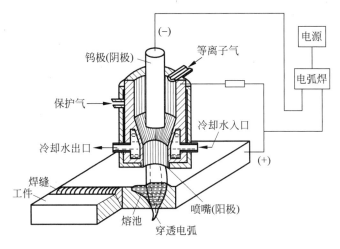

图 4-15　等离子弧焊接示意图

2. 等离子弧焊的特点

由于等离子电弧具有较高的能量密度、温度及刚直性，因此与一般电弧焊相比，等离子弧焊具有下列优点：

（1）熔透能力强，在不开坡口、不加填充焊丝的情况下可一次焊透 8～10mm 厚的不锈钢板；

（2）焊缝质量对弧长的变化不敏感，这是由于电弧的形态接近圆柱形，且挺直度好，弧长变化时对加热斑点的面积影响很小，易获得均匀的焊缝形状；

（3）钨极缩在水冷铜喷嘴内部，不可能与工件接触，因此可避免焊缝金属产生夹钨现象；

（4）等离子电弧的电离度较高，电流较小时仍很稳定，可焊接微型精密零件；

（5）可产生稳定的小孔效应，通过小孔效应，正面施焊时可获得良好的单面焊双面成形。

等离子弧焊的缺点是：

（1）可焊厚度有限，一般在 25mm 以下；

（2）焊枪及控制线路较复杂，喷嘴的使用寿命很低；

（3）焊接参数较多，对焊接操作人员的技术水平要求较高。

第 5 章

金属热处理

5.1 钢的热处理

5.1.1 钢的热处理概述

钢的热处理是将钢在固态下采用适当的方式进行加热、保温和冷却,以改变其表面或内部的组织结构,从而获得所需要性能的一种热加工工艺,如图 5-1 所示。

钢的热处理种类很多,但它们有一个共同的特点,即都包括加热和冷却两个基本过程。根据加热、冷却方式的不同以及钢的组织、性能变化特点的不同,热处理工艺分类如下:

热处理
{
普通热处理:退火、正火、淬火、回火(见图 5-2)

表面热处理:
{
表面淬火:感应加热表面淬火、火焰加热表面淬火、激光加热表面淬火、电子束加热表面淬火、等离子束表面淬火等

表面化学热处理:渗碳、渗氮、碳氮共渗、渗金属等
}

其他热处理:真空热处理、形变热处理、可控气氛热处理等
}

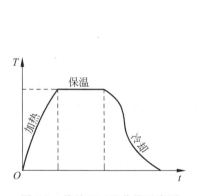

图 5-1　热处理工艺曲线示意图

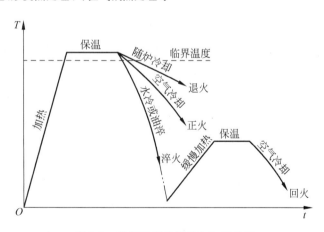

图 5-2　碳钢常用热处理方法示意图

热处理同铸造、压力加工和焊接工艺不同,它不改变零件的外形尺寸,只改变金属的内部组织及性能。在机械制造中,热处理起着十分重要的作用,它既可用于消除上一工艺过程所产生的金属材料内部组织结构上的某些缺陷,又可为下一工艺过程创造条件,更重要的是可进一步提高金属材料的性能,从而充分发挥材料性能的潜力。在汽车、拖拉机及各类机床

上有 70%～80% 的钢铁零件要进行热处理,至于刀具、模具、量具和轴承等则全部需要进行热处理。随着工业和经济的发展,热处理在改善和强化金属材料、提高产品质量、节省材料和提高经济效益等方面将发挥着更大的作用。

钢经过热处理后性能会发生较大的变化,是由于经过不同的加热和冷却过程,钢的内部组织结构发生了变化。因此,要制定正确热处理的工艺规范,保证热处理质量,必须了解钢在不同的加热和冷却条件下的组织变化规律。

5.1.2　钢在加热时的转变

加热是热处理的第一道工序。加热分两种,一种是在临界点 A_1 以下加热,不发生相变;另一种是在临界点 A_1 以上加热,目的是获得均匀的奥氏体组织,这一过程称为奥氏体化。

钢加热时的奥氏体的形成过程是一个形核和长大的过程。以共析钢为例,奥氏体化过程中可以简单地分为以下四个步骤:①奥氏体晶核形成(见图 5-3(a))。奥氏体晶核首先在铁素体与渗碳体相界处形成,因为相界处的成分和结构对形核有利。②奥氏体晶核长大(见图 5-3(b))。奥氏体晶核形成后,便通过碳原子的扩散向铁素体和渗碳体方向长大。③残余渗碳体溶解(见图 5-3(c))。铁素体在成分和结构上比渗碳体更接近于奥氏体,因而先于渗碳体消失,而残余渗碳体则随保温时间延长不断溶解直至消失。④奥氏体成分均匀化(见图 5-3(d))。渗碳体溶解后,其所在部位碳的含量仍比其他部位高,需通过较长时间的保温使奥氏体成分逐渐趋于均匀。

图 5-3　共析钢奥氏体形成过程示意图
(a) A 形核；(b) A 长大；(c) 残留 Fe₃C 溶解；(d) A 均匀化

碳素钢和低合金钢在近平衡状态下室温组织可分为三类:亚共析钢(先共析铁素体加珠光体)、共析钢(珠光体)、过共析钢(先共析渗碳体加珠光体)。亚共析钢和过共析钢的奥氏体化过程与共析钢基本相同。加热时,在临界点 A_1 处,亚共析钢和过共析钢都发生珠光体向奥氏体的转变(P→A);随温度继续升高,先共析铁素体和先共析渗碳体不断向奥氏体转变(F→A,Fe₃C→A);到临界点 A_{c3}(亚共析)或 A_{ccm}(过共析)时全部转变为奥氏体。

钢在加热时所获得奥氏体晶粒大小将直接影响到冷却后的组织和性能。奥氏体晶粒的大小通常用晶粒度等级来表示。按照 GB 6934—1986 规定,标准晶粒度分为 10 级。在生产中,将钢试样在金相显微镜下放大 100 倍,全面观察并选择具有代表性视场的晶粒与国家标准晶粒度等级进行比较,以确定其级别。晶粒度等级越大,平均晶粒数越多,则晶粒越细,一般 1～4 级称为粗晶粒,5～8 级称为细晶粒。

由于奥氏体晶粒的大小对钢件热处理后的组织和性能影响极大,因此必须了解影响奥氏体晶粒大小的因素,以寻求控制奥氏体晶粒的方法。奥氏体起始晶粒形成以后,其实际晶粒的大小主要取决于以下因素。

（1）加热温度和保温时间的影响

由于奥氏体晶粒的长大与原子扩散有着密切的关系，所以加热温度越高，保温时间越长，则奥氏体晶粒越粗大。在影响奥氏体晶粒长大的诸多因素中，温度的影响最显著。在每一加热温度下，都有一个加速长大期，当奥氏体晶粒长大到一定尺寸后，继续延长保温时间，晶粒将不再明显长大而趋于一个稳定尺寸。为了获得一定大小的奥氏体晶粒，可以同时控制加热温度和保温时间。加热温度低时，保温时间影响较小；加热温度高时，保温时间的影响开始较大，随后较弱。因此，加热温度高时，保温时间应该缩短，才能保证得到细小的奥氏体晶粒。在生产上必须严格控制加热温度，防止加热温度过高，以避免奥氏体晶粒粗化。通常要根据钢的临界点、工件尺寸以及装炉量确定合理的加热工艺参数。

（2）加热速度的影响

加热速度越快，过热度越大，奥氏体的实际形成温度越高，形核率和长大速度越大，则奥氏体的起始晶粒越细。但是，奥氏体起始晶粒细小而加热温度较高反而使奥氏体晶粒易于长大，因此快速加热时，保温时间不能过长，否则晶粒反而粗大。

（3）钢的化学成分的影响

在一定的含碳范围内，随着奥氏体的含碳量增加，由于碳在奥氏体的扩散速度及铁的自扩散速度增大，晶粒的长大倾向增加；但当碳含量超过一定量以后，碳能以未熔碳化物的形式存在，奥氏体晶粒的长大倾向减小。同样，在钢中加入碳化物形成元素和加入氮化物、氧化物形成元素，都能阻碍奥氏体晶粒的长大。而锰、磷溶于奥氏体后，使铁原子扩散加快，会促进奥氏体晶粒长大。

（4）原始组织

一般来说，钢的原始组织越细，碳化物弥散度越大，则奥氏体的起始晶粒度越小。细珠光体和粗珠光体相比，细珠光体总是容易获得细小而均匀的奥氏体起始晶粒度。在相同的加热条件下，和球状珠光体相比，片状珠光体在加热时奥氏体晶粒易于粗化，因为片状碳化物表面积较大，溶解快，奥氏体的形成速度也快，奥氏体形成后较早地进入晶粒长大阶段。

5.1.3　钢在冷却时的转变

加热的目的是为了获得晶粒细小、化学成分均匀的奥氏体，冷却的目的是为了获得一定的组织以满足所需的力学性能。因此，冷却更是钢热处理的关键。冷却主要分为以下三种。

1．极其缓慢的冷却转变

奥氏体在极其缓慢的冷却过程中按照 Fe-Fe$_3$C 相图进行平衡结晶转变，其室温平衡组织是：共析钢为珠光体，亚共析钢为铁素体＋珠光体，过共析钢为二次渗碳体＋珠光体，如图 5-4 所示。

2．连续冷却转变

过冷奥氏体在不同温度区间的分解产物是不同的。在连续冷却过程中，钢从高温奥氏体状态一直连续冷却到室温，过冷奥氏体经历由高温到低温的整个区间。连续冷却速度不同，到达各个温度区间的时间以及在各个温度区间停留的时间不同，因此连续冷却转变得到

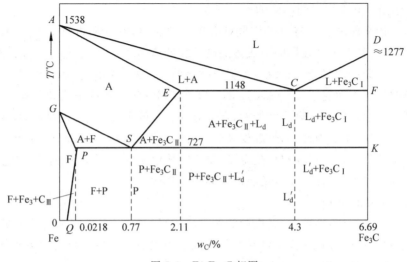

图 5-4 Fe-Fe₃C 相图

的往往是不均匀的混合组织。过冷奥氏体在连续冷却条件下的转变规律可以用等温转变曲线(CCT 曲线)来表征,如图 5-5 所示。

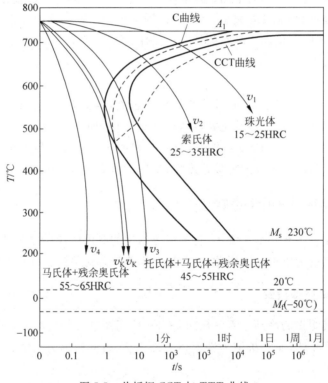

图 5-5 共析钢 CCT 与 TTT 曲线

3. 等温冷却转变

等温冷却过程中,将奥氏体状态的钢迅速冷却到临界点以下某一温度保温,让其发生恒温转变过程,然后再冷却到室温。过冷奥氏体等温转变产物的组织和性能取决于过冷度。

根据过冷度的不同,过冷奥氏体将发生三种类型转变,即珠光体型转变、贝氏体型转变、马氏体型转变。过冷奥氏体在等温冷却条件下的转变规律可以用等温转变曲线(TTT)来表征,等温转变曲线也叫 C 曲线,如图 5-5 所示。

在共析钢 TTT 曲线两条 C 型曲线中,左边的一条及 M_s 线是过冷奥氏体转变开始线,右边的一条及 M_f 线是过冷奥氏体转变终了线。A_1 线、M_s 线、转变开始线及纵坐标所包围的区域为过冷奥氏体区;转变终了线以右及 M_f 线以下为转变产物区;转变开始线与终了线之间及 M_s 线与 M_f 线之间为转变区;转变开始线与纵坐标之间为孕育期。此外,C 曲线还明确表示了奥氏体在不同温度下的转变产物。

与共析钢相变相比,亚共析钢与过共析钢 C 曲线的上部还各多了一条先共析相的析出线。因为在过冷奥氏体转变为珠光体之前,亚共析钢要先析出铁素体,过共析钢先析出渗碳体。

TTT 曲线的应用:

(1) 把连续冷却速度曲线叠画在 TTT 图上,就能大致判断所得到的组织;

(2) 可以利用 C 曲线来确定等温淬火、等温退火、分级淬火等热处理工艺参数(温度、时间等);

(3) 根据 C 曲线上的 M_f 确定冷处理工艺的温度。

实际生产中,过冷奥氏体在很多情况下都是在连续冷却中进行转变的,因此,连续冷却转变曲线对热处理工艺及选材更有意义。但是限于科学技术发展水平,测出连续冷却曲线比较困难,而等温转变冷却曲线比较容易测得。因此,在热处理生产中,应尽量查找 CCT 图解决连续冷却问题,但在只有 TTT 图时,可将连续冷却曲线叠画在 TTT 图上近似判断能得到的组织,这是一种科学而实用的方法。

5.2 钢的普通热处理

5.2.1 钢的退火和正火

1. 退火

退火是将金属或合金加热到某一温度(对碳素钢而言为 740~880℃),保温一定时间,然后随炉冷却或埋入导热性差的介质中缓慢冷却的一种工艺方法。退火的主要目的是降低材料硬度,改善切削加工性能,细化材料内部晶粒,均匀组织及消除毛坯在成形(锻造、铸造、焊接)过程中所造成的内应力,为后续的机械加工和热处理作好准备。工业上常用的退火温度工艺及其适用范围如下所述。

(1) 完全退火

完全退火是将工件完全奥氏体化后缓慢冷却,获得接近平衡组织的退火,主要用于中碳和高碳成分的亚共析钢。完全退火加热温度为 A_{c3} 以上 30~50℃,保温时间依工件大小和厚度而定,要使工件热透,保证得到均匀化的奥氏体。实际生产时为提高生产率,随炉冷却至 600℃ 左右即可出炉空冷。低碳钢和过共析钢不宜采用完全退火。低碳钢完全退火后硬度偏低,不利于切削加工。过共析钢加热至 A_{ccm} 以上完全奥氏体化后,在随后的缓冷过程中会有网状二次渗碳体析出,使钢的强度、塑性和韧性显著降低。

（2）球化退火

球化退火是指将钢加热到 A_{c1} 以上 20～30℃,充分保温,使二次渗碳体球化,然后随炉冷却,使钢在 A_{r1} 温度珠光体转变中形成渗碳体球,或在略低于 A_{r1} 的温度下充分保温,使已形成的珠光体中的渗碳体球化,然后出炉空冷。球化退火主要用于共析钢和过共析钢,其目的是使钢中的渗碳体(碳化物)球状化,降低硬度,改善切削加工性能,并为淬火做组织准备,使淬火加热时奥氏体晶粒不易长大,并可减小冷却时变形和开裂的倾向。

球化退火所得到的组织是在铁素体机体上弥散分布着颗粒(球)状的渗碳体。对于有网状碳化物存在的过共析钢,则球化退火必须前先行正火,将其消除,才能保证球化退火正常进行。另外对于一些需要进行冷塑性变形(如冲压、冷镦等)的亚共析钢,有时也可采用球化退火。

（3）等温退火

等温退火是指将钢加热到 A_{c3} 以上 30～50℃(亚共析钢)或 A_{c1} 以上 30～50℃(共析钢和过共析钢),保温一段时间,以较快速度冷却到珠光体转变温度区间内的某一温度,经等温保持使奥氏体转变为珠光体组织,然后出炉冷却的退火工艺。等温退火主要用于高碳钢、高合金钢及合金工具钢等,目的与完全退火和球化退火基本相同,但退火后组织粗细均匀,性能一致,生产周期短,效率高。

（4）去应力退火

去应力退火是指将钢加热到 A_1 以下某一温度(碳钢一般为 500～650℃),经适当保温后,缓冷到300℃以下出炉空冷的退火工艺。由于加热温度低于 A_1,因此在整个过程中不发生组织转变。其主要目的是为了消除由于塑性变形、焊接、铸造、切削加工等所产生的内应力,稳定尺寸,减少变形。去应力退火后的冷却应尽量缓慢,以免产生新的应力。

（5）均匀化退火

均匀化退火又称为扩散退火,是指将钢加热到熔点以下 100～200℃(通常为 1050～1150℃),保温 10～15h,然后进行缓慢冷却的退火工艺。其主要目的是为了消除或减少成分或组织不均匀,一般用于质量较高的钢锭、铸件或锻件的退火。由于加热温度高,时间长,晶粒必然粗大,为此必须再进行完全退火或正火,使组织重新细化。

2. 正火

正火是将钢加热到 A_{c3}(亚共析钢)或 A_{ccm}(共析、过共析钢)以上 30～50℃,保温一定时间后,在静止的空气中冷却的热处理工艺方法,图 5-6 所示为退火和正火的加热温度范围。

正火的目的是:

（1）对于低、中碳的亚共析钢而言,正火与退火的目的相同,即调整硬度,便于切削加工;细化晶粒,为淬火做组织准备;消除残余内应力。

（2）对于低碳钢,可用来调整硬度,避免切削加工中的"黏刀"现象,改善切削加工性能。

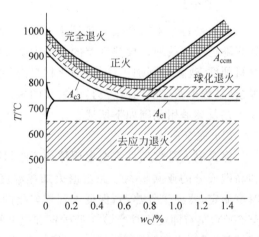

图 5-6　退火和正火的加热温度范围

（3）对于过共析钢而言，正火可消除网状二次渗碳体，为球化退火做准备。

正火的冷却速度比退火快，得到的组织较细，工件的强度和硬度比退火高。对于高碳钢的工件，正火后硬度偏高，切削加工性能变差，故宜采用退火工艺。从经济方面考虑，正火比退火的生产周期短，设备利用率高，生产效率高，节约能源，降低成本以及操作简便，所以在满足工作性能及加工要求的条件下，应尽量以正火代替退火。

5.2.2　钢的淬火和回火

钢的淬火与回火是热处理工艺中最重要、也是用途最广的工序。淬火可以大幅度提高钢的强度与硬度。淬火后，为了消除淬火钢的残余内应力，得到不同强度、硬度与韧性的配合，需要配以不同温度的回火。所以，淬火与回火是不可分割的、紧密衔接在一起的两种热处理工艺。

1. 淬火

1）淬火温度与保温时间

淬火加热温度主要是根据钢的化学成分和临界点来确定。碳钢的淬火加热温度如图 5-7 所示。

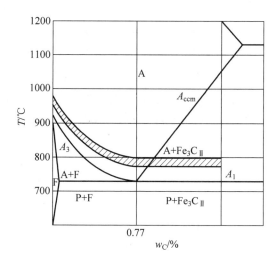

图 5-7　碳钢的淬火加热温度范围

亚共析钢淬火加热温度一般在 A_{c3} 以上 30～50℃，淬火后可获得细小的马氏体组织。若淬火温度在 A_{c1}～A_{c3} 之间，则淬火后的组织中存在铁素体，从而造成淬火后的硬度不足，回火后强度也较低。若将亚共析钢加热到远高于 A_{c3} 温度淬火，则奥氏体晶粒会显著粗大而破坏淬火后的性能。所以，亚共析钢淬火只能选择略高于 A_{c3} 的温度，这样既保证充分奥氏体化，又保证奥氏体晶粒的细小。

共析钢和过共析钢淬火加热温度一般在 A_{c1} 以上 30～50℃，淬火后可获得细小马氏体和粒状渗碳体，残余奥氏体较少。这种组织硬度高，耐磨性好，而且脆性较小。如果加热温度在 A_{ccm} 以上，不仅奥氏体晶粒变得粗大，二次渗碳体也将全部溶解，必然会导致淬火后马氏体组织粗大,残余奥氏体增多,从而降低钢的硬度和耐磨性,增加脆性,同时还使变形开裂现象变得更加严重。

为了使工件内外各部分均完成组织转变,碳化物溶解及奥氏体均匀化,必须在淬火加热温度保温一定的时间。在实际生产条件下,工件保温时间应根据工件的有效厚度来确定,并用加热系数来综合地表述钢的化学成分,原始组织,工件的尺寸、形状,加热设备及介质等多种因素的影响。

2) 淬火冷却介质

淬火的目的是为了得到马氏体,因此淬火冷却速度必须大于临界冷却速度。但冷却速度过快时,零件内部会产生很大的内应力,容易造成变形开裂,因此必须选择合适的淬火冷却介质。

理想的淬火冷却介质应该是工件既能淬火得到马氏体,又不致引起太大的淬火应力。这就要求在 C 曲线的"鼻尖"以上温度缓冷,以减小急冷所产生的热应力;在"鼻尖"处大于临界冷却速度进行快冷,以保证过冷奥氏体不发生非马氏体转变;在"鼻尖"下方,特别是 M_s 点以下温度时,冷却速度应尽量小,以减小组织转变的应力。理想的淬火冷却曲线如图 5-8 所示。

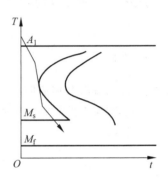

图 5-8　钢的理想淬火冷却曲线

实际生产中常用的淬火介质有水、水溶性盐类和碱类、有机水溶液、油、熔盐、空气等,尤其是水和油最为常用。

水是目前应用最广泛的淬火介质,它价廉易得,使用安全,不燃烧,无腐蚀,并且具有较强的冷却能力,常用于形状简单、截面较大的碳钢件的淬火。水的缺点是在 550～650℃ 范围内的冷却能力不够强,在 200～300℃ 范围内的冷却速度很大。为提高水在 550～650℃ 范围内的冷却能力,可加入少量的盐或碱。盐对钢件有腐蚀作用,淬火后应及时清洗。

各种矿物油也是应用广泛的淬火介质。油在 200～300℃ 温度范围内的冷却速度小于水,这可大大减小淬火钢件的变形、开裂倾向,但它在 550～650℃ 温度范围的冷却速度也比水小得多。因此,油主要用于合金钢和小尺寸碳钢件的淬火。油温升高,油的流动性更好,冷却能力反而提高,但油温过高易着火,因此一般把温度控制在 60～80℃。用油淬火的钢件需要清洗,油质易老化,这是油作为淬火介质的不足。

熔融的碱和盐也常用作淬火介质,称为碱浴和盐浴。它们的冷却能力介于水和油之间,使用温度范围多为 150～500℃。这类介质只适用于形状复杂及变形要求严格的小型件的分级淬火和等温淬火。

淬火操作时,由于冷却速度很快(可高达 1200℃/s),所以应注意淬火工件浸入淬火剂的方式。如果浸入方式不正确,则可能因工件各部分的冷却速度不一致而造成极大的内应力,使工件发生变形、裂纹或产生局部淬不硬等缺陷。浸入方式的根本原则是保证工件最均匀地冷却,具体操作如图 5-9 所示。

厚薄不匀的工件,厚的部分应先浸入淬火剂;细长的工件(如钻头、锉刀、轴等)应垂直地浸入淬火剂;薄而平的工件(如圆盘铣刀等)不能平着放入,必须立着放入淬火剂;薄壁环状工件,必须沿其轴线垂直于液面方向浸入;截面不均匀的工件,应斜着浸入淬火剂,使工件各部分的冷却速度接近。

3) 常用的淬火方法

采用适当的淬火方法可以弥补冷却介质的不足,在保证技术条件要求的前提下应选择最简便,最经济的淬火冷却方法。各种淬火方法的工艺特点叙述如下。

(1) 单液淬火

单液淬火是将奥氏体化后的工件直接淬入一种淬火介质中连续冷却至室温的方法(见图 5-10 中曲线 1)。单液淬火的工艺过程简单,操作方便,经济,适合大批量作业,故在淬火冷却中应用最广泛。

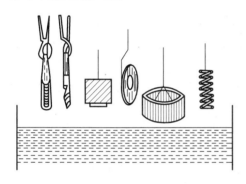

图 5-9　工件浸入淬火剂的正确方法

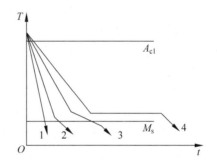

图 5-10　各种淬火冷却方法的冷却曲线示意图
1—单液淬火;2—双液淬火;3—分级淬火;4—等温淬火

(2) 双液淬火

双液淬火是指将加热工件先在一种冷却能力强的介质中冷却,躲过 C 曲线"鼻尖"后,再转入另一种冷却能力较弱的介质中发生马氏体转变的方法(见图 5-10 中曲线 2)。常用的方法有水淬油冷、油淬空冷等。双液淬火利用了两种介质的优点,克服了单液淬火的不足,获得了较理想的冷却条件,既能保证获得马氏体组织,又减小了淬火内应力和变形开裂倾向,但是操作时必须准确掌握钢件由第一种介质转入第二种介质时的温度。

(3) 分级淬火

分级淬火是将奥氏体化后的工件首先淬入略高于钢的 M_s 点的盐浴或碱浴炉中保温一段时间,待工件内外温度均匀后,再从浴炉中取出空冷至室温(见图 5-10 中曲线 3)。分级淬火可保证工件表面和心部马氏体转变同时进行,并在缓慢冷却条件下完成,不仅减小了淬火热应力,而且显著降低组织应力,因而有效地减小或防止了工件淬火变形和开裂,同时克服了双液淬火时间难以控制的缺点。但由于冷却介质温度较高,工件在浴炉中冷却较慢,而保温时间又有限制,大截面零件难以达到其临界淬火速度,因此,分级淬火只适用于尺寸较小的工件,如刀具、量具和要求变形很小的精密工件。

（4）等温淬火

等温淬火是将奥氏体化后的工件淬入 M_s 点以上某温度的盐浴中等温足够长的时间，使之转变为下贝氏体组织，然后在空气中冷却的淬火方法（见图 5-10 中曲线 4）。等温的温度和时间由钢 C 曲线确定。等温淬火实际上是分级淬火的进一步发展，所不同的是等温淬火获得下贝氏体而不是马氏体。等温淬火的加热温度通常比普通淬火高些，目的是提高奥氏体的稳定性，防止发生珠光体类型组织转变。等温淬火内应力小，变形小，淬火得到的下贝氏体强度硬度高，且韧性比马氏体好，因此多用于各种中高碳和低合金钢制作的尺寸较小、形状复杂、强韧性要求高的工件。

（5）局部淬火

只对钢件需要硬化的局部进行淬火的方法。

2. 回火

钢淬火后处于不稳定的组织状态，钢件内应力很大，性能表现为硬度高，淬性大，塑性、韧性很低，因此淬火钢件不能直接使用，必须经过回火。回火可以促使淬火后的不稳定组织向稳定组织转变。

回火是将淬火后的钢重新加热到 A_{c1} 以下某一温度范围（大大低于退火、正火和淬火时的加热温度），保温后在空气、油或水中冷却的热处理工艺。淬火钢在回火时的组织转变，主要取决于回火加热温度，随着加热温度的升高，淬火钢的组织大致发生以下四个方面的变化：①马氏体分解；②残余奥氏体分解；③碳化物转变；④渗碳体聚集长大及铁素体再结晶。

淬火后组织取决于回火温度，根据回火加热温度的不同，回火常分为低温回火、中温回火和高温回火。

（1）低温回火

回火温度为 150～250℃，回火后的组织为回火马氏体。低温回火主要是为了降低钢的淬火内应力和脆性，保持高硬度（一般为 58～64HRC）及高耐磨性。低温回火广泛用于要求硬度高、耐磨性好的零件，如各类高碳工具钢、低合金工具钢制作的刃具、冷变形模具、量具、滚珠轴承及表面淬火件等。

（2）中温回火

回火温度为 350～450℃，回火后的组织为回火屈氏体。这种组织具有较高的弹性极限和屈服极限，并具有一定的韧性，硬度一般为 35～45HRC，主要用于弹簧和需要弹性的零件，如各类弹簧、热锻模具及某些要求较高强度的轴、轴套、刀杆。

（3）高温回火

回火温度为 500～650℃，回火后的组织为回火索氏体。这种组织具有良好的综合力学性能，即在保持较高强度的同时，具有良好的塑性和韧性。生产中通常把淬火加高温回火的处理称为调质处理，简称"调质"。调质硬度一般为 25～35HRC。调质广泛用于各种重要的结构件，特别是在交变载荷下工作的零件，如连杆、螺栓、齿轮、轴等，都需经过调质处理后再使用。

5.2.3　钢的表面热处理

很多机器零件，如曲轴、齿轮、凸轮、机床导轨等，是在冲击载荷和强烈的摩擦条件下工作的，要求表面层坚硬耐磨，不易产生疲劳破坏，而心部则要求有足够的塑性和韧性。显然，采用整体热处理是难以达到上述要求的,这时可通过对工件表面采取强化热处理,即表面热处理的方法解决。常用的表面热处理方法有表面淬火和化学热处理两种。

1. 表面淬火

表面淬火是将钢件的表面层淬透到一定的深度,而心部仍保持未淬火状态的一种局部淬火方法。表面淬火时通过快速加热,使钢件的表层很快达到淬火温度,在热量来不及传到工件心部就立即冷却,实现局部淬火。淬火后需进行低温回火以降低内应力,提高表面硬化层的韧性及耐磨性能。

根据加热方法的不同,表面淬火方法有感应加热表面淬火、火焰加热表面淬火、盐浴快速加热表面淬火以及激光加热表面淬火等多种。目前生产中广为应用的是火焰加热表面淬火和感应加热表面淬火两种。

火焰加热表面淬火是指应用氧-乙炔(或其他可燃气体)火焰对零件表面进行加热,随后淬火的工艺。火焰加热表面淬火设备简单,操作简便,成本低,且不受零件体积大小的限制,但因氧-乙炔火焰温度较高,零件表面容易过热,而且淬火层质量控制比较困难,影响了这种方法的广泛使用。

感应加热表面淬火是目前应用较广的一种表面淬火方法。感应加热表面淬火法是在一个感应线圈中通以一定频率的交流电(有高频、中频、工频三种),使感应线圈周围产生频率相同的交变磁场,置于磁场中的工件就会产生与感应线圈频率相同、方向相反的感应电流,这个电流叫做涡流,如图 5-11 所示。

由于集肤效应,涡流主要集中在工件表层。由涡流产生的电阻热使工件表层被迅速加热到淬火温度,随即向工件喷水,使工件表层淬硬。这种热处理方法生产效率极高,加热一个零件仅需几秒至几十秒即可达到淬火温度。由于加热时间短,因此零件表面氧化、脱碳极少,变形也小,还可以实现局部加热、连续加热,便于实现机械化和自动化。但高频感应设备结构复杂,成本较高,故适合于形状简单、大批量生产的零件。

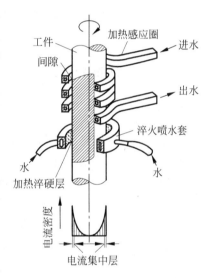

图 5-11　感应加热表面淬火示意图

2. 化学热处理

化学热处理是将工件置于一定的化学介质中加热和保温,使介质中的活性原子渗入工件表层,以改变工件表层的化学成分和组织,从而获得所需的力学性能或理化性能。通过化学热处理一般可以强化零件表面,提高零件表面的硬度、耐磨性、耐蚀性、耐热性及其他性能,而心部仍保持原有性能。化学热处理的种类很多,按照渗入元素的不同,有渗碳、渗氮、碳氮共渗等。

渗碳是将钢件置于渗碳介质中加热并保温,使碳原子渗入钢件表面,增加表层碳含量及获得一定碳浓度梯度的工艺方法。常用的渗碳方法有气体渗碳法、固体渗碳法和真空渗碳法。渗碳适用于碳的质量分数为 0.1%～0.25% 的低碳钢或低碳合金钢,如 20、20Cr、

20CrMnTi 等。零件渗碳后,碳的质量分数从表层到心部逐渐减少,表面层碳的质量分数可达 0.80%～1.05%,而心部仍为低碳。渗碳后再经淬火加低温回火,表层硬度可达 56～64HRC,因而表面具有高硬度、高耐磨性,而心部因仍是低碳钢,保持良好塑性和韧性。

渗氮是在一定温度下将零件置于渗氮介质中加热、保温,使活性氮原子渗入零件表层的化学热处理工艺。目前广泛应用的渗氮工艺是气体渗氮,它是在可提供活性氮原子的气体中进行的渗氮。渗氮温度一般为 500～560℃,时间一般为 30～50h,常用的渗氮介质是氨气。零件渗氮后表面形成氮化层,氮化后不需淬火,钢件的表层硬度高达 950～1200HV,这种高硬度和高耐磨性可保持到 560～600℃工作环境温度下而不降低,故氮化钢件具有很好的热稳定性。由于氮化层体积胀大,在表层形成较大的残余压应力,因此可以获得比渗碳更好的疲劳强度、抗咬合性能和低的缺口敏感性。渗氮后由于钢的表面形成致密的氮化物薄膜,因而具有良好的耐腐蚀性能。由于上述特点,渗氮在机械工业中获得了广泛应用,特别适宜于许多精密零件的最终热处理,例如磨床主轴、精密机床丝杠、内燃机曲轴以及各种精密齿轮和量具等。

碳氮共渗是指工件表面同时渗入碳原子和氮原子的化学热处理工艺,也称氰化,主要有液体氰化和气体氰化。液体氰化有毒,很少应用。气体氰化又分为高温和低温两种。低温气体氰化实质就是渗氮。高温气体氰化以渗碳为主,工艺与气体渗碳相似。氰化主要应用于低碳钢,也可用于中碳钢。

5.2.4　其他热处理

1．真空热处理

在真空中进行的热处理称为真空热处理,包括真空淬火、真空退火、真空回火和真空化学热处理等。真空热处理是在真空中加热,升温速度很慢,工件变形小。在高真空中,表面的氧化物、油污发生分解,工件可得到光亮的表面,提高耐磨性、疲劳强度,防止工件表面氧化;有利于改善钢的韧性,提高使用寿命。真空淬火用于各种渗碳钢、合金工具钢、高速钢及不锈钢的淬火,以及各种失效合金、硬磁合金的固溶处理。

2．激光热处理

激光热处理利用激光对零件表面扫描,在极短的时间内零件被加热到淬火温度,当激光束离开零件表面时,零件表面高温迅速向基体内部传导,表面冷却且硬化。其特点是:加热速度快,不需要淬火冷却介质,零件变形小;硬度均匀且超过 60HRC;硬化深度能精确控制;改善了劳动条件,减小了环境污染。

3．形变热处理

形变强化和热处理强化都是金属及其合金最基本的强化方法。将形变强化和热处理强化有机结合起来以提高材料力学性能的复合强化热处理工艺,称为形变热处理。它是将热加工成形后的锻件(轧制件等),在锻造温度到淬火温度之间进行塑性变形,然后立即淬火冷却的热处理工艺。其特点是:零件同时受形变和相变,内部组织更为细化;有利于位错密度增高和碳化物弥散度增大,使零件具有较高的强韧性;简化了生产流程,节省能源、设备,具有很高的经济效益。

高温形变热处理是将钢加热到稳定的奥氏体区域,进行塑性变形,然后立即淬火和回火。高温形变热处理能提高钢的强度,显著提高钢的塑性和韧性,使钢的力学性能达到显著的改善。另外,由于钢件表面有较大的残余应力,使疲劳极限显著提高。高温形变热处理可将锻造和轧制联合起来,省去重新加热过程,从而节省能源,减少材料氧化、脱碳变形。

中温形变处理是将钢加热到稳定的奥氏体状态后,迅速冷却到过冷奥氏体的亚稳区进行塑性变形,然后淬火和回火。这种方法强化效果很明显,可大大提高强度,甚至使塑性略有提高。因工艺难,仅用于强度要求很高的弹簧、轴承等小零件。

4. 离子轰击热处理

离子轰击热处理是利用阴极(零件)和阳极间的辉光放电产生的等离子体轰击零件,使零件表层的成分、组织及性能发生变化的热处理工艺。常用的是离子渗氮工艺。离子渗氮表面形成的氮化层具有优异的力学性能,如高硬度、高耐磨性、良好的韧性和疲劳强度等,并使得离子渗氮零件的使用寿命成倍提高。此外,离子渗氮节约能源,操作环境无污染。其缺点是设备昂贵,工艺成本高,不适于大批量生产。

5.3　常用的热处理设备

热处理设备可分为主要设备和辅助设备两大类。主要设备包括热处理炉、热处理加热装置(如感应加热装置)、冷却设备、测量和控制仪表等。辅助设备包括工件清理设备(如酸洗设备)、检测设备、校正设备和消防安全设备等。

5.3.1　加热设备

1. 箱式电阻炉

箱式电阻炉是利用电流通过布置在炉膛内的电热元件发热,通过对流和辐射对零件进行加热。图 5-12 所示为中温箱式电阻炉,它的热电偶从炉顶或后壁插入炉膛,通过检测仪表显示和控制温度。

箱式电阻炉是热处理车间应用很广泛的加热设备,适用于钢铁材料和非钢铁材料(有色金属)的退火、正火、淬火、回火及固体渗碳等的加热,具有操作简便,控温准确,可通入保护性气体防止零件加热时氧化,劳动条件好等优点。但箱式电阻炉也存在一些缺点,比如冷炉升温慢,炉内温差较大,工件容易产生氧化和脱碳,操作不方便等,特别是大型箱式电阻炉,工人在操作时的劳动强度较大。

图 5-12　中温箱式电阻炉

2. 井式电阻炉

井式电阻炉的工作原理与箱式电阻炉相同,其因炉口向上、形如井状而得名。常用的有中温井式炉、低温井式炉和气体渗碳炉三种,图 5-13 所示为井式电阻炉。中温井式炉主要应用于长形零件的淬火、退火和正火等热处理,最高工作温度为 950℃。因炉体较高,一般置于地坑中,仅露出地面 600～700mm。与箱式炉相比,井式炉热量传递较好,炉顶可装风扇,使温度分布较均匀,细长零件垂直放置可克服零件水平放置时因自重引起的弯曲并可利用各种起重设备进料或出料。

井式电阻炉和箱式电阻炉的使用都比较简单,在使用过程中应经常清除炉内的氧化铁屑,进出料时必须切断电源,不得碰撞炉衬或十分靠近电热元件,以保证安全生产和电阻炉的使用寿命。

3. 盐浴炉

图 5-13 井式电阻炉

盐浴炉是利用熔盐作为加热介质的炉型。根据工作温度的不同可以分为高温、中温、低温盐浴炉。高、中温盐浴炉采用电极的内加热式,是把低电压、大电流的交流电通入置于盐槽内的两个电极上,利用两电极间熔盐电阻发热效应,使熔盐达到预定温度。将零件吊挂在熔盐中,通过对流、传导作用,使工件加热。低温盐浴炉采用电阻丝的外加热式。

盐浴炉可以完成多种热处理工艺的加热,其特点是加热速度快、均匀,氧化和脱碳少,是中小型工、模具的主要加热方式。但盐浴炉加热操作中,存在零件的扎绑、夹持等工序,使得操作复杂,劳动强度大,工作条件差,同时存在启动时升温时间长等缺点。

5.3.2 冷却设备

淬火冷却槽是热处理生产中主要的冷却设备,常用的有水槽、油槽、浴炉等。淬火槽体一般用钢板焊成,大型淬火槽要用型钢加固,并在槽的内外表面涂以防锈油漆。淬火槽体也可用水泥砌制,能有效地防止某些水溶液的腐蚀。

为了保证淬火能够正常连续的进行,使淬火介质保持比较稳定的冷却能力,须将被工件加热了的冷却介质冷却到规定的温度范围内,因此常在淬火槽中加入冷却装置。

5.3.3 控温仪表

加热炉的温度测量和控制主要是利用热电偶和温度控制仪表及开关器件进行的。热电偶是将温度转换成电势,温度控制仪是将热电偶产生的热电势转变成温度的数字显示或指针偏转角度显示。热电偶应放在能代表零件温度的位置,温控仪应放在便于观察又避免热源、磁场等影响的位置。

5.4　热处理常见缺陷

在金属热处理过程中,由于受到加热时间、加热温度、保温时间等多种因素的影响,会出现过热、欠热、晶粒粗大等常见缺陷,为材料的使用埋下隐患。

5.4.1　过热和过烧

零件热处理时,由于加热温度过高或在高温下保温时间过长,引起奥氏体晶粒的显著长大现象称为过热。过热会使零件的力学性能显著降低,还容易引起变形和开裂。

过烧是加热温度达到固相线附近,晶界严重氧化并开始部分熔化的现象。过烧会大幅度降低零件的力学性能。

图 5-14 所示为 15 钢晶粒粗大的过热组织,同时有一条明显的裂纹,沿晶界分布。图 5-15 所示为 $W_{18}Cr_4V$ 的过烧组织,由于加热温度过高,以至于晶界局部融化,产生鱼骨状的莱氏体共晶组织。存在局部融化的工件不能再用热处理的方法补救,应予以报废。防止过热和过烧的措施主要是严格控制加热温度和保温时间。出现过热时可采用正火予以纠正,一旦发生过烧则无法挽救,零件只能报废。

图 5-14　15 钢的过热组织

图 5-15　$W_{18}Cr_4V$ 的过烧组织

5.4.2　氧化和脱碳

钢在氧化性介质中加热时,发生氧化而在其表面形成一层氧化铁(Fe_2O_3,Fe_3O_4,FeO)的现象称为氧化。另外钢的晶界处也容易发生氧化。氧化不仅造成零件表面尺寸减少,还会影响零件的力学性能和表面质量。

脱碳是指钢在加热时,表层中溶解的碳被氧化,生成 CO 或者 CH_4 逸出,使钢表面碳的质量分数减少的现象。脱碳会降低零件表面的强度、硬度、耐磨性以及疲劳强度,对零件的使用性能和使用寿命产生不利影响。

对于退火或正火预先处理的毛坯件,由于它们表面形成的氧化层或脱碳层可以用切削加工去除,故一般不必以预防。但是经淬火的工件,由于其加工余量小、硬度高,就很难用切削加工去除,故必须在淬火加热时采取预防措施。

防止氧化和脱碳的有效措施就是加热时隔绝氧化性介质,如采用盐浴炉、保护气氛炉或真空炉进行加热等;也可以在工件表面涂一层保护涂料后加热,如涂 3%的硼酸酒精溶液,以获得比较好的效果。

5.4.3　变形和开裂

变形和开裂是淬火过程中最容易产生的缺陷。实践表明,由于淬火过程中的快冷而在工件内部产生内应力是导致工件变形或开裂的根本原因。

淬火应力主要包括热应力和组织应力两种。热应力是在淬火冷却时,工件表面和心部形成温差,引起收缩不同步而产生的内应力;组织应力是在淬火过程中,工件各部分进行马氏体转变时,因体积膨胀不均匀而产生的内应力。当内应力值超过钢的屈服强度值时,便引起钢件的变形;超过钢的抗拉强度时,钢便会产生裂纹。钢中最终所残余下来的内应力称为残余内应力。

由热应力和组织转变所引起的变形趋势是不同的。工件在热应力的作用下,冷却初期心部受压应力,而且在高温下塑性较好,故心部沿长度方向缩短,再加上随后冷却过程中的进一步收缩,其变形趋势为工件沿轴向缩短,平面凸起,棱角变圆,如图 5-16(a)所示。淬火过程中组织应力的变化情况恰巧与热应力相反,所以它引起的变形趋向也与之相反,表现为工件沿最大尺寸方向伸长,力图使平面内凹,棱角突出,如图 5-16(b)所示。淬火时零件的变形是热应力和组织应力综合作用的结果,其结果如图 5-16(c)所示。

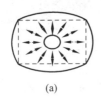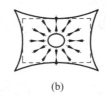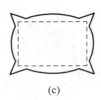

(a)　　　　　　　　(b)　　　　　　　　(c)

图 5-16　不同应力作用下零件变形示意图
(a) 热应力;(b) 组织应力;(c) 热应力+组织应力

淬火裂纹通常是在淬火冷却后期产生的,也就是在马氏体转变温度范围内冷却时,由淬火应力在工件表面附近所产生的拉应力超过了该温度下钢的抗拉强度而引起的。一般来说,淬火时在点 M_s 以下的快冷是造成淬火裂纹的主要原因。除此之外,零件的设计不良、材料的使用不当以及原材料本身的缺陷都有可能促使裂纹的形成。

为了减少及防止工件淬火变形和裂纹,应合理设计零件的结构形状、合理选材、合理制定热处理技术要求及零件毛坯应进行正确的热加工(铸、锻、焊)和预备热处理。另外,在热处理时应合理地选择加热温度,尽量做到均匀加热,正确选择冷却方法和冷却介质。

5.4.4　软点和硬度不足

软点是指零件表面局部区域硬度偏低的现象。硬度不足是指零件整体或较大区域内硬度达不到要求的现象。

产生软点和硬度不足的主要原因有淬火加热温度偏低、表面脱碳、表面有氧化皮或不清洁、钢的淬透性不高、淬火介质冷却能力不足等,生产中应注意上述影响因素并采取相应的防止措施。出现软点和硬度不足后,零件应重新淬火,而且重新淬火前还要进行退火或正火处理。

第三篇

传统切削加工训练

第6章

金属切削加工基础

金属零件切削加工是指通过刀具与工件之间的相对运动,从毛坯上切除多余的金属,以获得满足图纸所规定的几何形状、尺寸精度、位置精度和表面质量等技术要求的零件加工过程。在机械制造过程中,金属切削加工占有重要地位,担负着几乎所有零件的加工任务。

金属切削加工包括机械加工和钳工两大类。机械加工主要通过金属切削机床对工件进行切削加工,其基本形式有车削、铣削、刨削、磨削、钻削等。钳工是使用手工切削工具在钳台上对工件进行加工,其基本形式有錾削、锉削、锯削、刮削、钻孔、铰孔、攻螺纹和套螺纹等。金属切削加工形式多样,所用刀具和机床类型各异,但它们之间存在着很多共同的现象和规律。

6.1 切削加工的基本概念

6.1.1 切削运动

金属的切削加工是通过切削运动来完成的。所谓切削运动是指在零件的切削加工过程中刀具与工件之间的相对运动,即表面成形运动。所有的切削运动均可分为两大类:主运动和进给运动。

(1) 主运动

主运动是使工件与刀具产生相对运动以进行切削的最基本运动,没有主运动,切削加工就无法进行。其特点是速度最快,消耗功率最大,并且只有一个,用 v_c 表示,如车削加工过程中工件的旋转运动,铣削加工过程中铣刀的旋转运动和刨削加工过程中刨刀的往复直线运动等。

(2) 进给运动(又称走刀运动)

进给运动是不断把被切削层材料投入到切削过程中,以便形成全部已加工表面的运动。进给运动是保证切削加工能连续进行的运动,没有进给运动,切削加工就不能连续进行。其特点是一般速度较慢,消耗的功率较小,可以由一个或多个运动组成,可以是连续的,也可以是间歇的,用 v_f 表示。车削加工过程中车刀的纵向或横向运动,铣削、刨削和磨削加工过程中工件的移动等都是进给运动。

图 6-1 所示为常见的切削加工运动简图及其加工表面,图(a)~(d)中,在切削加工过程中的主运动和进给运动分别由刀具和工件来完成,主运动和进给运动也可以由刀具单独完成,图(e)所示的钻削加工过程中,钻头的旋转是主运动,而钻头的移动却是进给运动。

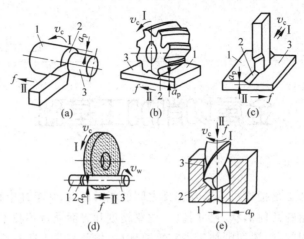

图 6-1　常见的切削加工运动简图及其加工表面

(a) 车削加工；(b) 铣削加工；(c) 刨削加工；(d) 磨削加工；(e) 钻削加工

Ⅰ—主运动；Ⅱ—进给运动；1—待加工表面；2—过渡表面；3—已加工表面

在切削过程中，既有主运动又有进给运动，二者的合成运动称为合成切削运动 v_e。图 6-2 中外圆车削时速度的合成关系，可以用下式确定：$\boldsymbol{v_e} = \boldsymbol{v_c} + \boldsymbol{v_f}$。

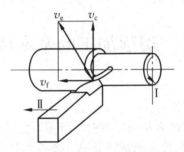

图 6-2　外圆切削运动的合成

Ⅰ—主运动；Ⅱ—进给运动

6.1.2　切削加工过程中的工件表面

切削加工过程中，工件上通常会有三种变化着的加工表面，如图 6-1 所示：

(1) 待加工表面，工件上即将被切削加工的表面；

(2) 过渡表面，处于已加工表面和待加工表面之间，正在被主切削刃切削的表面；

(3) 已加工表面，经过切削加工后在工件上形成的新表面。

6.1.3　切削用量及选用

切削用量是切削时各种参数的总称，包括切削速度 v_c，进给量 f 和切削深度 a_p（背吃刀量），又称切削三要素，如图 6-1 所示。它们对被加工零件的表面质量、加工效率以及刀具的使用寿命等具有非常重要的影响，是切削加工前调整机床的重要依据。

1. 切削速度 v_c

切削速度是指单位时间内,刀具沿主运动方向的相对位移量。计算切削速度时,应选取刀刃上速度最高的点进行计算。当主运动为旋转运动时,切削速度由下式确定:

$$v_c = \frac{\pi d_w n}{1000 \times 60} \text{ (m/s)}$$

式中:d_w——工件或刀具的最大直径,mm;

　　　　n——主运动每分钟的转速,r/min。

当主运动是往复直线运动时(如刨削),切削速度由下式确定:

$$v_c = \frac{2Ln_r}{1000 \times 60} \text{ (m/s)}$$

式中:L——往复运动的行程长度,mm;

　　　　n_r——主运动每分钟的往复次数,次/min。

2. 进给量 f(也称进给速度或走刀量)

进给量是指工件或刀具转一周(或每往复一次),刀具与工件之间沿进给运动方向的相对位移量,单位为 mm/r 或 mm/双行程。

3. 切削深度 a_p

切削深度是指待加工表面和已加工表面之间的垂直距离,即

$$a_p = \frac{d_w - d_m}{2} \text{ (mm)}$$

式中:d_w——工件待加工表面的直径,mm;

　　　　d_m——工件已加工表面的直径,mm。

正确选择切削用量是保证加工质量、提高生产率、降低生产成本的前提条件。切削用量的选择要根据刀具材料、刀具的几何角度、工件材料、机床的刚性、切削液的选择等来确定。

刀具的磨损对生产率的影响较大;如果切削用量选得太大,刀具容易磨损,刃磨时间长,生产率降低;如果切削用量选得太小,加工时间长,生产率也会降低;在切削用量三要素中,对刀具磨损影响最大的是切削速度,其次是进给量和切削深度,而对加工零件的表面质量影响比较大的是进给量和切削深度。综合上述,选择切削用量的基本原则是:

(1) 粗加工时,尽量选择较大的切削深度和进给量,以提高生产率,并选择适当的切削速度。

(2) 精加工或半精加工时,一般选择较小的切削深度和进给量,以保证表面加工质量,并根据实际情况选择适当的切削速度。

6.1.4　基准

在零件图纸和加工过程中,需要依据一些指定的点、线、面来确定另一些点、线、面的位置,这些作为依据的点、线、面就称为基准。按照基准的不同作用,常将其分为设计基准和工艺基准两大类。零件在加工工艺过程中所用的基准称为工艺基准,根据用途不同,工艺基准又分为工序基准、定位基准、测量基准和装配基准。其中定位基准是机械加工过程中用于确

定工件在机床或夹具上的正确位置的基准。定位基准是获得零件尺寸、形状和位置的直接基准,可以分为粗基准和精基准,又可分为固有基准和附加基准。正确选择定位基准,对零件的加工质量具有重要影响。

6.2 刀 具

6.2.1 刀具材料

刀具材料一般是指刀具切削部分的材料。

1. 刀具材料应具备的性能

在切削加工过程中,刀具要承受很大的切削力及高温、摩擦、振动、冲击等外界影响,因此刀具材料必须具备优良的性能,才能使切削加工顺利进行。

（1）高的硬度和耐磨性

硬度是指金属材料抵抗其他更硬物体压入表面的能力。足够的硬度是刀具切削加工零件的前提条件,只有硬度高于零件材料的刀具,才能切削加工该零件。一般的刀具材料硬度应在 60HRC 以上,且硬度越高,耐磨性越好。

（2）足够的强度和韧性

强度是指金属材料在外力作用下抵抗变形和破坏的能力。足够的强度是保证刀具在切削加工过程中不至于被折断的基本条件,通常用抗弯强度来表示。

韧性是指金属材料在抵抗冲击性外力作用下不被破坏的能力。只有具有较好的冲击韧性,刀具在切削加工过程中才不至于因振动、冲击等外界因素而崩刃或断裂。

（3）高的红硬性

红硬性是指在高温下保持硬度的性能。

（4）良好的热物理性能和稳定的化学性能

要求具有良好的导热性,能及时将切削热传递出去,同时具有稳定的抵抗周围介质侵蚀的能力。

（5）良好的工艺性和经济性

良好的工艺性是保证刀具材料便于机械加工成各种刀具并推广使用的先决条件。另外经济性能也应成为刀具材料的重要指标之一,有的刀具如超硬硬质合金、涂层刀具,虽然单件费用较贵,但因其使用寿命很长,在成批或大量生产中,分摊到每个零件中的费用反而有所降低。只有容易加工成各种刀具、造价低并经济实用的刀具材料,才能广泛推广使用。

2. 常用的刀具材料

常用的刀具材料有工具钢(含高速钢)、硬质合金、陶瓷和超硬刀具材料四大类,见表 6-1。目前使用量最大的材料为高速钢和硬质合金。

1）工具钢

（1）碳素工具钢

碳素工具钢牌号"T"后面的数字表示含碳量的千分数,含碳量越高,硬度和耐磨性越高,但韧性越差。后面的"A"表示高级优质。常用的碳素工具钢牌号有 T10A、T12A 等。

表6-1 常用刀具材料的牌号、性能及用途

材料种类		常用牌号	按GB分类	按ISO分类	硬度 HRC(HRA)[HV]	耐热性/℃	抗弯强度/GPa	冲击韧性/(MJ/m²)	主要用途
工具钢	碳素工具钢	T10A T12A			60~65	200~250	2.16	—	用于手动工具,如丝锥、板牙、锯条、锉刀等
工具钢	合金工具钢	9SiCr CrWMn			60~65	300~400	2.35	—	用于手动或低速机动工具,如丝锥、板牙、拉刀等
工具钢	高速钢	W18Cr4V		S1	63~70	600~700	1.96~4.41	0.098~0.588	用于各种刀具,特别是形状较复杂的刀具,如车刀、立铣刀、钻头、齿轮刀具等
硬质合金	钨钴类	YG6X	K类	K10	89~91.5	800	1.08~2.16	0.019~0.059	用于铸铁、非铁合金的粗车和间断精车、半精车
硬质合金	钨钴类	Y8		K30					用于间断切削铸铁、非铁合金、非金属材料
硬质合金	钨钛钴类	YT15	P类	P10	89~92.5	900	0.88~1.37	0.0029~0.0068	用于碳素钢、合金钢的粗加工和半精加工
硬质合金	钨钛钴类	YT30		P01					用于碳素钢、合金钢、淬火钢的精加工
硬质合金	钨钛钽钴类	YW1	M类	M10	≈92	1000~1100	≈1.47		用于难加工材料和一般钢材、普通铸铁的半精加工
硬质合金	钨钛钽钴类	YW2		M20					用于难加工材料的半精加工、半精车铸铁及有色金属的半精加工
超硬材料	氧化铝	AM			(>91)	1200	0.44~0.686	0.0094~0.0117	用于高速、小进给量精车,半精车铸铁和调质钢
超硬材料	碳化物混合物	T8			93~94	1100	0.54~0.64	0.0049~0.0117	用于粗精加工冷硬铸铁、淬硬钢、淬硬合金钢
超硬材料	碳化物混合物	T1			92.5~93		0.71~0.88		
超硬材料	立方氮化硼				[8000~10000]	1400~1500	≈0.294		精加工调质钢、淬硬钢、高速钢、高强度耐热钢及有色金属
超硬材料	人造金刚石				[9000]	700~800	≈0.291~0.48		有色金属的高精度、低粗糙度切削,Ra可达0.04~0.12μm

（2）合金工具钢

合金工具钢是在碳素工具钢的基础上加入少量合金元素（如 Si、Mn、Cr、M、W、V 等）而成，合金元素的含量一般不超过 3％～5％，因此也称低合金工具钢。合金工具钢比碳素工具钢的淬透性、红硬性、耐磨性等基本性能都要好，常用的合金工具钢牌号有 9SiCr、CrWMn 等。

（3）高速钢

高速钢是含 Cr、Mn、W、V 等合金元素的高合金工具钢，它具有良好的综合性能，其红硬性、淬透性、工艺性都很好，俗称"风钢"。常用的高速钢牌号有 W18Cr4V 等。

2）硬质合金

硬质合金是将高硬度、高熔点的金属碳化物，以钴、镍等金属为黏结剂，通过粉末冶金的方法制成的合金。硬质合金具有良好的硬度、耐磨性和红硬性，但强度、韧性和工艺性都较差，主要用来制成刀片，焊接或夹持在车刀、铣刀等的刀体（刀杆）上使用。硬质合金可分为以下三类。

（1）钨钴类（K）

钨钴类硬质合金主要由碳化钨和钴组成，韧性好，抗弯强度高，但硬度、耐磨性较差，主要用于加工短切屑的黑色金属、有色金属和非金属材料，适用于粗加工，或者加工铸铁、青铜等脆性材料，也称 YG 类。钨钴类硬质合金常用牌号有 K10、K30 等。

（2）钨钛钴类（P）

钨钛钴类硬质合金主要由碳化钨、碳化钛和钴组成，硬度高，耐磨性和红硬性好，主要用于加工长切屑的黑色金属，加工零件的表面光洁度也好，适合于碳钢的精加工或半精加工，也称 YT 类。钨钛钴类硬质合金常用牌号有 P10、P01 等。

（3）钨钛钽钴类（M）

钨钛钽钴类硬质合金主要由碳化钨、碳化钛、碳化钽和钴组成，主要用于加工长切屑或短切屑的黑色金属和有色金属，又称通用硬质合金，也称 YW 类。

K、P、M 后面的数字表示刀具材料的性能和加工时承受载荷的情况或加工条件，数字越小，硬度越高，韧性越差。

6.2.2　刀具结构

切削加工的刀具种类虽然很多，如车刀、铣刀、刨刀等，还有各种多齿刀具或复杂刀具，但其切削部分的几何形状与参数却有共性。就一个刀齿而言，均可转化为外圆车刀，由"三面、两刃、一尖、六角"组成，如图 6-3 所示。现以车刀为例，分析刀具的组成部分和几何角度。

1．切削部分的组成

刀具的切削部分是由三个面组成的，即前刀面、主后刀面和副后刀面。

（1）前刀面 A_γ，是切削过程中，与切屑接触并相互作用，切屑沿其流出的刀具表面。

（2）主后刀面 A_a，是切削过程中，与工件的过渡表面相接触并相互作用的刀具表面。

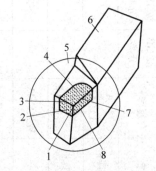

图 6-3　外圆车刀切削部分的组成
1—刀尖；2—副后刀面；3—副切削刃；
4—前刀面；5—切削部分；6—夹持部分；
7—主切削刃；8—主后刀面

（3）副后刀面 A'_α，是切削过程中，与工件的已加工表面相接触并相互作用的刀具表面。

（4）主切削刃 S，为前刀面与主后刀面的交线，切削加工时起主要切削作用。

（5）副切削刃 S'，为前刀面与副后刀面的交线，协同主切削刃完成切削工作，并最终形成已加工表面。

（6）刀尖，是指主切削刃与副切削刃的交点。为了提高零件表面的光洁度，增强切削部分的强度，通常把刀尖磨成一段过渡的圆弧或直线。

2. 切削部分的主要角度

为了确定刀具的组成面和切削刃的空间位置，先要建立一个由三个互相垂直的辅助平面组成的空间坐标参考系，从而可以其为基准，用角度值来描述刀具的组成面和切削刃的空间位置。

1）辅助平面

辅助平面主要包括基面、切削平面和主剖面（或正交平面），如图 6-4 所示。

（1）基面 P_r，为通过主切削刃上某一点，与该点切削速度方向垂直的平面。

（2）主切削平面 P_s，为通过主切削刃上某一点，与该点加工表面相切的平面，它包含切削速度。

（3）正交平面（或主剖面）P_o，为通过主切削刃上某一点，同时垂直于基面和切削平面的平面。

2）几何角度

刀具的几何角度是刀具制造和刃磨的依据，在切削加工过程中，对工件的表面质量、刀具的强度等具有重要影响，如图 6-5 所示。

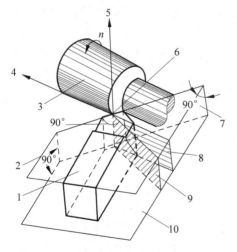

图 6-4　确定车刀角度的正交平面参考系

1—车刀；2—基面；3—工件；4—假定进给运动方向；
5—假定主运动方向；6—切削刃选定点；7—主切削平面；
8—假定工作平面；9—正交平面；10—底平面

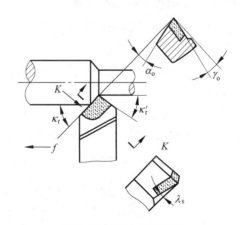

图 6-5　刀具的几何角度

（1）前角 γ_o，在主剖面内，前刀面与基面之间的夹角。前角越大，刀具越锋利，已加工表面质量越好；但前角越大，主切削刃强度越低，越易崩刃。一般粗加工、工件材料硬度较大、加工脆性材料时,前角应较小;反之,前角应较大。前角 $\gamma_o \approx -5° \sim 25°$。

（2）主后角 α_o,在主剖面内,主后刀面与加工表面之间的夹角。主后角主要是为了减小主后刀面与加工表面之间的摩擦,提高主切削刃的锋利程度。主后角越大,主切削刃越锋利,但强度降低。主后角 $\alpha_o \approx 6° \sim 12°$。

（3）副后角 α',在副剖面内,副后刀面与已加工表面之间的夹角。副后角主要是为了减小副后刀面与已加工表面之间的摩擦,提高副切削刃的锋利程度。副后角越大,副切削刃越锋利,但强度会降低。副后角 $\alpha' \approx 6° \sim 12°$。

（4）主偏角 κ_r,在基面上,主切削刃的投影与进给方向之间的夹角。主偏角越小,主切削刃参加切削的长度越长,刀具越不易磨损,但作用于工件上的径向力会增加;主偏角 $\kappa_r \approx 45° \sim 90°$。

（5）副偏角 κ'_r,在基面上,副切削刃的投影与进给反方向之间的夹角。副偏角可减小副切削刃与已加工表面之间的摩擦,提高零件表面的粗糙度。副偏角 $\kappa'_r \approx 5° \sim 15°$。

（6）刃倾角 λ_s,在切削平面上,主切削刃与基面之间的夹角。刃倾角对切屑的流出方向和刀头的强度具有一定的影响。刃倾角 $\lambda_s \approx -5° \sim 5°$。

刀具在切削过程中,由于各种客观因素,如刀尖与工件回转轴线的高度不一致,刀杆的纵向轴线不垂直于进给方向等,会引起刀具的实际切削角度（又称工作角度）与几何角度不相等,在使用中应引起注意。

6.2.3　刀具的刃磨

刀具使用一段时间后会变钝,为了保证加工零件的表面质量,变钝后的刀具需要重新刃磨。不同材料的刀具需要使用不同种类的砂轮进行刃磨,通常高速钢使用氧化铝砂轮刃磨,硬质合金使用碳化硅砂轮刃磨。

（1）磨主后刀面,先使刀杆向左倾斜,磨出主偏角;再使刀头向上翘,磨出主后角,如图 6-6(a)所示。

（2）磨副后刀面,先使刀杆向右倾斜,磨出副偏角;再使刀头向上翘,磨出副后角,如图 6-6(b)所示。

（3）磨前刀面,倾斜前刀面,磨出前角和刃倾角,如图 6-6(c)所示。

（4）磨刀尖,刀具左右摆动,磨出过渡圆弧或直线,如图 6-6(d)所示。

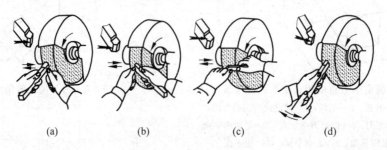

(a)　　　　　　(b)　　　　　　(c)　　　　　　(d)

图 6-6　刀具的刃磨方法

(a) 磨主后刀面；(b) 磨副后刀面；(c) 磨前刀面；(d) 磨刀尖

6.3 金属切削加工质量

任何一种机械产品,质量永远是第一位的,产品的质量包括三个层面:设计质量、制造质量与服务质量。产品的制造质量主要与零件的制造质量和产品的装配质量有关,零件的制造质量是保证产品质量的基础。切削加工是实现零件制造的重要途径。

切削加工质量主要分为加工精度和表面质量两个方面,前者包括尺寸精度、形状精度和位置精度,后者这里主要包括表面粗糙度。

6.3.1 加工精度

加工精度是指零件切削后其尺寸、形状、表面相互位置等参数的实际值与理想值的符合程度,而实际值相对理想值的偏离程度则称为加工误差。加工精度在数值上通过加工误差的大小来表示,即误差越小,加工精度越高;反之,误差越大,加工精度越低。生产实践证明,任何精密加工方法都不能把零件加工成实际数值与理想值完全一致的产品,只要误差值不影响产品质量,则允许误差值在一定范围内波动(即公差)。

1. 尺寸精度

尺寸精度是指零件的实际尺寸与零件尺寸公差带中心相符合的程度。就一批零件而言,工件平均尺寸与公差带中心的符合程度由调整决定;而工件之间尺寸的分散程度,则取决于工序的加工能力,是决定尺寸精度的主要方面。

尺寸精度的高低,用尺寸公差的大小来表示。根据国家标准 GB/T 1800—1997 规定,标准的尺寸公差共分 20 个等级,即 IT01,IT0,IT1,…,IT18,IT 表示标准公差,数值越大,精度越低。其中 IT01~IT13 用于配合尺寸,其余用于非配合尺寸。

2. 形状精度

零件的形状精度是指零件在加工完成后,轮廓表面的实际几何形状与理想形状之间的符合程度。如圆柱面的圆柱、圆度,平面的平面度等。零件轮廓表面形状精度的高低,用形状公差来表示。公差数值越大,形状精度越低。

根据 GB/T 1182—1996 规定,形状公差有 6 项,见表 6-2。

表 6-2 形状公差及符号

项目	直线度	平面度	圆度	圆柱度	线轮廓度	面轮廓度
符号	—	▱	○	⌀	⌒	⌓

3. 位置精度

位置精度是指零件上的点、线、面的实际位置相对于理想位置的符合程度。位置精度的高低用位置公差来表示,公差数值越大,位置精度越低。根据 GB/T 1182—1996 规定,位置公差有 8 项,见表 6-3。

表 6-3   位置公差及符号

项目	平行度	垂直度	倾斜度	位置度	同轴度	对称度	圆跳动度	全跳动度
符号	//	⊥	∠	⊕	◎	=	↗	↗↗

6.3.2   表面粗糙度

任何加工方法加工出来的零件表面,都会有微细的凸凹不平现象,当波距和波高之比小于 50 时,这种表面的微观几何形状误差就称作表面粗糙度。零件的耐磨性、耐腐蚀性、疲劳强度以及磨损在很大程度上取决于零件表面层的质量。表面粗糙度常用轮廓算术平均偏差 Ra 作为评定参数,有些旧手册上也用光洁度来衡量表面粗糙度。

根据 GB/T 1031—1995 及 GB/T 131—1993 规定,常用的表面粗糙度 Ra 值与光洁度的对应关系见表 6-4。

表 6-4   常用 Ra 值与光洁度的对应关系

$Ra(\mu m)\leqslant$	50	25	12.5	6.3	3.2	1.6	0.8	0.4	0.2	0.1
光洁度级别	▽1	▽2	▽3	▽4	▽5	▽6	▽7	▽8	▽9	▽10

常用表面粗糙度符号的含义介绍如下:

(1) ✓   基本符号,表示表面可用任何方法获得。当不加粗糙度值或有关说明时,仅适用于简化代号标注。

(2) ✓   表示非加工表面,如通过铸造、锻压、冲压、拉拔、粉末冶金等不去除材料的方法获得的表面或保持毛坯(包括上道工序)原状况的表面。

(3) ✓   表示加工表面,如通过车、铣、刨、磨、钻、电火花加工等去除材料的方法获得的表面。上面的数字表示 Ra 的上限值,如 $\sqrt{1.6}$ 表示表面粗糙度 Ra 的上限值为 $1.6\mu m$。

6.4   常 用 量 具

量具是用来测量零件的尺寸精度、形状精度、位置精度和表面粗糙度等是否符合图纸要求的工具。量具的种类很多,这里仅介绍几种常用的量具。

6.4.1   游标卡尺

游标卡尺是一种比较精密的量具,也叫百分尺,它可以直接测量出零件的外径、内径、长度和孔深等尺寸。游标卡尺常用的规格,按量程分有 100,150,200,300mm;按精度分有 0.01mm 和 0.02mm 两种。游标卡尺的结构如图 6-7 所示。

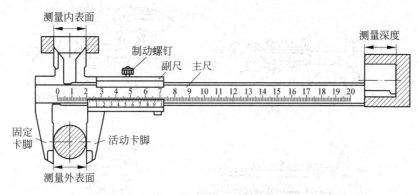

图 6-7　游标卡尺的组成部分

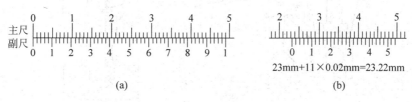

23mm+11×0.02mm=23.22mm

(a)　　　　　　　　　　　　　　　　　(b)

图 6-8　游标卡尺的刻线原理及读数方法

（a）刻线原理；（b）读数方法

1．游标卡尺测量尺寸的读数方法

游标卡尺的刻线原理如图 6-8（a）所示，读数方法如图 6-8（b）所示，具体如下所述：

（1）先读整数位，在主尺上读取，由副尺（游标）零线以左的最近刻度决定；

（2）再读小数位，在副尺（游标）上读取，由副尺（游标）零线以右的且与主尺上刻度线正对的刻度决定；

（3）将上面整数位和小数位两部分尺寸加起来，即为测量结果。

2．游标卡尺的使用方法

游标卡尺的使用方法如图 6-9 所示，使用时应注意以下事项：

（1）校对零位：先擦净卡脚，然后将两卡脚贴合检查主、副尺零线是否重合。若不重合，则在测量后根据原始误差修正读数或送量具检修部门校准。

（2）测量时，先擦净工件表面，然后张开卡脚，使固定卡脚贴紧某一个被测表面，再缓慢移动活动卡脚，轻轻地接触另一被测表面。

（3）测量中卡脚与被测表面不能卡得过松或过紧。测量力过大会使卡脚变形，同时要注意使卡脚与被测尺寸方向一致，不能斜放，以免测量不准。

（4）测量圆孔时，应使一个卡脚接触孔壁不动，另一个卡脚轻轻摆动，取最大值作为直径的测量尺寸。

（5）游标卡尺主要用于测量零件已加工的光滑表面，最好不要测量表面粗糙的工件或正在运动的工件，以免磨损卡脚。

除了上述的通用游标卡尺处，还有专门用于测量高度和深度的高度游标卡尺和深度游标卡尺。高度游标卡尺除用来测量工件的高度外，也可在精密划线时使用。

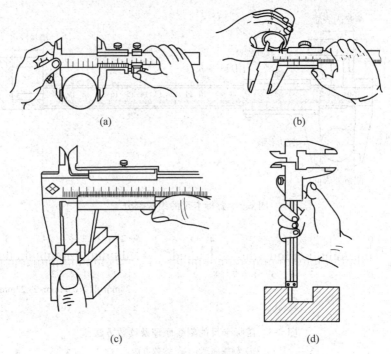

图 6-9   游标卡尺的使用方法

（a）测量圆外径；（b）测量圆孔；（c）测量已加工表面；（d）测量深度

6.4.2   千分尺

千分尺是比游标卡尺更为精确的测量工具，其测量精度为 0.01mm。按其用途可分为外径千分尺、内径千分尺、深度千分尺等。通常用的是外径千分尺，其螺杆和活动套筒连在一起，当转动活动套筒时，螺杆和活动套筒一起向左或向右移动。根据测量范围，千分尺有 0～25，25～50，50～75，75～100mm 等几种规格。千分尺的结构如图 6-10 所示。

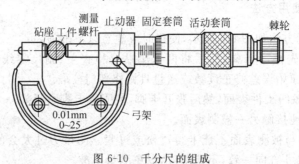

图 6-10   千分尺的组成

1. 千分尺测量尺寸的读数

千分尺的刻线原理及读数方法如图 6-11 所示。

（1）先读整数位，从固定套筒上读取，如 0.5mm 分格露出，则在整数读数的基础上加 0.5mm；

（2）再读小数位，直接从活动套筒上读取；

（3）将上面整数位和小数位两部分尺寸加起来，即为总尺寸。

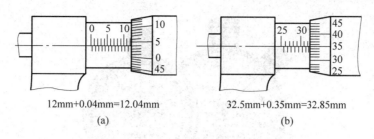

12mm+0.04mm=12.04mm (a)   32.5mm+0.35mm=32.85mm (b)

图 6-11 千分尺的刻线原理及读数方法

2. 使用千分尺的注意事项

（1）校对零点：将砧座与螺杆先擦干净后接触，观察当活动套筒上的边线与固定套筒上的零刻度线重合时，活动套筒上的零刻度线是否与固定套筒上的中线零点对齐。如不对齐，则在测量时根据原始误差修正读数，或送量具检修部门校对。

（2）工件的测量表面应擦干净，并准确放在千分尺的测量面间，不得偏斜。千分尺不允许测量粗糙表面。

（3）当测量螺杆快要接触工件时，必须使用端部棘轮（此时严禁使用活动套筒，以防用力过度测量不准）。当棘轮发出"嘎吱"的打滑声时，表示表面压力适当，应停止拧动，进行读数。读数时尽量不要从工件上拿下千分尺，以减少测量面的磨损。如必须取下来读数，应先用制动环锁紧测微螺杆，以免螺杆移动而读数不准。

（4）测量时不能先锁紧螺杆，后用力卡过工件，这样会导致螺杆弯曲或测量面磨损，从而降低测量准确度。

（5）读数时要注意 0.5mm 分格，以免漏读或错读。

6.4.3 百分表（千分表）

百分表（千分表）是通过齿轮或杠杆将一般的直线位移（直线运动）转换成指针的旋转运动，然后在刻度盘上进行读数的长度测量仪器，如图 6-12 所示。其构造主要由 3 个部件组成：表体部分、传动系统、读数装置。若圆刻度盘沿圆周印制有 100（或 50）个等分刻度，每一分度值即相当于量杆移动 0.01mm，则这种表式测量工具常称为百分表；若增加齿轮放大机构的放大比，使圆表盘上的分度值为 0.001mm 或 0.002mm（圆表盘上有 200 个或 100 个等分刻度），则这种表式测量工具即称为千分表。

百分表（千分表）的示值范围一般为 0～10mm，大的可以达到 0～100mm，不仅能用于比较测量（用来检查工件的形状和位置误差，如圆度、平面度、垂直度、跳动度等），也能用于绝对测量。改变测头形状并配以相应的支架，可制成千分表的变形品种，如厚度千分表、深度千分表和内径千分表（见孔径测量）等，如图 6-13 所示。如用杠杆代替齿条则可制成杠杆千分表，适用于测量普通千分表难以测量的外圆、小孔和沟槽等的形状和位置误差。

1. 百分表（千分表）测量尺寸的读数方法

（1）先读整数位，即短指针转过的刻度数；

（2）再读小数位，即长指针转过的刻度数；

（3）将上面整数位和小数位两部分尺寸加起来，即为测量尺寸。

图 6-12　百分表、千分表

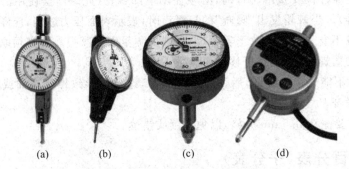

图 6-13　百分表(千分表)的几种变形品种

2. 使用百分表(千分表)测量尺寸注意事项

(1) 用前应检验测量杆活动是否灵活。

(2) 百分表使用时常装于专用的架上,以保证测量杆与被测的平面或圆的轴线垂直,如图 6-14 所示。

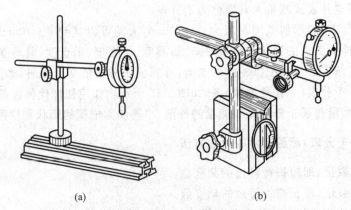

图 6-14　百分表的安装方法

（3）被测工件表面应光滑，测量杆的行程应小于测量范围。

6.4.4　量规

在零件大批量生产中，为了便于测量和减小精度量具的损耗，常使用量规测量。量规分塞规和卡规两种。

塞规是用来测量孔径或槽宽的，它的一端圆柱较长，直径尺寸等于工件的最小极限尺寸，叫作通端；另一端圆柱较短，直径尺寸等于工件的最大极限尺寸，叫作止端。只有符合塞规测量的工件，才能满足零件图纸的尺寸要求，是合格品，否则就是不合格的，如图 6-15 所示。

卡规用于测量直径或厚度，它也有通端和止端之分，使用方法与塞规相同，如图 6-16 所示。

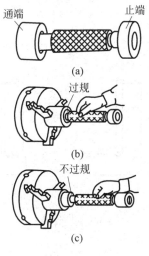

图 6-15　塞规及其使用

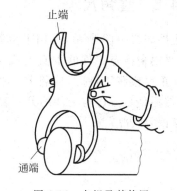

图 6-16　卡规及其使用

所有的量规都不能测出工件尺寸的具体数值。

6.4.5　万能角度尺

万能角度尺如图 6-17 所示，是用来测量零件内、外角度的量具，它的读数机构是根据游标原理制成的。主尺刻度线每格为 $1°$，游标的刻度线是取主尺的 $29°$ 等分为 30 格，因此游标的刻度线每格为 $29°/30$，即主尺 1 格与游标 1 格的差值为 $1′-29°/30=1°/30=2′$，即万能角度尺的读数精度为 $2′$。其读数方法与游标卡尺完全相同。

使用万能角度尺测量尺寸时应注意以下事项：

（1）测量时应先校对零位。万能角度尺的零位是当角尺与直尺均装上，且角尺的底边及基尺均与直尺无间隙接触时，主尺与游标的"0"线对准。

（2）万能角度尺测量工件时，应根据所测量角度范围组合量尺。

（3）调整好零位后，通过改变基尺、角尺、直尺的相互位置可测量 $0°\sim320°$ 范围内的任意角度。

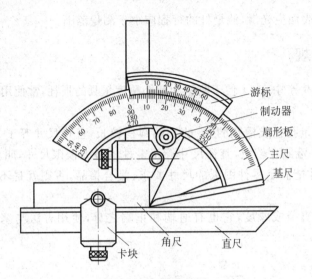

游标

制动器

扇形板

主尺

基尺

角尺　直尺

卡块

图 6-17　万能角度尺

6.4.6　直角尺

　　直角尺如图 6-18 所示，是用来检验直角的非刻线量尺，主要用来检查工件的垂直度或保证划线的垂直度。用直角尺检测工件时，应将其一边与工件的基准面贴合，然后使另一边与工件的另一表面接触，根据光隙来判断误差状况。

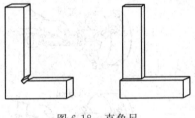

图 6-18　直角尺

第 7 章

普通车削加工

7.1 车削加工概述

车削加工是指在车床上利用车刀或钻头、铰刀、丝锥、滚花刀等加工零件的回转表面。车削加工主要是作直线运动的车刀对旋转的工件进行加工,在此切削运动中,工件的高速旋转运动是主运动,刀具的缓慢直线运动是进给运动。车削加工的范围主要是加工回转体(如轴类、盘类和套类零件)的外圆、内孔、端面等;也可在车床上安装钻头、铰刀、丝锥、板牙和滚花刀等,对零件进行钻孔、扩孔、铰孔、攻螺纹、套螺纹、滚花等,以满足不同的需要。车削加工精度可达 IT6～IT11,表面粗糙度为 $Ra0.8～12.5\mu m$。

车削加工是机械加工中最主要的加工方法,既适合于小批量加工,也适合大批量加工,具有生产成本低、效率高、易于操作等特点,应用特别广泛。

车削加工可完成的典型零件如图 7-1 所示。

7.1.1 车削加工工艺过程

车削加工中为了保证工件质量和提高生产率,一般按粗车、半精车、精车的顺序进行。

粗车的目的是尽快地从毛坯上切去大部分加工余量。粗车工艺一般优先采用较大的切削深度,其次选用较大的进给量,采用中等偏低的切削速度,以得到较高的生产率和提高刀具的使用寿命。车削硬脆材料一般选用较低的切削速度,比如车削铸铁件比车削优质钢件时的切削速度要低,不用切削液时的切削速度也要低些。

精车的目的是保证工件的加工精度和表面要求,在此前提下尽可能地提高生产率。精车一般选用较小的切削深度和进给量,同时选用较高的切削速度。

例如,使用硬质合金车刀粗车低碳钢时可选择 $a_p=2～3mm, f=0.15～0.4mm/r, v_c=40～60m/min$,精车低碳钢时可选择 $a_p=0.1～0.3mm, f=0.05～0.2mm/r, v_c \geqslant 100m/min$。

对于一些精度及表面质量要求高的工件,在粗车与精车间还需安排半精加工,为精车做好精度和余量准备。

粗车可达到的尺寸精度为 IT11～IT13,表面粗糙度为 $Ra12.5～50\mu m$;半精车可达到的尺寸精度为 IT9～IT10,表面粗糙度为 $Ra3.2～6.3\mu m$;精车可达到的尺寸精度为 IT6～IT7,表面粗糙度为 $Ra0.8～3.2\mu m$。

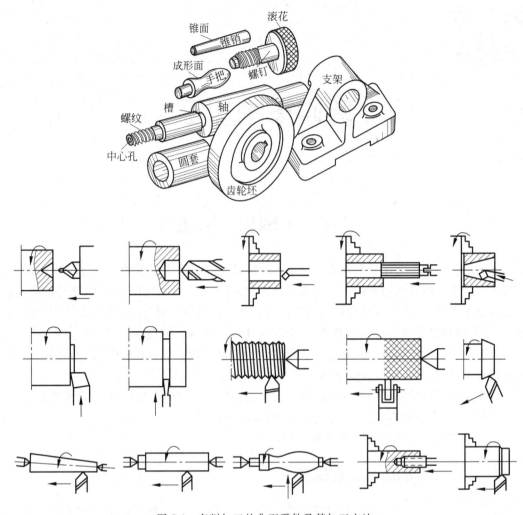

图 7-1 车削加工的典型零件及其加工方法

7.1.2 切削液的选择

　　车削时应根据加工性质、工件材料、刀具材料等条件选用合适的切削液。粗加工时，加工余量和切削量大，产生大量的切削热，故应选用冷却性能好的水基切削液或低浓度的乳化液；精加工时，为保证加工精度和表面质量，以切削油或高浓度的乳化液为好；钻、铰孔等孔加工时，排屑和散热困难，容易烧伤刀具和增大工件表面粗糙度，故选用黏度小的水基切削液或乳化液，并加大流量和压力强化冲洗作用。切削铸铁等脆性材料时，一般可不用切削液；精加工时，为提高切削表面质量，可选用渗透性和清洗性都比较好的煤基或水基切削液。硬质合金刀具耐热性好，一般可不加切削液，必要时可采用低浓度的乳化液，但必须连续充分浇注，以免因断续使用切削液使刀片骤冷骤热而产生裂纹。

7.2　车床介绍

车床种类很多,主要有卧式车床、转塔车床、立式车床、仪表车床、自动及半自动车床、数控车床等,其中以卧式车床应用最为广泛,故称其为普通车床。本节以卧式车床为例,重点介绍其结构及加工方法。

7.2.1　卧式车床的型号及主要技术规格

1. 卧式车床的型号

中国 1994 年 5 月颁布的 GB 15375—1994《金属切削机床型号编制方法》规定,机床的型号由大写的汉语拼音字母和阿拉伯数字组成,例如:

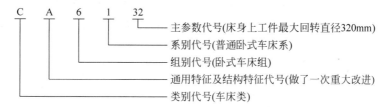

（1）类别代号:《金属切削机床型号编制方法》规定金属机床共分 12 大类,其中“C”为车床代号,读“车”音。

（2）通用特征及结构特征代号:机床的通用特性及其代号见表 7-1。机床的通用特性及代号用以表示其结构上的改进或差异。如 CA6132 型号中,A 是结构特征代号,表示它与 C6132 型车床的主参数相同,但在结构上有所不同。结构特征代号是汉语拼音字母中除“I”和“O”以及通用特征代号所用过的字母以外的其他字母。

表 7-1　机床的通用特性及其代号

通用特性	高精度	精密	自动	半自动	数控	加工中心（自动换刀）	仿形	轻型	加重型	万能	简式或经济型	柔性加工单元	数显	高速
代号	G	M	Z	B	K	H	F	Q	C	W	J	R	X	S
读音	高	密	自	半	控	换	仿	轻	重	万	简	柔	显	速

（3）主参数代号:车床的主参数表示床身上工件最大的回转直径,其数值等于主参数代号除以折算系数（车床折算系数为 1/10）。如 C616,其中 16 为主参数,表示中心高为 160mm。

2. 卧式车床的主要技术规格

以 C6132 型卧式车床为例进行介绍。C6132 型车床的电机功率为 4.5kW,转速 1440r/min,车削工件的最大直径 320mm,两顶尖间最大距离为 750mm,主轴具有 12 级转速,纵向、横向进给量范围较大,可车削公制、英制螺纹。

7.2.2 C6132 型车床的组成部分及其作用

C6132 型车床的构造如图 7-2 所示。其主要部件组成的介绍说明如下。

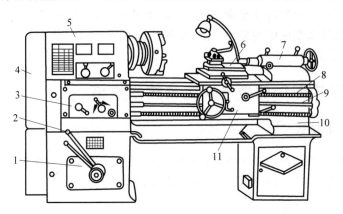

图 7-2 C6132 型卧式车床外形图

1—变速箱；2—变速手柄；3—进给箱；4—挂轮箱；5—主轴箱；
6—刀架；7—尾座；8—丝杠；9—光杠；10—床身；11—溜板箱

1. 床身

床身是车床的基础零件，用来支承和连接车床上有关部件，并保证它们之间的相对位置。床身上有 4 条精确的导轨，床鞍和尾座可沿导轨移动。床身由床脚支承并用螺钉固定在地基上。

2. 变速箱

变速箱用于改变主轴的转速。有的机床（如 CA6140）主轴变速机构都放在主轴箱内，其内有滑移齿轮变速机构。改变变速箱上操纵手柄的位置，可向主轴传出不同的转速。

3. 主轴箱（床头箱）

主轴箱用于支承主轴，由主轴带动工件旋转。内装主轴和部分齿轮变速机构。通过主轴箱内的变速机构，可改变主轴的转速和转向。主轴的前端有外螺纹和锥孔，可安装卡盘、花盘和顶尖等夹具，用来夹持工件，并带动工件旋转。主轴是空心轴，以便穿入长棒料。

4. 进给箱（走刀箱）

进给箱将主轴的旋转运动经过挂轮架上的齿轮传给光杠或丝杠，通过其内部的齿轮变速机构可改变光杠或丝杠的转速。调整进给箱上各手柄的位置，可使刀具获得所需的进给量或螺距。

5. 光杠或丝杠

进给箱的运动经光杠或丝杠传至溜板箱。车削螺纹时用丝杠，车削其他表面用光杠。

6．溜板箱（拖板箱）

溜板箱是车床进给运动的操纵箱，其上有刀架。溜板箱将光杠或丝杠的运动传给刀架，接通光杠时，可使刀架作纵向或横向进给。接通丝杠和闭合对开螺母可车削螺纹。

7．刀架

刀架用来夹持车刀，可作纵向、横向或斜向进给运动。它由大刀架、横刀架、转盘、小刀架和方刀架组成，如图 7-3 所示。

（1）大刀架（纵溜板、中滑板），与溜板箱连接，带动车刀沿床身导轨作纵向移动。

（2）横刀架（横溜板），通过丝杠副带动车刀沿床鞍上的燕尾导轨作横向移动。

（3）转盘，与横溜板用螺钉固定，其上有角度刻线。松开螺钉，转盘可在水平面内扳转任意角度。

（4）小刀架（小滑板），可沿转盘上面的燕尾导轨作短距离的手动进给。将转盘扳转一定角度后，小刀架斜向进给可车削内外锥面。

（5）方刀架，固定在小刀架上，可同时装夹 4 把车刀，松开其上手柄，方刀架可扳转任意角度。换刀时只需将方刀架旋转 90°，固定后即可继续切削。

8．尾座

图 7-4 所示的尾座位于床身导轨上。尾座套筒可安装顶尖，支承工件，也可安装钻头、中心钻等。松开套筒锁紧手柄，转动手轮，则套筒带动刀具或顶尖移动，若将套筒退缩到尾座体内，且锁紧套筒，转动手轮，螺杆顶出套筒内的顶尖或刀具。

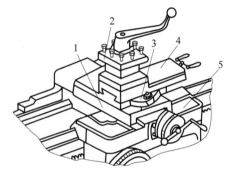

图 7-3　刀架的组成
1—横刀架；2—方刀架；3—转盘；
4—小刀架；5—大刀架

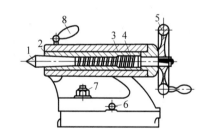

图 7-4　尾座的构造
1—顶尖；2—套筒；3—尾座体；4—螺杆；5—手轮；
6—调节螺钉；7—固定螺钉；8—套筒锁紧手柄

9．底座

底座用于支承床身，用地脚螺钉与地基连接。

10．挂轮箱

挂轮箱把主轴的旋转送给进给箱，变换箱内齿轮并和进给箱及光杠或丝杠配合，可获得不同的自动进给速度或车削不同螺距的螺纹。

7.2.3 卧式车床的传动系统

1. 传动路线

C6132 型车床的传动路线框图如图 7-5 所示。

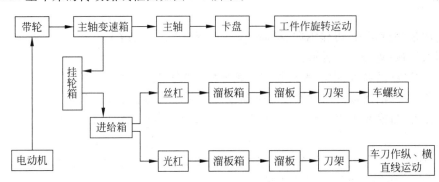

图 7-5　C6132 型车床的传动路线框图

2. C6132 型车床的传动系统

（1）主运动传动系统

主运动传动系统是指由电动机传动到主轴之间的传动系统。通过主运动传动系统,主轴可获得 12 级转速。主轴反转是由电机反转实现的。

（2）进给运动传动系统

车刀的进给速度是由主轴转速传递而来的。

脱开溜板箱内的左、右离合器,操纵左边或右边的手轮,可进行纵向或横向的手动进给。调整主轴箱内的换向机构,可实现刀架的纵向和横向的反向进给。

采用车床自动进给时,靠调整进给箱上的两个手柄的位置而得到所需的进给量。当交换齿轮一定时,两手柄配合使用,可得到 20 种进给量。改用不同的交换齿轮,则可得到更多种进给量,详见进给量标牌。

7.3　车　　刀

在金属切削加工中,刀具直接参与切削,为使刀具具有良好的切削性能,必须选择合适的刀具材料、合理的切削角度及适当的结构。虽然车刀的种类及形状多种多样,但其材料、结构、角度、刃磨及安装基本相似。

7.3.1　常用车刀的种类和用途

车刀按其用途可分为外圆车刀(90°车刀)、端面车刀(45°车刀)、切断刀、镗刀、成形车刀和螺纹车刀等,如图 7-6 所示。

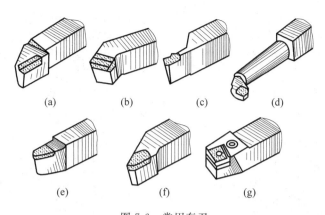

图 7-6　常用车刀

(a) 90°车刀；(b) 45°车刀；(c) 切断刀；(d) 镗刀；

(e) 成形车刀；(f) 螺纹车刀；(g) 硬质合金不重磨车刀

各种车刀的基本用途如图 7-7 所示,简述如下:

(1) 90°车刀(偏刀),用于车削工件的外圆、台阶和端面。

(2) 45°弯头车刀,用于车削工件的外圆、端面和倒角。

(3) 切断刀,用于切断工件或在工件上切出沟槽。

(4) 镗刀,用于镗削工件内孔与端面。

(5) 成形车刀,用于车削台阶处的圆角、圆槽或特殊形状表面的工件。

(6) 螺纹车刀,用于车削螺纹。

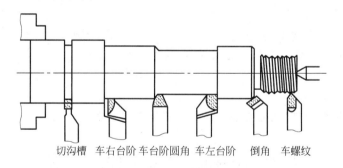

切沟槽　车右台阶　车台阶圆角　车左台阶　倒角　车螺纹

图 7-7　各种车刀的用途

车刀按结构形式可分为以下几种:

(1) 整体式车刀,车刀的切削部分与夹持部分材料相同,用于在小型车床上加工零件或加工有色金属及非金属。高速钢刀具即属此类,如图 7-8(a)所示。

(2) 焊接式车刀,车刀的切削部分与夹持部分材料完全不同,切削部分材料多以刀片形式焊接在刀杆上。常用的硬质合金车刀即属此类,它适用于各类车刀,特别是较小的刀具,如图 7-8(b)所示。

(3) 机夹式车刀,可分为机夹重磨式和不重磨式,前者用钝可集中重磨,后者切削刃用钝后可快速转位再用,也称机夹可转位式刀具,特别适用于自动生产线和数控车床。机夹式车刀避免了刀片因焊接产生的应力、变形等缺陷,刀杆利用率高,如图 7-8(c),(d)所示。

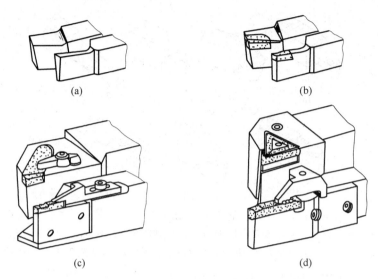

图 7-8　车刀的种类

（a）整体式车刀；（b）焊接式车刀；（c）机夹重磨式车刀；（d）机夹不重磨式车刀

7.3.2　车刀的安装

车刀使用时必须正确安装，车刀安装的基本要求如下：

（1）刀尖应与车床主轴轴线等高且与尾座顶尖对齐，刀杆应与零件的轴线垂直，其底面应平放在方刀架上。

（2）刀头伸出长度应小于刀杆厚度的 1.5～2 倍，以防切削时产生振动，影响加工质量。

（3）刀具应垫平、放正、夹牢。垫片数量不宜过多，以 1～3 片为宜，一般用两个螺钉交替锁紧车刀。

（4）锁紧方刀架。

（5）装好零件和刀具后，检查加工极限位置是否会发生干涉、碰撞。

7.4　车床附件及工件的安装

车床常备有一定数量的附件（主要是夹具），用来满足各种不同的车削工艺需求。普通车床常用的附件有三爪自定心卡盘、四爪单动卡盘、顶尖、心轴、中心架、跟刀架、花盘、弯板等。

车削时，工件旋转的主运动是由主轴通过夹具来实现的。安装的工件应使被加工表面的回转中心和车床主轴的回转中心重合，以保证工件有正确的位置。切削过程中，工件会受到切削力的作用，所以必须夹紧，以保证车削时的安全。由于工件的形状、大小等不同，用的夹具及安装方法也不一样。

7.4.1　三爪自定心卡盘

三爪自定心卡盘是车床上最常用的一种夹具，其构造如图 7-9 所示。它通常作为车床附件由法兰盘内的螺纹直接旋装在主轴上,用来装夹回转体工件。当旋转小锥齿轮时,大锥齿轮随之转动,大锥齿轮背面的平面螺纹就使三个卡爪同时等速向中心靠拢或退出。用三爪自定心卡盘装夹工件,可使工件中心与车床主轴中心自动对中,自动对中的准确度为0.05～0.15mm。

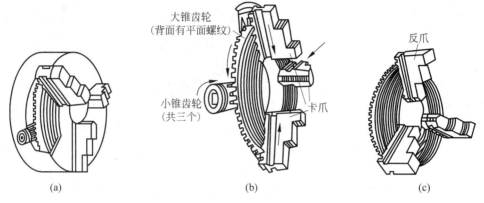

图 7-9　三爪自定心卡盘

(a) 外形图; (b) 构造; (c) 反三爪自定心卡盘

　　三爪自定心卡盘最适合装夹圆形截面的中小型工件,但也可装夹截面为正三边形或正六边形的工件。当工件直径较小时,工件置于三个卡爪之间装夹(见图 7-10(a));当工件孔径较大时,可将三个卡爪伸入工件内孔中,利用长爪的径向张力装夹盘、套、环状零件(见图 7-10(b));当工件直径较大时,可将三个顺爪换成三个反爪进行装夹(见图 7-10(c))。

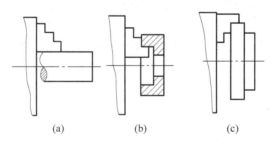

图 7-10　用三爪自定心卡盘装夹工件的方法

(a) 夹持棒料; (b) 正爪反撑; (c) 反爪装夹

　　用三爪自定心卡盘装夹工件时,应先将工件置于三个卡爪中找正,轻轻夹紧,然后开动机床使主轴低速旋转,检查工件有无歪斜偏摆,并作好记号。停车后用小锤轻轻校正,然后夹紧工件,及时取下卡盘扳手,将车刀移至车削行程最右端,调整好主轴转速和切削用量后,才可开动机床。

　　卡盘夹持工件的长度一般不小于 10cm,三个卡爪应避开毛坯的飞边、凸台,工件自卡盘悬伸长度不宜过长,否则易引起切削振动,或顶弯工件及打刀。

7.4.2　四爪单动卡盘

　　四爪单动卡盘如图 7-11 所示,其固定位置与三爪自定心卡盘相同。四爪单动卡盘具有四个独立分布的卡爪,每个卡爪均可独立移动;卡爪可全部用正爪或反爪装夹工件,也可用一或两个反爪而其余仍用正爪。其夹紧力大于三爪自定心卡盘,适合装夹截面为圆形、方形、椭圆形或其他形状不规则的较重较大的工件,还可将圆形截面工件偏心安装加工出偏心轴或偏心孔。

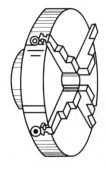

图 7-11　四爪单动卡盘

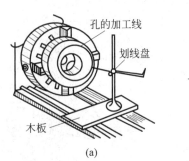

(a)

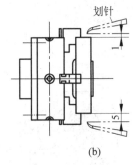

(b)

图 7-12　划线盘找正工件

　　因四爪单动卡盘的四个卡爪不能联动,欲使工件的回转中心与主轴回转轴心对中,需分别调整四个卡爪的位置,此工作称为找正。一般可用图 7-12(a)所示的划线盘,按工件上已划出的加工界线或基准线找正工件的回转中心。找正时,先使划针与工件表面具有一定间隙,慢慢转动卡盘,观察工件表面什么地方与划针离开远些,什么地方离开近些,然后将离开近些地方的卡爪松开,将对面卡爪旋紧,其卡爪径向调整量约为间隙差值的一半。图 7-12(b)所示的情况,卡爪径向调整量为 2mm。经过这样反复数次,直到把工件找正为止。如果工件安装精度要求较高,可用百分表找正,如图 7-13 所示,其安装精度可达 0.01mm。

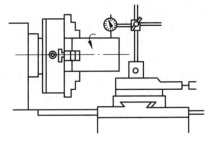

图 7-13　百分表找正工件

7.4.3　顶尖

　　加工较长的轴和丝杠以及车削后需经铣削、磨削等加工的工件,一般多采用前、后顶尖安装。主轴的旋转运动通过拨盘带动夹紧在轴端的卡箍(也称鸡心夹头)传给工件,见图 7-14。

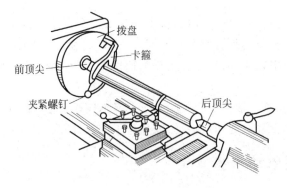

图 7-14　用双顶尖安装工件

用顶尖安装轴类零件的一般步骤如下所述。

（1）在轴的两端钻中心孔

中心孔一般是在车床或钻床上用标准中心钻加工的,加工前应将轴端面车平。如图 7-15 所示,常用的中心孔有普通中心孔和双锥面中心孔两种。中心孔的 60°锥面用于与顶尖的锥面相配合,前面的小圆柱孔是为了保证顶尖和中心孔锥面能紧密接触,同时可储存润滑油。双锥面中心孔的 120°外锥面是防止 60°锥面被碰坏而影响与顶尖的配合。中心孔的尺寸根据工件质量、直径大小确定,大和重的工件应选择较大的中心孔。

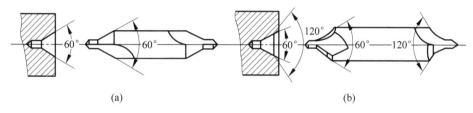

图 7-15 中心孔和中心钻
（a）加工普通中心孔；（b）加工双锥面中心孔

（2）安装和校正顶尖

如图 7-16 所示,常用的顶尖有固定顶尖和回转顶尖两种,固定顶尖又分为普通顶尖和反顶尖。前顶尖既可插在一个过渡专用锥套内,再将锥套插入主轴锥孔内,也可将其直接装入主轴锥孔内,并随主轴和工件一起旋转,故采用不需淬火的固定顶尖。后顶尖装在尾座的套筒内,既可用固定顶尖,也可用回转顶尖。前者不随工件一起转动,会因摩擦发热烧损、研坏顶尖或中心孔,但安装工件比较稳固,精度较高,后者随工件一起转动,克服了固定顶尖的缺点,但安装工件不够稳固,精度较低。故一般粗加工、半精加工可用回转顶尖,精加工用淬火的固定顶尖,且应合理选择切削速度。

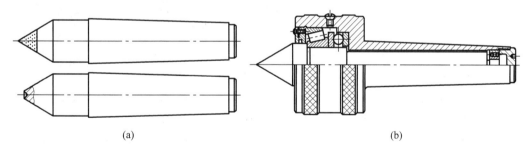

图 7-16 顶尖
（a）固定顶尖；（b）回转顶尖

安装顶尖前,要将顶尖尾部锥面及与其配合的主轴和尾座的锥孔擦拭干净,然后装牢、装正。装后顶尖的尾座套筒应尽量伸出短些,以增强支撑刚性,避免切削时振动。装好前、后顶尖后,应将尾座推向床头,检查两顶尖是否在同一轴线上,如图 7-17 所示。对精度要求较高的轴,仅靠目测是不够的,要边加工,边测量,边校正。若顶尖的轴线不重合,如图 7-18 所示,则工件回转轴线与进给方向不重合,轴会被加工成锥体。

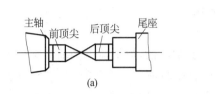
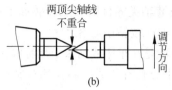

图 7-17 校正顶尖

（a）两顶尖轴线重合；（b）调节顶尖轴线重合

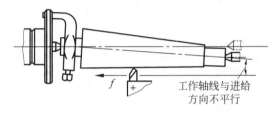

图 7-18 两顶尖未校正车出锥体

（3）安装工件

如图 7-19 所示，首先把鸡心夹头夹紧在轴端，且使工件露出尽量短些。对于已加工过的轴，为避免鸡心夹头的固紧螺钉夹伤工件表面，可在装鸡心夹头处垫以纵向开缝的套筒或铜皮。鸡心夹头有直尾和弯尾两种，见图 7-20。直尾鸡心夹头与带拨杆的拨盘配合使用，如图 7-21 所示。弯尾鸡心夹头既可如图 7-14 所示与带 U 形槽的拨盘配合使用，也可如图 7-22 那样，由卡盘的卡爪代替拨盘传递运动。若用固定顶尖，应在中心孔内涂上黄油。工件安装在顶尖间不能太松或太紧，过松工件不能正确定心，车削时易产生振动，影响加工质量，也不安全；过紧会加剧摩擦，烧损研坏顶尖和中心孔，且会因温升，工件无伸长余地而弯曲变形，一般手握工件既感觉不到轴向窜动又转动自如即可。

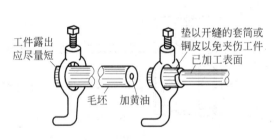

图 7-19 装鸡心夹头

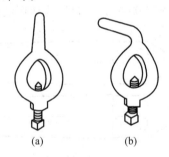

图 7-20 鸡心夹头

（a）直尾鸡心夹头；（b）弯尾鸡心夹头

图 7-21 带拨杆的拨盘

图 7-22 用卡盘代替拨盘

对于较长较重的工件,也常采用前卡盘后顶尖的方法装夹,使装夹稳固、安全、能承受较大的切削力,但定心精度较低。

用前、后顶尖安装轴类件,因两端采用锥面定位,所以定位准确度高,即使多次装卸与调头,工件的位置也不变,从而保证工件的各圆柱面有较高的同轴度。

7.4.4　心轴

为了保证盘套类零件的外圆、孔和端面间的位置精度,可利用精加工过的孔把工件装在心轴上,再将心轴安装在前、后顶尖之间或三爪自定心卡盘上,用加工轴类零件的安装方法来精加工盘、套类零件的外圆或端面。

心轴一般用工具钢制造,种类很多,常用的有锥度心轴、圆柱心轴、可胀心轴等。

图 7-23 所示为锥度心轴,心轴两端有中心孔并带扁头,便于装顶尖、鸡心夹头夹紧。此种心轴一般具有 1:5000～1:2000 的微小锥度。工件从小端压入心轴,靠摩擦力与心轴固紧。锥度心轴与工件间对中准确,车出的外圆与孔同轴度较高,装卸方便,但不能承受较大的力矩,多用于盘、套类零件外圆和端面的精加工。

当工件的孔深与孔径之比小于 1～1.5 时,工件套装在锥度心轴上容易歪斜,可采用图 7-24 所示的圆柱心轴安装工件。工件装入心轴后,加上垫圈,用螺母锁紧,然后一并安装在前、后顶尖间。这种心轴夹紧力较大,能承受较大的力矩,但要求工件上与心轴台阶和垫片接触的两个端平面与孔的轴线有较高的垂直度,以免拧紧螺母时心轴变形。由于心轴和孔配合存有间隙,所以对中准确度较锥度心轴低,一般多用于加工大直径盘类件。

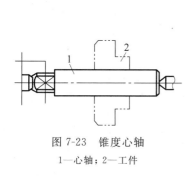

图 7-23　锥度心轴
1—心轴；2—工件

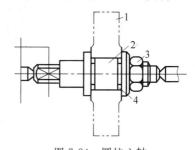

图 7-24　圆柱心轴
1—工件；2—心轴；3—螺母；4—垫圈

图 7-25 所示为可胀心轴,它可以直接装在主轴锥孔内。拧动螺母,可胀锥套轴向移动,靠心轴锥面使锥套胀开,撑紧工件。可胀锥套胀紧工件前,二者有 0.5～1.5mm 的间隙,故装卸工件方便迅速,但对中性与可胀锥套质量有很大关系。

7.4.5　中心架和跟刀架

中心架固定在床身上,有上、前、后三个支承爪,主要用于提高细长轴或悬臂安装工件的支承刚度(见图 7-26)。安装中心架之前先要在工件上车出中心架支承凹槽。车细长轴时中心架装在工件中段;车一端夹持的悬臂工件的端面或钻中心孔,或车削较长的套筒类工件的内孔时,中心架装在工件悬臂端附近。在调整中心架三个支承爪的中心位置时,应先调整下面两个爪,然后把盖子盖好固定,最后调上面的一个爪。车削时,支承爪与工件接触处应经常加润滑油,注意其松紧要适当,以防工件拉毛及摩擦发热。

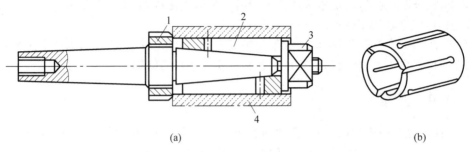

图 7-25 可胀心轴

(a) 结构图；(b) 外形图

1—螺母；2—可胀锥套；3—螺母；4—工件

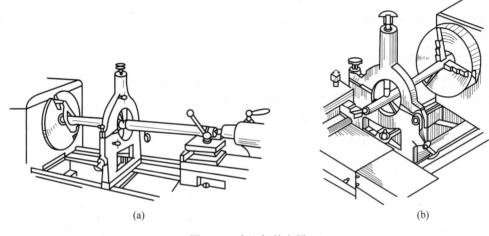

图 7-26 中心架的应用

(a) 车细长轴；(b) 车端面

使用中心架车细长轴时,安装中心架所需辅助时间较多,且一般都要接刀(由于中心架的阻拦而不能从头到尾走刀),因此比较麻烦。

跟刀架固定在车床的床鞍上,跟着车刀一起移动(见图7-27(a)),主要用作精车、半精车细长轴(长径比为30～70)的辅助支承,以防止由于径向切削力而使工件弯曲变形。车削时,先在工件端头上车好一段外圆,然后使跟刀架支承爪与其接触并调整至松紧合适。工作时支承处要加润滑油。由于车削中跟刀架总是跟着车刀而支撑着工件,所以使用跟刀架加工细长轴时可以不要接刀。

三爪跟刀架(见图7-27(b)),夹持工件稳固,工件上下、左右的变形均受到限制,不易发生振动。有的跟刀架上只有两个支承爪(见图7-27(c)),一个从车刀的对面抵住工件,另一个从上向下压住工件,第三个支承爪由车刀代替。中心架、跟刀架与工件接触的支承爪弧面形状对所车细长轴的精度有较大影响,最好按照工件的直径镗出或用工件研磨、跑合的方法修正支承爪弧面。

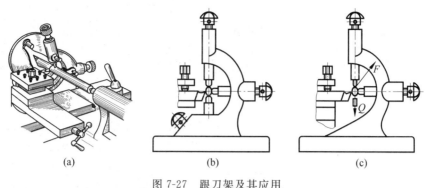

图 7-27 跟刀架及其应用

（a）跟刀架的应用；（b）三爪跟刀架；（c）两爪跟刀架

7.4.6 花盘、弯板

加工某些形状不规则的工件时，为保证工件上需加工的表面与安装基准面平行或外圆、孔的轴线与安装基准面垂直，可以把工件直接压紧在花盘上加工，如图 7-28 所示。花盘是一个直接装在车床主轴上的铸铁大圆盘，盘面上有许多长短不等的径向槽，用来穿放压紧螺栓。花盘端平面的平面度较高，并与车床的主轴轴线垂直，所用垫铁高度和压板位置要有利于夹紧工件。用花盘安装工件时，要仔细找正。

图 7-29 所示为用花盘、弯板安装工件。弯板多为 90°，其上也有长短不等的直槽，用以穿放紧固螺栓。弯板要有较高的刚度。用花盘、弯板安装工件也要仔细找正。

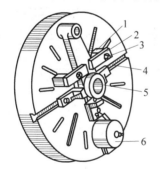

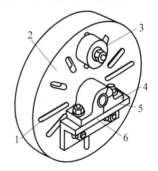

图 7-28 在花盘上安装工件

1—垫铁；2—压板；3—螺栓；4—螺栓槽；
5—工件；6—平衡铁

图 7-29 在花盘、弯板上安装工件

1—螺栓槽；2—花盘；3—平衡铁；4—工件；
5—安装基准面；6—弯板

用花盘、弯板安装形状不规则的工件，重心往往偏向一边，需要在另一边加平衡铁予以平衡，以保证旋转时平稳。一般在平衡铁装好后，用手多次转动花盘，如果花盘能在任意位置上停下来，说明已平衡，否则必须重新调整平衡铁在花盘上的位置或增减重量，直至平衡为止。

7.5 车床操作要点

在车削加工零件时，要准确、迅速地调整背吃刀量，以提高加工效率，保证加工质量，要熟练地使用中滑板和小滑板的刻度盘，同时在加工中必须按照操作步骤进行。

7.5.1 刻度盘及其手柄的使用

中滑板的刻度盘紧固在丝杠轴头上,中滑板和丝杠螺母紧固在一起。当中滑板手柄带着刻度盘转一周时,丝杠也转一周,这时螺母带动中滑板移动一个螺距。所以中滑板移动的距离可根据刻度盘上的格数来计算。

例如,C6132 车床中滑板丝杠螺距为 4mm,中滑板刻度盘等分为 200 格,故每转一格中滑板移动的距离为 4÷200＝0.02(mm),刻度盘转 1 格,滑板带着刀架移动 0.02mm,即径向背吃刀量最小为 0.02mm,零件直径减少了 0.04mm。

小滑板刻度盘主要用于控制零件长度方向的尺寸,其刻度原理及使用方法与中滑板相同。

加工零件外表面时,车刀向零件中心移动为进刀,远离中心为退刀,而加工内表面时则与其相反。进刀时,必须慢慢转动刻度盘手柄使刻线转到所需的格数。当手柄转过头或试切后发现直径太小需退刀时,由于丝杠与螺母之间存在间隙,会产生空行程(即刻度盘转动而溜板并未移动),因此不能将刻度盘直接退回到所需的刻度,此时一定要向相反方向全部退回,以消除空行程,然后再转到所需要的格数。如图 7-30(a)所示,要求手柄转至 30 刻度,但摇过头到了 40 刻度,此时不能将刻度盘直接退回到 30 刻度;如果直接退回到 30 刻度,则是错误的,如图 7-30(b)所示;而应该反转约半周后,再转至 30 刻度,如图 7-30(c)所示。

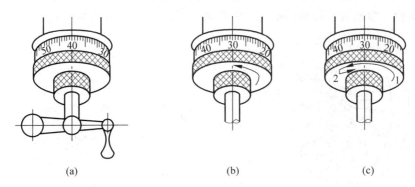

图 7-30 手柄摇过头后的纠正方法
(a) 要求手柄转至 30 刻度,但摇过头到了 40 刻度;(b) 错误;(c) 正确

7.5.2 车削步骤

车床上安装好工件和车刀以后,即可开始车削加工,加工中必须按照如下步骤进行:

(1) 开车对零点,即确定刀具与工件的接触点,作为进背吃刀量(切深)的起点。对零点时必须开车,因为这样不仅可以找到刀具与工件最高处的接触点,而且也不易损坏车刀。

(2) 沿进给反方向移出车刀。

(3) 进背吃刀量(切深)。

(4) 走刀切削。

(5) 如需再切削,可将车刀沿进给反方向移出,再进背吃刀量进行切削。如不再切削,则应先将车刀沿进背吃刀量的反方向退出,脱离工件的已加工表面,再沿进给反方向退出车刀。

7.5.3　粗车和精车

车削一个零件,往往需要经过多次走刀才能完成。为了提高生产效率,保证加工质量,生产中常把车削加工分为粗车和精车(零件精度要求高需要磨削时,车削分为粗车和半精车)。

1. 粗车

粗车的目的是尽快地从工件上切去大部分加工余量,使工件接近最后的形状和尺寸。粗车要给精车留有合适的加工余量,而精度和表面粗糙度则要求较低,粗车后尺寸公差等级一般为 IT11~IT14,表面粗糙度 Ra 值一般为 12.5~50μm。

实践证明,加大背吃刀量不仅可以提高生产率,而且对车刀的耐用度影响不大。因此粗车时应优先选用较大的背吃刀量,其次根据可能适当加大进给量,最后选用中等或中等偏低的切削速度。

在 C6136 或 C6132 卧式车床上使用硬质合金车刀粗车时,常用切削用量的选用范围为:背吃刀量 $a_p \approx 2$~4mm;进给量 $f \approx 0.15$~0.40mm/r;切削速度 v_c 因工件材料不同而略有不同,切钢时取 50~70m/min,切铸铁时可取 40~60m/min。

粗车铸件时,因工件表面有硬皮,如果背吃刀量过小,刀尖容易被硬皮碰坏或磨损,因此第一刀的背吃刀量应大于硬皮厚度。

选择切削用量时,要看加工时工件的刚度和工件装夹的牢固程度等具体情况。若工件夹持的长度较短或表面凹凸不平,则应选用较小的切削用量。粗车给精车(或半精车)留的加工余量一般为 0.5~2mm。

2. 精车

精车的目的是要保证零件的尺寸精度和表面粗糙度等要求,尺寸公差等级可达 IT7~IT8,表面粗糙度 Ra 值可达 1.6μm。

精车时,完全靠刻度盘定背吃刀量来保证工件的尺寸精度是不够的,因为刻度盘和丝杠的螺距均有一定误差,往往不能满足精车的要求。必须采用试切的方法来保证工件精车的尺寸精度。现以图 7-31 所示的车外圆为例,说明试切的方法与步骤。

图 7-31 中(a)~(e)是试切的一个循环。如果尺寸合格,就以该背吃刀量车削整个表面;如果未到尺寸,就要自第(f)步起重新进刀、切削、度量;如果试车尺寸小了,必须按图 7-30(c)所示的方法加以纠正继续试切,直到试切尺寸合格以后才能车削整个表面。

精车的另一个加工目的是保证加工表面的粗糙度要求。减小表面粗糙度 Ra 值的主要措施如下:

(1) 选择几何形状合适的车刀。如采用较小的副偏角 κ_r',或刀尖磨有小圆弧等,均能减小残留面积,使 Ra 值减小。

(2) 选用较大的前角 γ_o,并用油石把车刀的前刀面和后刀面打磨得光一些,也可使 Ra 值减小。

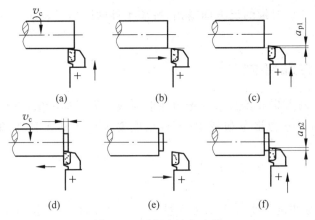

图 7-31　试切方法与步骤

（a）开车对刀；（b）向右退出车刀；（c）横向进刀口 a_{p1}

（d）切削 1～2mm；（e）退刀测量；（f）未到尺寸，再进刀 a_{p2}

（3）合理选择精车时的切削用量。生产实践证明，车削钢件时较高的切速（$v_c \geqslant$ 100m/min）或较低的切速（$v_c \leqslant 5$m/min）都可获得较小的 Ra 值。采用低速切削，生产率较低，一般只在刀具材料为高速钢或精车小直径的工件时才采用。选用较小的背吃刀量对减小 Ra 值较为有利。但背吃刀量过小（$a_p < 0.03 \sim 0.05$mm），因工件上原有的凹凸不平表面不能完全切除而达不到要求。采用较小的进给量可使残留面积减小，因而有利于减小 Ra 值。精车的切削用量选择范围推荐如下：背吃刀量 a_p 取 0.3～0.5mm（高速精车）或 0.05～0.10mm（低速精车）；进给量 $f \approx 0.05 \sim 0.20$mm/r；用硬质合金车刀高速精车钢件切速 v_c 取 100～200m/min，高速精车铸件取 60～100m/min。

（4）合理使用切削液也有助于降低表面粗糙度。低速精车钢件使用乳化液，低速精车铸铁件多用煤油。

7.5.4　车床安全操作规程

为了保持车床的精度，延长其使用寿命以及保障人身和设备的安全，除平时进行严格的维护保养外，操作时还必须严格遵守下列安全操作规程。

（1）开车前：①上班时应对机床进行加油润滑；②检查机床各部分机构是否完好，皮带安全罩是否装好；③检查各手柄是否处于正常位置。

（2）安装工件：①工件要夹正、夹紧；②装卸工件后必须立即取下三爪扳手；③装卸大工件时应在床面上铺垫木板。

（3）安装刀具：①刀具要夹紧，要正确使用方刀架扳手，防止滑脱伤人；②装卸刀具和切削工件时要先锁紧方刀架；③装好工件和刀具后要进行极限位置检查。

（4）开车后：①不能改变主轴转速；②溜板箱上的纵、横向自动手柄不能同时抬起；③不能在旋转工件上度量尺寸；④不能用手摸旋转工件，不能用手拉切屑；⑤不许离开机床，要精神集中；⑥切削时要戴好防护眼镜。

（5）下班时：①擦净机床，整理场地，切断机床电源；②擦机床时，小心刀尖、切屑等物划伤手臂；③擦拭导轨摇动溜板箱时，切勿使刀架或刀具与主轴箱、卡盘、尾座相撞。

（6）发生事故后：①立即停车切断电源；②保护好现场；③及时向有关人员汇报，以便分析原因,总结经验教训。

7.5.5　车削质量检验

由于各种因素的影响,车削加工可能会产生多种质量缺陷,每个工件车削完毕都需要对其进行质量检验。经过检验,及时发现加工存在的问题,分析质量缺陷产生的原因,提出改进措施,保证车削加工的质量。

车削加工的质量主要是指外圆表面、内孔及端面的表面粗糙度、尺寸精度、形状精度和位置精度。

经过检验后,车削加工外圆、内孔和端面可能出现的质量缺陷及产生原因和解决措施见表 7-2～表 7-4。

表 7-2　车外圆质量缺陷原因分析及预防措施

质 量 缺 陷	产 生 原 因	预 防 措 施
尺寸超差	看错进刀刻度	看清并记住刻度盘读数刻度,记住手柄转过的圈数
	盲目进刀	根据余量计算背吃刀量,并通过试切法来修正
	量具有误差或使用不当,量具未校零,测量、读数不正确	使用前检查量具和校零,掌握正确的测量和读数方法
圆度超差	主轴轴线漂移	调整主轴组件
	毛坯余量或材质不均,产生误差复映	采用多次走刀
	质量偏心引起离心惯性力	加平衡块
圆柱度超差	刀具磨损	合理选用刀具材料,降低工件硬度,使用切削液
	工件变形	使用顶尖、中心架、跟刀架,减小刀具主偏角
	尾座偏移	调整尾座
	主轴轴线角度摆动	调整主轴组件
阶梯轴同轴度超差	定位基准不统一	用中心孔定位或减少装夹次数
表面粗糙度数值大	切削用量选择不当	提高或降低切削速度,减小走刀量和背吃刀量
	刀具几何参数不当	增大前角和后角,减小副偏角
	破碎的积屑瘤	使用切削液
	切削振动	提高工艺系统刚性
	刀具磨损	及时刃磨刀具并用油石磨光,使用切削液

表 7-3　车端面质量缺陷原因分析及预防措施

质 量 缺 陷	产 生 原 因	预 防 措 施
平面度超差	主轴轴向窜动引起端面不平	调整主轴组件
	主轴轴线角度摆动引起端面内凹或外凸	调整主轴组件
垂直度超差	二次装夹引起工件轴线偏斜	二次装夹时严格找正或采用一次装夹加工
阶梯轴同轴度超差	定位基准不统一	用中心孔定位或减少装夹次数
表面粗糙度数值大	切削用量选择不当	提高或降低切削速度,减小走刀量和背吃刀量
	刀具几何参数不当	增大前角和后角,减小副偏角,右偏刀由中心向外进给

表 7-4 车床镗孔质量缺陷原因分析及预防措施

质量缺陷	产生原因	预防措施
尺寸超差	看错进刀刻度	看清并记住刻度盘读数刻度,记住手柄转过的圈数
	盲目进刀	根据余量计算背吃刀量,并通过试切法来修正
	镗刀口与孔壁产生运动干涉	重新装夹镗刀并空行程试走刀,选择合适的刀杆直径
	工件热胀冷缩	粗、精加工相隔一段时间或加切削液
	量具有误差或使用不当	使用前检查量具和校零,掌握正确的测量和读数方法
圆度超差	主轴轴线漂移	调整主轴组件
	毛坯余量或材质不均,产生误差复映	采用多次走刀
	卡爪引起夹紧变形	采用多点夹紧,工件增加法兰
	质量偏心引起离心惯性力	加平衡块
圆柱度超差	刀具磨损	合理选用刀具材料,降低工件硬度,使用切削液
	主轴轴线角度摆动	调整主轴组件
与外圆同轴度超差	二次装夹引起工件轴线漂移	二次装夹时严格找正或在一次装夹加工出外圆和内孔
表面粗糙度数值大	切削用量选择不当	提高或降低切削速度,减小走刀量和背吃刀量
	刀具几何参数不当	增大前角和后角,减小副偏角
	破碎的积屑瘤	使用切削液
	切削振动	减小镗杆悬伸量,增加刚性
	刀具装夹偏低引起孔刀直刀杆底部与孔壁摩擦	使刀尖高于工件中心,减小刀头尺寸
	刀具磨损	及时刃磨刀具并用油石磨光,使用切削液

7.6 典型车削加工工艺

在一般机加工车间,车床约占机床总数的 50%。卧式车床能完成的加工工作较多,如图 7-32 所示,另外,还可以绕弹簧。

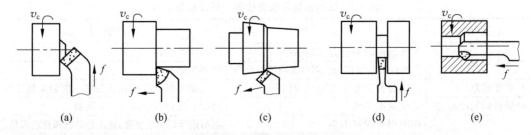

图 7-32 车床可以完成的工作

(a) 车端面；(b) 车外圆和台阶；(c) 车锥面；(d) 切槽、切断；(e) 车孔；(f) 车内槽；(g) 钻中心孔；(h) 钻孔；
(i) 铰孔；(j) 镗锥孔；(k) 车外螺纹；(l) 车内螺纹；(m) 攻螺纹；(n) 车成形面；(o) 滚花

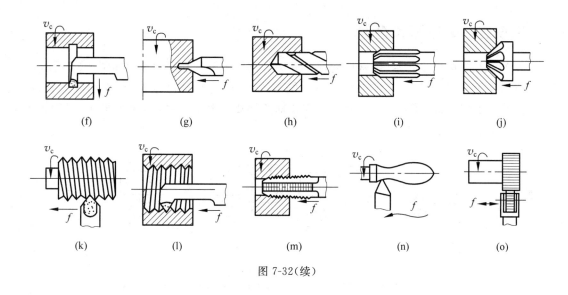

图 7-32（续）

7.6.1　车端面

　　车端面是车削零件的首要工序。因为零件长度方向的所有尺寸都是以端面为基准进行定位的，车削加工中一般先将其车出。车削端面时常采用弯头车刀和偏刀进行车削。图 7-33 所示为车削端面时的几种情形。

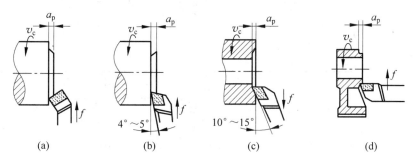

图 7-33　车削端面的几种情形

（a）弯头刀车端面；（b）右偏刀车端面（由外向中心）；（c）右偏刀车端面（由中心向外）；（d）左偏刀车端面

　　车端面时，刀尖应和工件回转轴线等高，否则会在端面留下凸台，且易打刀，见图 7-34。

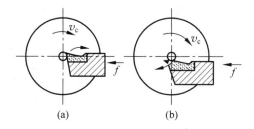

图 7-34　车端面产生凸台现象

（a）刀尖装得高；（b）刀尖装得低

7.6.2　车外圆和台阶

车外圆是车削中最基本、最常见的加工方法。车外圆及其常用的车刀如图 7-35 所示。

尖刀主要用以车外圆。45°弯头刀和右偏刀既可车外圆,又可车端面,应用较为普通。右偏刀车外圆时径向力很小,常用来车削细长轴的外圆。圆弧刀的刀尖具有圆弧,可用来车削具有过渡圆弧表面的外圆。

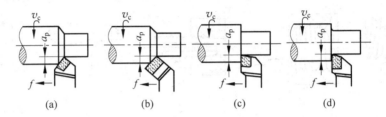

图 7-35　车外圆及常用刀具
(a) 尖刀车外圆;(b) 45°弯头刀车外圆;(c) 右偏刀车外圆;(d) 圆弧刀车外圆

为保证车外圆的尺寸精度,防止背吃刀量过大,造成废品,需进行试切,其方法和步骤,见图 7-36。

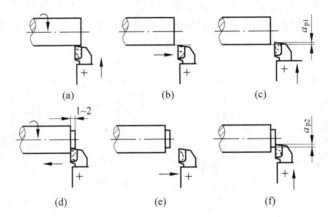

图 7-36　车外圆的方法与步骤
(a) 开车对刀;(b) 向右退出车刀;(c) 横向进刀 a_{p1};(d) 切削 1~2mm;
(e) 退刀度量;(f) 未到尺寸,再进刀 a_{p2}

(1) 开车对刀。开动车床,工件旋转,摇手柄横向进刀,让车刀的刀尖与外圆面轻微接触。在刀具接近工件外圆时,进刀要小心。

(2) 向右退出车刀。摇动大刀架的手轮,使刀具向右移动,脱开与工件的接触。

(3) 横向进刀。顺时针转动横向进给手柄,根据其上的刻度盘,调整背吃刀量 a_{p1}。

(4) 试切 1~2mm。手摇(或机动)大刀架上的手轮,向左试切 1~2mm。

(5) 退刀度量。试切后,操纵大刀架手轮向右退刀,脱离刀具与工件的接触;然后停车,即工件停止转动,用量具测量试切外圆的直径。如果尺寸合格,开车以切削深度 a_{p1} 机动进给,车削工件的整个外圆面;若尺寸不合格,进行下面一步。向右退刀离开工件的距离以不影响测量为宜。

（6）横向再进刀。因未到尺寸，再次横向进刀，调整背吃刀量 a_{p2} 为测量直径和所需直径差值的一半。之后可开车车削外圆。

轴上小于 5mm 的台阶可在车外圆时同时车出，如图 7-37 所示。为使台阶端面和工件轴线垂直，可让主切削刃和工件已车好的端面贴紧来对刀，还可以用角尺对刀。

对于轴上大于 5mm 的台阶，可用图 7-38 所示的主偏角大于 90°的车刀分层切削，在最后一次纵向进给时横向退刀车出 90°的台阶。

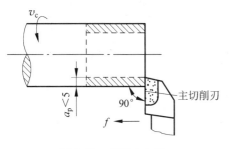

图 7-37　车削小台阶

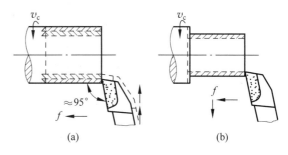

图 7-38　大台阶分层车削

（a）主切削刃和工件轴线约 95°，分多次车削；
（b）在末次进给后，车刀横向退出，车出 90°台阶

台阶的长度可用图 7-39 所示的钢直尺来确定。车削台阶前，先用刀尖在所需长度处车出一线痕，以此作为加工界限。这种方法所定台阶长度一般应比要求的长度略短，以便留有加工余量。台阶的准确长度常用图 7-40 所示的深度游标卡尺测量。

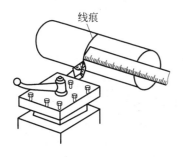

图 7-39　用钢直尺测定台阶长度

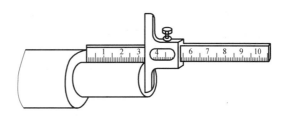

图 7-40　用深度游标卡尺测量台阶长度

7.6.3　切槽与切断

1. 切槽

车床上可以切外槽、内槽与端面槽，如图 7-41 所示。

切槽与车端面很相似。切槽如同左、右两把偏刀同时车削左、右两个端面。因此，切槽刀具有一个主切削刃和一个主偏角 κ_r，以及两个副切削刃和两个副偏角 κ_r'，如图 7-42 所示。

宽度为 5mm 以下的窄槽，可用主切削刃与槽等宽的切槽刀一次切出；切削宽槽时，分几次切削，如图 7-43 所示。

当工件上有几个槽时，槽的宽度应尽量一致，以减少换刀次数，如图 7-44 所示。

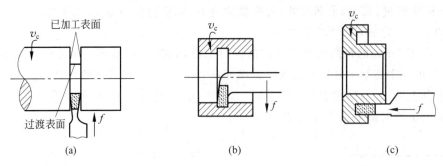

图 7-41　切槽及切槽刀

(a) 切外槽；(b) 切内槽；(c) 切端面槽

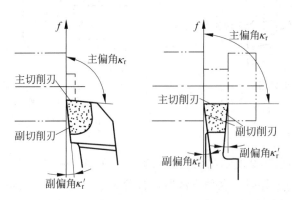

图 7-42　切槽刀与偏刀结构的对比

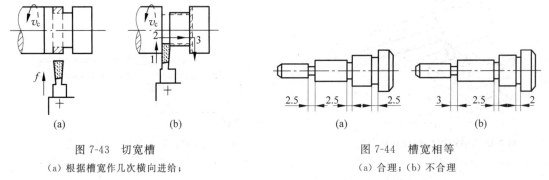

图 7-43　切宽槽

(a) 根据槽宽作几次横向进给；

(b) 末次横向进给后，再纵向进给，精车槽底

图 7-44　槽宽相等

(a) 合理；(b) 不合理

2．切断

切断与切槽类似，但是当切断的工件直径较大时，切断刀刀头较长，切屑容易堵塞在槽内，刀头易折断。因此，往往将切断刀刀头的高度加大，以增加强度，并将主切削刃两边磨出副偏角，以减少摩擦，如图 7-45 所示。

切断一般在卡盘上进行，如图 7-46 所示，切断处应尽可能靠近卡盘。切断刀主切削刃必须对准工件旋转的轴心，否则会使工件中心部分形成凸台，并易损坏刀头。

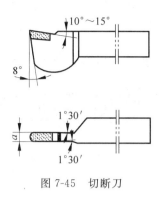

图 7-45　切断刀

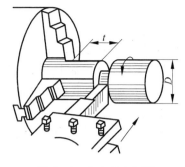

图 7-46　在卡盘上切断

7.6.4　孔加工

在车床上可以用钻头、扩孔钻、铰刀、镗刀进行钻孔、扩孔、铰孔和镗孔。

1. 钻孔

在车床上钻孔如图 7-47 所示。工件旋转为主运动,摇转尾座手轮由套筒带动钻头作纵向进给运动。

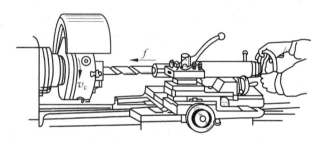

图 7-47　在车床上钻孔

钻孔前,一般要先将工件端面车平。用中心钻在端面钻出中心孔作为钻头的定位孔,以防引偏钻头。钻削时,要加注切削液;孔较深时,应经常退出钻头,以利冷却和排屑。

带锥柄的钻头装在尾座套筒的锥孔中,如图 7-48(a)所示,如果钻头锥柄号数小,可加过渡套筒(见图 7-48(b))。直柄钻头用钻夹头夹持,钻夹头安装于尾座套筒中(见图 7-48(c))。

钻孔多用于粗加工,加工精度为 IT11～IT14,表面粗糙度为 $Ra6.3～25\mu m$。

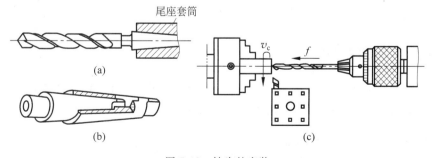

图 7-48　钻头的安装

2. 扩孔

扩孔是用图 7-49 中的扩孔钻对钻过孔的半精加工。扩孔不仅能提高钻孔的尺寸精度等级,降低表面粗糙度值,而且能校正孔的轴线偏差。扩孔可作为孔加工的最后工序,也可作为铰孔前的准备工序。扩孔加工余量一般为 $0.5\sim2mm$,尺寸精度为 IT9 ～ IT10,表面粗糙度为 $Ra3.2\sim6.3\mu m$。

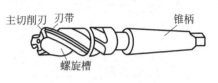

图 7-49 扩孔钻

3. 铰孔

铰孔是用图 7-50 中的铰刀对扩孔或半精车后的孔的精加工。铰孔余量一般为 $0.05\sim0.25mm$,尺寸精度为 IT7～IT8,表面粗糙度为 $Ra0.8\sim1.6\mu m$。

钻孔—扩孔—铰孔是在车床上加工直径较小、精度较高、表面粗糙度较小的孔的主要加工方法。

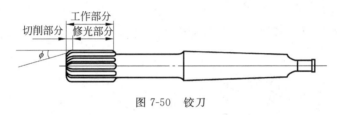

图 7-50 铰刀

4. 镗孔

镗孔是对已有的孔作进一步加工,以扩大孔径、提高精度、降低表面粗糙度和纠正原孔的轴线偏差。镗孔可作粗加工、半精加工和精加工。镗孔的加工范围如图 7-51 所示。

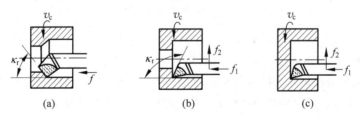

图 7-51 车床镗孔及所用的镗刀
(a) 镗通孔;(b) 镗台阶孔;(c) 镗不通孔

7.6.5 车圆锥面

由于圆锥面具有配合紧密、装卸方便、定心准确等优点,在机械和工具中应用广泛,如车床主轴和尾座套筒上的锥孔,顶尖、钻头、铰刀及钻夹头上的锥柄等。

1. 圆锥面的尺寸、参数和标准

圆锥面和圆锥孔的各部分名称、代号和计算公式均相同。圆锥体的基本参数如图 7-52

所示,其中 D 为大端直径,d 为小端直径,l 为锥体长度,α 为圆锥角,$\frac{\alpha}{2}$ 为圆锥斜角,C 为锥

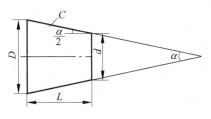

图 7-52　圆锥面的参数

度。参数间的换算关系为

$$D = d + 2l \times \tan\frac{\alpha}{2}$$

$$C = (D - d)/l = 2\tan\frac{\alpha}{2}$$

为降低成本和使用方便,把圆锥面的参数规定成标准值,编成不同的号数。只有号数相同的内、外锥面,才能紧密配合和具有互换性。常用的标准圆锥有以下两种。

一种是公制圆锥,有 4,6,80,100,120,140,160,200 八个号,其锥度 $C = 1:20$,圆锥斜角 $\alpha = 1°25'56''$。号数表示圆锥大端直径。

另一种是莫氏圆锥,目前应用广泛,如车床主轴和尾座套筒的锥孔、钻头、铰刀、钻夹头的锥柄都是采用莫氏圆锥。莫氏圆锥有 0,1,2,3,4,5,6 共七个号,号数越大,锥体的基本参数也越大,具体内容可查阅有关标准。

2．车圆锥面的方法

车圆锥面的方法有宽刀法、小刀架转位法、偏移尾座法、靠模法四种,其中最常用的是小刀架转位法。

（1）宽刀法

宽刀法亦称成形刀法,如图 7-53 所示。这种方法仅适用于车削较短的内、外锥面。其优点是方便、迅速,能加工任意角度的圆锥面;缺点是加工的圆锥面不能太长,并要求机床与工件系统有较好的刚性。

（2）小刀架转位法

如图 7-54 所示,根据零件锥角 α,将小刀架转角 $\alpha/2$ 即可加工。这种方法操作简单,并能保证一定的加工精度,可车内、外锥面及锥角很大的锥面,因此应用广泛。不足之处是加工长度受小刀架行程的限制,只能手动进给,锥面粗糙度值较高。

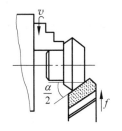

图 7-53　宽刀法车锥面

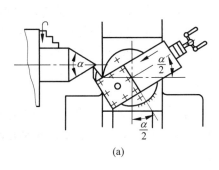

(a)

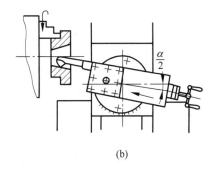

(b)

图 7-54　小刀架转位法车内、外锥面

（a）车外锥面；（b）车内锥面

（3）偏移尾座法

如图 7-55 所示，把尾座顶尖偏移一个距离 S，使工件旋转轴线与机床主轴轴线的夹角等于工件圆锥斜角 $\dfrac{\alpha}{2}$。当刀架自动或手动纵向进给时，即可车出所需的锥面。

尾座偏移距离 S，可用下式计算：

$$S = L \cdot \sin\frac{\alpha}{2}$$

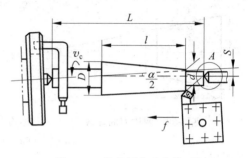

图 7-55　偏移尾座法车锥面

式中：L——工件长度，mm；

　　　$\dfrac{\alpha}{2}$——锥体半锥角。

当 α 较小时，$\sin\alpha \approx \tan\alpha$，此时上式可写为

$$S = L \cdot \tan\frac{\alpha}{2} = \frac{L(D-d)}{2l}$$

式中：l——锥体部分长度，mm。

偏移尾座法车锥体的特点是可以自动进给，车削较长锥面，锥面的表面粗糙度值较低。但因受尾座偏移量的限制，它不能车锥度较大的锥面；不能车锥孔，而且精确调整尾座偏移量较费时间。

（4）靠模法

大批量生产中小锥度（$\alpha < 12°$）的内、外长锥面，还可采用靠模法进行加工。靠模法车锥面与靠模法车成形面的原理和方法类似，只要将成形面靠模改为斜面模即可，如图 3-54 所示。

圆锥的角度可以用锥形套规或塞规测量，也可用万能游标量角器测量。

7.6.6　车成形面

以一条曲线为母线绕以固定轴线旋转而成的表面称为成形面（回转成形面），如卧式车床上小刀架的手柄、变速箱操纵杆上的圆球、滚动轴承内外圈的圆弧辊道等。下面介绍车成形面的三种方法。

1. 双手控制法

此方法车成形面一般使用带有圆弧刃的车刀。车削时，用双手同时转动操纵横刀架和小刀架（床鞍）的手柄，把纵向和横向的进给运动合成一个运动，使切削刃的运动轨迹与回转成形面的母线尽量一致，如图 7-56 所示。加工过程中往往需要多次用样板度量，如图 7-57 所示。一般在车削后要用锉刀仔细修整，最后再用砂布抛光，表面粗糙度值为 $Ra3.2 \sim 12.5\mu m$。

这种方法不需要特殊设备和复杂的专用刀具，成形面的大小和形状一般不受限制，但因手动进给，加工精度不高，劳动强度大，生产率较低，要求工人有较高的操作水平，故此法只适宜于单件小批生产中加工精度不高的成形面。

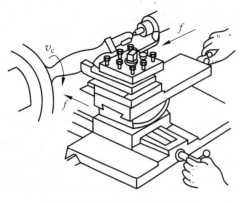

图 7-56　双手控制法车成形面

图 7-57　用样板度量成形面

2．用成形车刀车成形面

如图 7-58 所示,此种方法就是使用切削刃与零件表面轮廓相同的车刀加工成形面。刀具只需连续横向进给就可以车出成形面,故生产率高。若参与切削的切削刃较长,切削力大,要求机床、工件和刀具应有足够的刚性,同时应采用较小的进给量和切削速度。有时可先用尖刀按成形面形状粗车许多台阶,然后再用成形车刀精车成形面。

成形面的加工精度取决于车刀刃形刃磨的精度,而成形车刀切削刃的制造和刃磨较困难,故这种方法适合于批量生产中加工尺寸较小、成形面简单的工件。

3．用靠模法车成形面

图 7-59 所示为用靠模装置车削手柄的成形面。靠模装置固定在床身外侧的适当位置,靠模上有一曲线沟槽,其形状与工件母线相同,连接板一端固定在横刀架上,另一端与曲线沟槽中的滚柱连接。当床鞍纵向移动时,滚子在曲线沟槽内移动,从而带动车刀也随着作曲线进给运动,即可车出手柄的成形面。

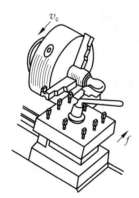

图 7-58　用成形车刀车成形面

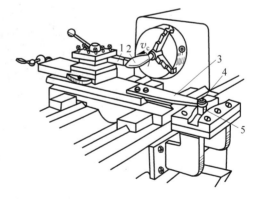

图 7-59　用靠模装置车成形面
1—车刀；2—手柄；3—连接板；4—靠模；5—滚柱

用此法车成形面应使横刀架与其丝杠脱开,车削前小刀架应转 $90°$,用其作横向移动来调整车刀的位置和控制背吃刀量。这种方法操作简单,生产率较高,但需要制造安装专用靠模,故多用于大批量生产中车削长度较大、形状较为简单的成形面。

7.6.7　车螺纹

1. 螺纹概述

螺纹的种类很多,应用很广,按牙形分类有三角螺纹、方形螺纹、梯形螺纹等,如图 7-60所示。三角螺纹作连接和紧固之用;方形螺纹和梯形螺纹作传动之用。各种螺纹又有右旋和左旋之分及单线和多线螺纹之分。按螺距大小,又可分为公制、英制、模数制及径节制螺纹,其中以单线、右旋的公制三角螺纹(普通螺纹)应用最为广泛。螺纹加工方法也很多,车削方法加工螺纹应用较广。

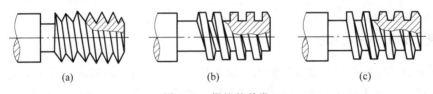

图 7-60　螺纹的种类

(a) 三角螺纹;(b) 方形螺纹;(c) 梯形螺纹

普通螺纹的结构要素,如图 7-61所示。普通螺纹的代号为 M,其牙型为三角形,牙型角 $\alpha=60°$,牙型半角 $\alpha/2=30°$,螺距的代号为 P,用大写字母 D 代表内螺纹公称直径,用小写字母 d 代表外螺纹公称直径。普通螺纹各参数之间有如下关系:

$$d = D$$
$$d_1 = D_1 = d - 1.08P$$
$$d_2 = D_2 = d - 0.65P$$

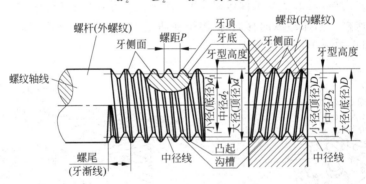

图 7-61　普通螺纹的结构要素

相配合的螺纹除了旋向与线数需一致外,螺纹的配合质量主要取决于下列 3 个基本要素的精度:

(1) 牙型角 α,它是螺纹轴向剖面内相邻两牙侧面之间的夹角。

(2) 螺距 P,它是沿轴线方向上相邻两牙对应点的距离。

(3) 螺纹中径 $D_2(d_2)$,它是平分螺纹理论高度的一个假想圆柱体的直径。在中径处螺纹的牙厚和槽宽相等。只有内、外螺纹的中径相等时,两者才能很好地配合。

2．螺纹的车削加工

1）保证牙型角 α

α 的大小取决于车刀的刃磨和安装。螺纹车刀是一种成形刀具，刃磨后两侧刃的夹角应与螺纹轴向剖面的牙型角 α 一致。粗车时可刃磨 $5°\sim15°$ 的正前角，而精车时 $\gamma_o=0°$，如图 7-62 所示。螺纹车刀安装时，刀尖必须与工件旋转中心等高，刀尖的平分线必须与工件的轴线垂直。因此，要用样板对刀，如图 7-63 所示。

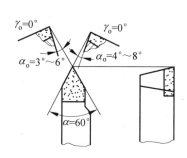

图 7-62　螺纹车刀的几何角度

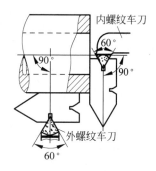

图 7-63　内、外螺纹车刀的对刀方法

2）保证螺距 P

螺距的大小通过计算交换齿轮来确定，螺距精度主要由机床传动系统精度来保证，同时要注意防止乱牙。

工件旋转一周时，车刀准确移动一个螺距（单线螺纹）或导程（多线螺纹，导程＝螺距×线数）。车螺纹时机床的进给系统如图 7-64 所示。调整时，首先通过手柄把丝杠接通，再根据工件的螺距或导程，按进给箱标牌上所示手柄的位置，变换配换齿轮（挂轮）的齿数及各进给变速手柄的位置。

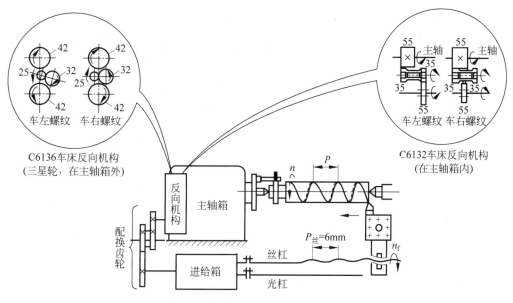

图 7-64　车螺纹时的进给系统示意图

车螺纹时,每次进给必须保证刀具落在已车出的螺旋槽内,否则就称为乱牙。当车床丝杠螺距 $P_{丝}$ 与工件螺距 P 的比值成整数倍时,不会产生乱牙现象;只有在 $P_{丝}$ 与 P 的比值不是整数倍时,才可能出现乱牙。采用开正反车法车螺纹,每次进给结束,车刀退离螺旋槽后,立即开反车(即主轴反转)退刀,在车出合格螺纹前,开合螺母与丝杠始终啮合,否则易造成乱牙。

车螺纹时,为避免乱牙,还必须注意以下几点:

(1) 调整镶条,以保证横刀架和小刀架移动均匀、平稳。

(2) 装夹工件。工件夹紧后,在工序进行过程中或重新安装时,均应保持工件在夹具中的正确位置。

(3) 换刀或刃磨刀具。车螺纹过程中若更换刀具或刃磨刀具,均须重新对刀,保证刀尖准确无误地落入螺旋槽内。

3) 保证螺纹中径 $D_2(d_2)$

中径是靠控制多次进刀的总背吃刀量来保证的。一般按螺纹牙高由刻度盘作大致的控制,并用螺纹量规进行检验。单件生产时,可用相配合的螺纹进行试配。

3. 螺纹的测量

螺纹的螺距可用钢尺测量,牙型角可用样板测量,也可用螺距规同时测量螺距和牙型角,如图 7-65 所示。螺纹中径常用螺纹千分尺测量,如图 7-66 所示。两个测量触头视牙型角和螺距不同可以更换。测量时,两个触头正好卡在螺纹牙型面上,所测得的尺寸就是螺纹的实际中径。生产中常用图 7-67 所示的螺纹环规和螺纹塞规分别测量外螺纹和内螺纹的牙型、螺距和中径。如果过端能拧进去,而止端拧不进去,则加工的螺纹合格。有时也用与被加工螺纹相配合的螺母或螺栓来检验。

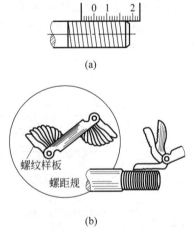

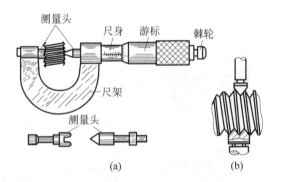

图 7-65　测量螺距和牙型角　　　　　　图 7-66　螺纹千分尺

(a) 用角尺测量;(b) 用螺距规测量　　　　(a) 螺纹千分尺;(b) 测量头部分

4. 车螺纹的方法和步骤

车螺纹,应先车好外圆(或内孔)并倒角,然后按表 7-5 的操作过程进行加工。这种方法称为正反车法,适用于加工各种螺纹。

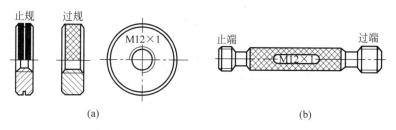

图 7-67　螺纹量规

（a）测外螺纹的环规；（b）测内螺纹的塞规

表 7-5　车螺纹的操作过程

序号	操作内容	示意图	序号	操作内容	示意图
1	开车,使车刀与工件轻微接触,记下刻度盘读数,向右移出车刀		4	利用刻度盘调整背吃刀量,开车车削。车钢料时,加机油润滑	
2	合上开合螺母,在工件表面上车出一条螺纹线,横向退出车刀,停车		5	车刀将至行程终了时,应做好退刀停车准备。先快速退出车刀,然后停车,开反车退回刀架	
3	开反车使车刀退到工件右端,停车,用钢直尺检查螺距是否正确		6	再次横向进给,继续切削,其切削过程路线如右图所示	

除正反车法外,车螺纹还有其他方法。如抬闸法,就是利用开合螺母手柄的抬起和压下来车削螺纹。这种方法操作简单,但易"乱扣",只适用于加工机床丝杠螺距是工件螺距整数倍的螺纹。与正反车法的主要不同之处是车刀行到终点时,横向退刀,不用反车纵向退回,再进行车削。

车内螺纹时用内螺纹车刀。对于小直径的内螺纹,也可以在车床上用丝锥攻出螺纹。

车左旋螺纹时,只需调整换向机构,使主轴正转,丝杠反转,车刀从左到右切削。

车多线螺纹时,每一条螺纹槽的车削方法与单线螺纹完全相同。只是在计算挂轮和调整进给箱手柄时,不是按螺距而是按导程进行调整的。由于多线螺纹在轴向截面内,任意两条螺旋线间的距离等于其螺距值,当车完第一条螺旋槽后,只要转动小刀架手柄使车刀刀尖沿工件轴向移动一个螺距值(移动小刀架前,应先校正小刀架导轨,使之与工件轴线平行),用丝杠自动走刀把车刀退回工件右端(注意:退刀时,小刀架手柄不能动,否则会出现"乱扣"现象),调整好背吃刀量后,即可切第二条旋转槽,如图 7-68 所示。按此方法可依次车出第三、第四条螺旋槽。

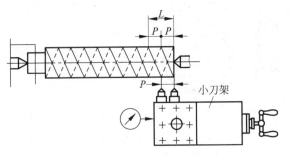

图 7-68 用移动小刀架法车多线螺纹

7.6.8 滚花

工具和零件的手柄部分,为了美观和加大摩擦力,常在表面上滚压出花纹。

滚花是在车床上用滚花刀挤压工件,使其表面产生塑性变形而形成花纹,如图 7-69 所示。滚压时,工件低速旋转,滚压刀径向挤压后再作纵向进给,同时还要充分供给切削液。

滚花刀按花纹的式样分为直纹和网纹两种,每种又分为粗纹、中纹和细纹。按滚花轮的数量又可分为单轮(滚直纹)、双轮(滚网纹,两轮分别为左旋和右旋斜纹)和六轮(由 3 组粗细不等的斜纹轮组成,以备选用)滚花刀,如图 7-70 所示。

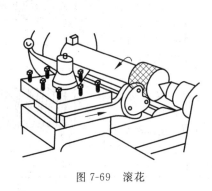

图 7-69 滚花

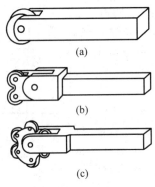

(a)

(b)

(c)

图 7-70 滚花刀
(a) 单轮滚花刀;(b) 双轮滚花刀;
(c) 六轮滚花刀

7.7 典型零件车削加工实例

在生产中,由于机器性能和用途的不同,机器零件的结构形状和对其的技术要求也是多样的。一个零件往往需要多个工种配合、多道工序才能完成加工。如轴类和盘套类零件经常需要车、铣、磨和热处理等多个工种才能完成,其中车削是先行而且主要的工序,因此车削在全部加工工艺中就显得尤为重要。这里主要介绍盘套类件和轴类件的车削工艺。

7.7.1 车削加工应遵循的一般原则及其工艺的内容和步骤

1. 制定零件加工工艺应遵循的一般原则

(1) 粗精加工分开原则。零件表面多数要先粗加工,后精加工,精度高的表面,一般需在零件其他表面加工后,再进行精加工。这样一方面,可消除粗加工时因切削力、切削热和内应力引起的变形;另一方面,也可以发现粗加工后工件的缺陷和余量大小是否影响零件加工的质量,及时确定后续工序能否进行;此外,也有利于热处理工序的安排,以及合理使用精度高低不同的机床。

(2) 精基准面先行原则。在机械加工中,工件在机床或夹具中需占有一个正确的位置,称为定位。工件上用作定位的表面叫作基准面,其中加工过的定位表面称为精基准面,未加工过的定位表面称为粗基准面。第一道工序应先加工出精基准面,后续工序以此精基准面定位加工各表面,保证各表面间的位置精度。如长轴类件往往先加工出轴两端的中心孔,以中心孔的 60°锥面为精基准,再车削、铣削、磨削各表面。

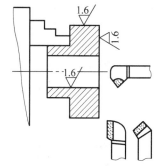

图 7-71　车齿轮坯

(3)"一刀活"原则。在单件小批量生产中,有位置精度要求的有关表面,应尽可能在一次装夹中完成精加工。这样做可减少工件装夹次数,保证各表面间的位置精度。如图 7-71 所示的齿轮坯的加工,应在一次装夹中加工出大端面、孔和大外圆,以保证大端面和孔轴线的垂直度,以及外圆和孔的同轴度要求。

2. 制定零件加工工艺的内容和步骤

(1) 对加工零件进行工艺分析,包括了解装配图,审查零件图、零件材料、零件的结构工艺性、零件的技术要求等,做到把握全局,抓住关键。

(2) 制定零件的加工顺序,包括切削加工工序、热处理工序、检验、去毛刺、清洗等辅助工序的合理安排。零件加工顺序是根据精度、表面质量、热处理等全部技术要求,产品数量及毛坯种类、结构、尺寸来确定的。

(3) 确定加工余量及所用机床。从毛坯到零件,由某一表面上切除掉的总金属层厚度称为总余量,而每道工序切除掉的金属层厚度称为工序余量。单件小批生产中,加工中小型零件的加工余量可参见下列参考值(其数值为单边余量):

① 总余量:手工造型的铸件为 3～6mm;自由锻件为 3.5～7mm;圆钢件为 1.5～2.5mm;

② 工序余量:半精车为 0.8～1.5mm;高速精车为 0.4～0.5mm;低速精车为 0.1～0.3mm;磨削为 0.15～0.25mm。

安排好加工顺序后,要确定各道工序所用的机床、附件、工件装夹方法、加工方法、度量方法及加工尺寸。

(4) 确定切削用量和工时定额。单件小批生产时的切削用量,一般由工人根据经验来确定。单件时间定额是安排生产计划和核算成本的重要依据,不可定得过紧或过松。单件小批生产的工时定额多凭经验估算。

7.7.2　盘套类零件的加工工艺

盘套类零件主要由外圆、端面和孔组成,除有表面粗糙度和尺寸精度要求外,往往外圆和孔的轴线有径向圆跳动的公差。此类件,若表面粗糙度 $Ra \geqslant 1.6 \sim 3.2 \mu m$,尺寸精度不高于 IT7 级时,可只安排车削;若 $Ra<1.6\mu m$、精度高于 IT7 级的钢件和铸铁件,一般在粗车、半精车后安排磨削;有色金属件不宜磨削,可在最后进行精细车。车削是保证位置精度的关键,应尽量体现"一刀活"的原则,若难以实现此原则,可以精加工孔穿心轴,再精车外圆、端面的方法来保证各表面间的位置精度。有时也可以在平面磨床上用一个端面定位磨削另一端面。

1. 套类零件的加工工艺

如图 7-72 所示的光套和直径差距不大的台阶套,一般多用圆钢做毛坯。若圆钢直径不大于车床主轴通孔,可将若干件的坯料锯成一根长棒料,从后端插入主轴通孔,由三爪自定心卡盘夹持,逐个加工。

此类件多在一次装夹中先粗加工各面,再精加工,最后切断,从而完成主要切削工作。图 7-72(b)所示的台阶套,数量 10 件,其车削工艺,见表 7-6。

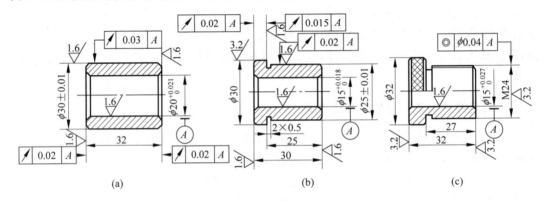

图 7-72　套类零件示例

(a) 光套;(b),(c) 台阶套

表 7-6　台阶套加工工艺

工序	工种	设备	装夹方法	加工简图	加工内容
1	下料	锯床			下料 $\phi35\times400$(共 10 件)
2	车	车床	三爪自定心卡盘		粗车端面见平; 粗车大外圆 $\phi31$,长 33; 粗车小外圆 $\phi26$,长 24; 钻孔 $\phi13\times36$; 粗车孔 $\phi14.5\times33$ 精车孔至尺寸; 精车大、小外圆至尺寸; 用切槽刀精车槽 2×0.5; 车台阶面,保证长度 25.5; 精车端面,保证长度 25; 内外倒角 切断,保证长度 31.5

续表

工序	工种	设备	装夹方法	加工简图	加工内容
3	车	车床	三爪自定心卡盘	30.5　(5.5)	调头,车大端面,保证长度 30.5;内外倒角
4	车	车床	心轴顶尖	30	精车大端面,保证长度 30
5	检				检验

2. 盘类件的加工工艺

如图 7-73 所示的盘类件,一般在卡盘上需经三次装夹、两次调头完成加工:

(1)第一次装夹,粗加工一端外圆和端面。

(2)第二次装夹,调头,以粗加工的表面定位,粗、精加工另一端。当外圆、端面与孔有径向跳动和端面跳动的要求时,应在此次装夹中,将端面、外圆与孔同时完成精加工,体现"一刀活"原则。

(3)第三次装夹,调头,精加工第一次装夹中粗加工过的一端,若此端的端平面与孔有位置精度要求,可用孔定位穿心轴完成加工或在平面磨床上磨削此端面。

对于盘类件的加工工艺方案,应视其尺寸、形状、技术要求等灵活确定。图 7-73(a)所示的齿轮坯的加工工艺,见表 7-7。

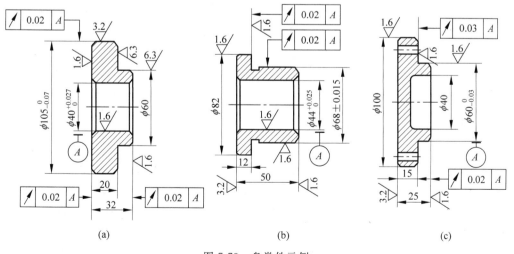

图 7-73　盘类件示例

(a)齿轮坯;(b)轴承盘;(c)法兰盘

表 7-7　齿轮坯加工工艺

工序	工种	设备	装夹方法	加工简图	加工内容
1	下料	锯床			圆钢下料 $\phi110\times36$
2	车	车床	三爪自定心卡盘		夹持 $\phi110$ 外圆,长 20; 车小端面见平; 粗车 $\phi60$ 外圆至 $\phi62$; 粗车大台阶面,保证长度 12
3	车	车床	三爪自定心卡盘		调头,夹持 $\phi62\times12$ 外圆; 粗车端面,使厚度为 22; 粗车外圆至 $\phi107$; 钻孔 $\phi36$; 粗、精车孔 $\phi40^{+0.027}_{0}$ 至尺寸; 精车外圆 $\phi105^{0}_{-0.07}$ 至尺寸; 精车端面,保证厚度 21; 内外倒角
4	车	车床	三爪自定心卡盘		调头,夹持 $\phi105$ 外圆,垫铜片,端面找正; 精车小外圆至 $\phi60$; 精车大台阶面,保证厚度 20; 精车小端面,保证长度 12.3; 内外倒角
5	车	车床	电磁吸盘		以大端面定位,用电磁吸盘安装; 磨小端面,保证总长 32
6	检				检验

7.7.3　轴类零件的加工工艺

　　轴类件主要由外圆面、轴肩组成,有时有螺纹和键槽。除了表面粗糙度和尺寸精度要求,某些外圆面和螺纹相对两支承轴颈的公共轴线有径向跳动和同轴度的要求,某些轴肩与公共轴线有端面跳动和垂直度的要求。当表面粗糙度值 $Ra>1.6\mu m$ 时,可安排粗车、半精车和精车的工艺方案,而 $Ra\leqslant1.6\mu m$ 时,多在半精车后进行磨削,这和加工盘套类件是不同的。轴类件的车削和磨削均采用前后顶尖装夹,所以首先应把轴两端的中心孔加工出来,这符合精基准面先行加工原则。

图 7-74 所示的传动轴的加工工艺,见表 7-8。

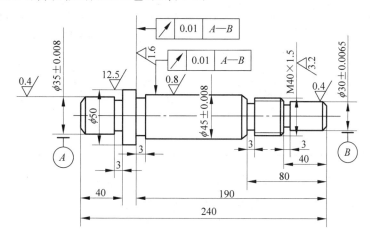

图 7-74　传动轴

表 7-8　传动轴加工工艺

工序	工种	设备	装夹方法	加 工 简 图	加 工 内 容
1	下料	锯床			圆钢下料 $\phi55\times245$
2	车	车床	三爪自定心卡盘		夹持 $\phi55$ 圆钢外圆; 车端面见平; 钻 $\phi2.5$ 中心孔; 调头,车端面,保证总长 240; 钻中心孔
3	车	车床	双顶尖		用卡箍卡 A 端; 粗车外圆 $\phi52\times202$; 粗车 $\phi45$、$\phi40$、$\phi30$ 各外圆,直径余量 2mm,长度余量 1mm
4	车	车床	双顶尖		用卡箍卡 B 端; 粗车 $\phi35$ 外圆,直径余量 2mm,长度余量 1mm 精车 $\phi50$ 外圆至尺寸; 半精车 $\phi35$ 外圆至 $\phi35.5$; 切槽,保证长度 40; 倒角
5	车	车床	双顶尖		用卡箍卡 A 端; 半精车 $\phi45$ 外圆至 $\phi45.5$; 精车 M40 大径为 $\phi40^{-0.1}_{-0.2}$; 半精车 $\phi30$ 外圆至 $\phi30.5$; 切槽三个,分别保证长度 190,80 和 40; 倒角三个; 车螺纹 M40$\times$1.5

续表

工序	工种	设备	装夹方法	加工简图	加工内容
6	磨	外圆磨床	双顶尖	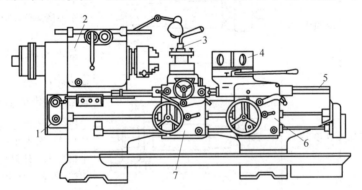	用卡箍卡 A 端； 磨 $\phi30\pm0.0065$ 至尺寸； 磨 $\phi45\pm0.008$ 至尺寸； 靠磨 $\phi50$ 的台肩面 调头(垫铜片)； 磨 $\phi35\pm0.008$ 至尺寸
7	检				检验

7.8 其他车床

按 GB/T 15375—1994，车床类机床可分为 0～9 的 10 个组别，卧式车床只是第六组中的一个系。除卧式车床外，尚有其他不同组别的车床，使用较普遍的是转塔车床、立式车床等。

7.8.1 转塔车床

转塔车床又称六角车床，如图 7-75 所示，适于中小型复杂零件的批量生产。其结构特点是没有丝杠和尾座，但有一个能旋转的六角刀架，刀架安装在溜板上，随着溜板作纵向移动。旋转的六角刀架又称转塔，可绕自身的轴线回转，有 6 个方位，上面可安装 6 组不同的刀具。此外，它还有一组和普通车床相似的四方刀架，有的还是一前一后。两种刀架配合使用，可以装较多的刀具，以便在一次装夹中完成较复杂零件各个表面的加工。

图 7-75 转塔车床

1—进给箱；2—主轴箱；3—方刀架；4—转塔刀架；
5—床身；6—转塔刀架溜板箱；7—横刀架溜板箱

7.8.2 立式车床

立式车床与普通车床的区别在于其主轴是垂直的，相当于把普通车床竖直立了起来，如图 7-76 所示。由于其工作台处于水平位置，适用于加工直径大而长度短的重型零件。

立式车床可进行内外圆柱体、圆锥面、端平面、沟槽、倒角等加工。工件的装夹、校正，机床的操作都比较方便。

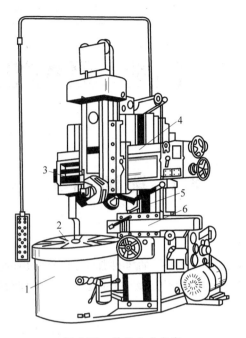

图 7-76 单柱立式车床

1—底座；2—工作台；3—垂直刀架；4—横梁；5—立柱；6—侧刀架

第8章

铣削、刨削、磨削加工

8.1 铣削加工

8.1.1 概述

铣削加工是指通过操作铣床来进行的零件加工,它是常用的机械零件加工方法之一。在铣削加工过程中,刀具作高速的旋转运动,是主运动;工件作缓慢的直线运动,是进给运动,如图 8-1 所示。

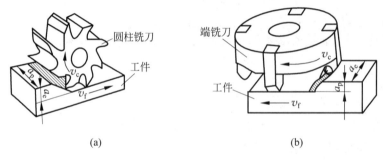

(a)   (b)

图 8-1　铣削运动及铣削用量

(a) 在卧式铣床上铣平面;(b) 在立式铣床上铣平面

1. 铣削用量

(1) 铣削速度 v_c

铣削速度即为铣刀最大直径处的线速度,可用下式表示:

$$v_c = \frac{\pi d_w n}{1000 \times 60} \,(\text{m/s})$$

式中:d_w——铣刀的最大直径,mm;

n——铣刀每分钟的转数,r/min。

(2) 进给量 f

常用的铣削进给量有以下三种表示形式:

① 每分钟进给量 v_f,每分钟工件沿进给运动方向移动的位移,mm/min。

② 每转进给量 f,铣刀每运动一转,工件沿进给运动方向移动的位移,mm/r。

③ 每齿进给量 a_f,在用多齿铣刀加工零件时,铣刀每转过一个刀齿,工件沿进给运动方

向移动的位移,mm/z①。

它们三者之间的关系为

$$v_f = fn = a_f z n$$

式中：z——铣刀齿数；

n——铣刀每分钟转数。

（3）铣削深度 a_p

铣削深度是指垂直于已加工表面,刀具切入金属层的厚度。

2. 铣削的加工范围

铣削加工的尺寸精度一般为 IT7～IT9,表面粗糙度 Ra 值为 $1.6～6.3\mu m$,属于半精加工。铣削的加工范围较广,常见的加工范围如下(见图 8-2 所示)。

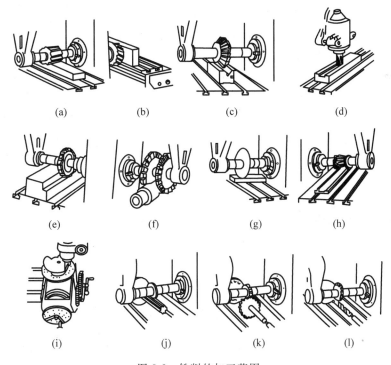

图 8-2 铣削的加工范围

（1）平面类零件,如水平面、垂直面、斜面、台阶面等零件。

（2）槽类零件,如 T 型槽、直槽、键槽、燕尾槽等零件。

（3）成形面零件,如凸轮、齿轮等零件。

3. 铣削的工艺特点

在铣削加工过程中,铣刀的旋转是主运动,它对工件的切削加工是间歇进行的,不像车削加工和钻削加工那样连续进行,因此铣刀的散热条件好,使用寿命长,适应性强,有利于采用高速切削；同时,由于铣削时经常是多齿同时进行切削加工,总的切削量大,加工效率高。

---

① z 表示齿。

缺点是在铣削加工过程中,由于铣刀刀齿不断地切入和切出,切削面积和切削力都在不断地变化,容易产生振动和打刀现象,影响加工精度和刀具使用寿命。

4．铣削方式

在使用圆柱铣刀加工零件时,根据铣刀的旋转方向和工件的进给方向之间的关系,铣削加工可分为顺铣和逆铣两种方式。顺铣时刀齿的旋转方向和工件的进给方向相同,如图 8-3(a)所示;逆铣时,则相反,如图 8-3(b)所示。

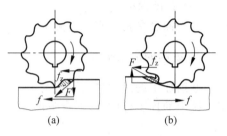

图 8-3　顺铣和逆铣
(a)顺铣;(b)逆铣

两种铣削方式的加工性能比较如下:

(1)逆铣时,切削厚度是从零增大到最大值,开始切削时,刀齿在工件表面上有挤压、滑移现象,刀具容易磨损,同时加工表面质量下降;顺铣时,切削厚度由最大减到零,刀具不易磨损,可提高刀具的使用寿命,零件表面质量有所改善。

(2)逆铣时,铣削刀向上拉工件,工件容易移动;顺铣时,铣削刀将工件压向工作台,不易松动,有利于铣削薄而长的工件。

(3)逆铣时,由于铣削力与工件进给运动方向相反,工作台丝杠始终压向螺母,不至于引起工件窜动而出现打刀现象;顺铣时,由于工作台丝杠与固定螺母之间存在间隙,工件容易向前窜动,造成进给量突然增大,甚至引起打刀现象。

由于逆铣运行较平稳,所以在铣削加工过程中经常被采用。

8.1.2　常用铣床简介

铣床的种类很多,常用的有卧式万能升降台铣床和立式升降台铣床。

1．卧式万能升降台铣床

卧式万能升降台铣床简称卧式铣床,它是铣床中应用较多的一种。其主轴水平放置,与工作台面平行,故称为卧式铣床。卧式铣床具有功率大,转速高,刚性好,工艺范围广,操作方便等优点,主要适用于小批生产,也可用于成批生产。

下面以 X6132C 型为例,介绍卧式万能升降台铣床,铣床的外形及组成如图 8-4 所示。

1)卧式万能升降台铣床的型号

在型号 X6132C 中,字母与数字的含义解释如下:

X——铣床代号,读作"铣";

6——表示卧式铣床;

1——表示万能铣床;

32——机床主要参数,指纵向工作台面宽度为 320mm;

C——表示改进后的型号(第三次改进)。

2)卧式万能升降台铣床的组成部分和作用

卧式万能升降台铣床主要由下列几部分组成。

(1)床身。床身用来固定和支承铣床上所有的部件,内部装有主电动机、主轴变速机

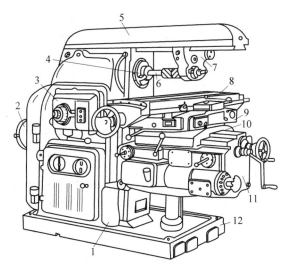

图 8-4 X6132C 卧式万能升降台铣床

1—床身；2—电动机；3—变速箱；4—主轴；5—横梁；6—刀杆；7—吊架；
8—纵向工作台；9—转台；10—横向工作台；11—升降工作台；12—底座

构、主轴等,上部有横梁,下部与底座相连,前面的垂直导轨装有升降台等部件。

（2）横梁。横梁前端装有吊架,用以支承刀杆,增强刀杆的刚性。横梁可沿床身的水平导轨移动,以调整其伸出的长度,伸出长度由刀杆长度决定。

（3）主轴。主轴是一根定心轴,前端有 7∶24 的精密锥孔,用来安装铣刀刀杆并带动铣刀旋转。

（4）纵向工作台。纵向工作台位于转台上的水平导轨上,由丝杠带动作纵向移动,以带动台面上的工件作纵向进给。台面上的 T 形槽用以安装夹具或工件。

（5）转台。转台可将纵向工作台在水平面内扳转一定的角度（正、反向均可转 0°～45°）,以便铣削螺旋槽等。具有转台的卧式铣床称为卧式万能铣床。

（6）横向工作台。横向工作台位于升降工作台上面的水平导轨上,可带动纵向工作台一起作横向进给。

（7）升降工作台。升降工作台位于床身的垂直导轨上,可以带动整个工作台作上下移动,以调整工件与铣刀的距离,实现垂直进给,确定加工深度。

（8）底座。底座用以支承床身和升降台,内盛切削液,具有支撑、固定、冷却等作用。

2．立式升降台铣床

立式升降台铣床简称立式铣床,下面以 XQ5020A(旧型号为 X50A)立式升降台铣床为例介绍其结构。XQ5020A 立式升降台铣床的外形及组成如图 8-5 所示。

1）立式升降台铣床的型号

在型号 XQ5020A 中,字母与数字的含义解释如下：

X——铣床代号,读作"铣"；

Q——表示轻便型铣床；

5——表示立式铣床；

0——表示普通铣床；

20——表示纵向工作台面宽度为 200mm；

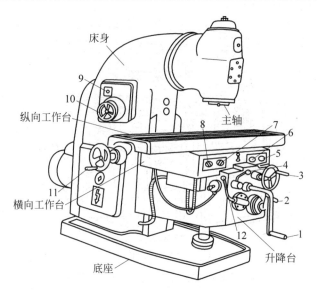

图 8-5　XQ5020A 立式升降台铣床

1—升降手动手柄；2—进给量调整手柄；3—横向手动手轮；
4—纵向、横向、升降自动进给选择手柄；5—机床启动按钮；
6—机床开关按钮；7—自动进给换向旋钮；8—切削液开关；
9—主轴点动按钮；10—主轴变速手轮；11—纵向手动手轮；12—快速手柄

A——表示改进后的型号（第一次改进）。

2）立式升降台铣床的组成部分和作用

立式铣床与卧式铣床的结构基本相同，主轴安装在立铣头上，但没有横梁、吊架和转台。它们的主要区别是主轴与工作台面的位置关系：卧式铣床的主轴与工作台面是平行的，而立式铣床的主轴与工作台面是垂直的。根据加工需要，可以将立铣头（包括主轴）左右扳转一定角度，以便加工斜面等。

立式铣床是一种生产效率比较高的机床，可以利用立铣刀或端铣刀加工平面、台阶、斜面、键槽和 T 形槽等。另外，立式铣床操作时，观察检查和调整铣刀位置都比较方便，又便于安装硬质合金端铣刀进行高速铣削，故应用很广。

3. 铣床的调整及手柄的使用

（1）主轴转速的调整。主轴转速的调整主要通过转动主轴变速手柄来实现。通过转动主轴变速手柄，可以获得不同的主轴转速，但须注意：变速时必须停机，并在主轴停止转动之后进行，否则容易损坏机床。若主轴变速手柄转不到位，可按一下点动按钮。

（2）进给量的调整。进给量的调整主要通过转动进给量调整手柄来实现。通过转动进给量调整手柄，可以获得不同的进给量。

（3）手动手柄的使用。将手动手柄按入啮合，顺时针方向旋转，则纵向工作台向前移动，横向工作台向内移动，升降工作台向上移动；逆时针方向旋转，各工作台移动方向相反。

（4）自动手柄的使用。在开机启动（或进给电机启动）的状况下，自动手柄扳向哪边，工作台就向哪边移动。由于横向自动和升降自动是同一个手柄，故两个方向不能同时自动。

（5）快动按钮的使用。在自动进给状态下，按下快动按钮，即可得到该方向的快速移动。但须注意：快动按钮只能用于机床调整、空程走刀或退刀，不能用于加工零件。

8.1.3　铣刀及其安装

铣刀是一种多刃刀具,常用的刀具材料有高速钢和硬质合金两种。铣刀的分类方法很多,这里仅根据铣刀安装方法的不同,将铣刀分为两大类:带孔铣刀和带柄铣刀。

1. 带孔铣刀及其安装

1) 带孔铣刀

带孔铣刀多用在卧式铣床上。常用的带孔铣刀有圆柱铣刀、圆盘铣刀(如三面刃铣刀和锯片铣刀等)、成形铣刀(如模数铣刀、角度铣刀和圆弧铣刀等),如图 8-6 所示。

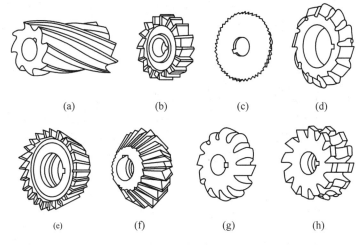

图 8-6　带孔铣刀

圆柱铣刀主要用于铣削中小型平面;侧面带刃的三面刃铣刀主要用于加工沟槽、小平面、台阶面及侧面等;侧面没有刀刃的锯片铣刀主要用于铣削窄槽、切断或分割工件与材料等;成形铣刀主要用来加工有特殊外形的表面,如齿形槽、角度槽、斜面和凸、凹圆弧表面等。

2) 带孔铣刀的安装

带孔铣刀常用刀杆来安装,如图 8-7 所示,将刀具装在刀杆上,刀杆的一端为锥体,装入铣床前端的主轴锥孔中,并用螺纹拉杆穿过主轴内孔拉紧刀杆,使之与主轴锥孔紧密配合。刀杆的另一端装入铣床的吊架孔中。主轴的动力通过锥面和前端的键传递,带动刀杆旋转。刀杆的直径有 16,22,27,32,40mm 等几种规格。

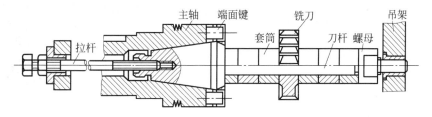

图 8-7　带孔铣刀的安装

用刀杆安装带孔铣刀时注意以下事项：

（1）铣刀应尽可能地靠近主轴或吊架，以保证铣刀有足够的刚性，减小铣刀的径向跳动。

（2）套筒的端面和铣刀的端面必须擦干净，以减小铣刀的端面跳动。

（3）拧紧刀杆的压紧螺母时，必须先装上吊架，以防刀杆受力变弯。

2．带柄铣刀及其安装

1）带柄铣刀

带柄铣刀又有直柄和锥柄之分，多用于立式铣床上。常用的带柄铣刀有镶齿端铣刀、立铣刀、键槽铣刀、T形槽铣刀和燕尾槽铣刀等，如图8-8所示。

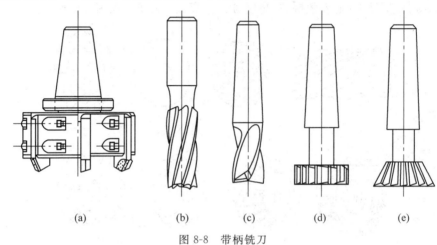

图8-8　带柄铣刀

镶齿端铣刀主要用于加工平面，由于刀盘上装的是硬质合金刀片，可以进行高速铣削，以提高工作效率；立铣刀的端部有三个以上的刀刃，主要用于加工直槽、小平面、台阶面等；键槽铣刀的端部只有两个刀刃，专门用于加工轴上封闭式键槽；T形槽铣刀和燕尾槽铣刀分别用于加工T形槽和燕尾槽。

2）带柄铣刀的安装

（1）锥柄铣刀的安装

锥柄铣刀的锥度如果与铣床主轴孔内锥度相等，则可直接装入铣床主轴中，并用螺纹拉杆将铣刀拉紧。

如果铣刀柄的锥度（一般$2^\#$～$4^\#$莫式锥度）与主轴孔锥度不同，则需利用变锥套，先将铣刀装入变锥套中，再将变锥套装入主轴锥孔中，并用螺纹拉杆将铣刀拉紧，如图8-9（a）所示。

（2）直柄铣刀的安装

直柄铣刀的直径一般不大于20mm，多用弹簧夹头安装，如图8-9（b）所示。铣刀的直柄插入弹簧夹头的光滑圆孔中，由于弹簧夹头上面有三个开口，所以当用螺母压紧弹簧夹头的端面时，弹簧套的外锥面因

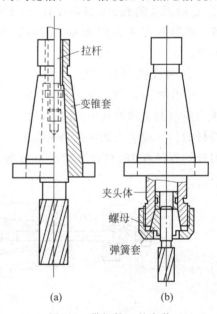

图8-9　带柄铣刀的安装

被挤压而孔径减小,从而将铣刀抱紧。弹簧夹头有多种孔径,以适应不同尺寸的直柄铣刀。夹头体后端的锥柄可以安装在铣床主轴锥孔中,当锥孔不合时,也可加变锥套,然后用螺纹拉杆拉紧。

8.1.4　铣床的主要附件

铣床的主要附件有平口钳、万能铣头、回转工作台和分度头等。

1. 平口钳

平口钳是一种通用夹具,也是机床附件,常用于安装形状规则的小型工件。使用时先把平口钳钳口找正并固定在工作台上,然后再安装工件,如图 8-10 所示。

2. 万能铣头

万能铣头安装在卧式铣床上,不仅能完成各种立铣的工作,而且还可以根据铣削的需要将铣头主轴扳转成任意角度,方便加工各种类型和角度的表面。

图 8-10　平口钳及安装找正

万能铣头的外形如图 8-11(a)所示,图中铣刀已扳成垂直位置。其底座用 4 个螺栓固定在铣床的垂直导轨上。铣床主轴的运动通过铣头内的两对齿数相等的锥齿轮传到铣头主轴上,因此铣头主轴的转数级数与铣床的转数级数相同。铣头的大本体可绕铣床主轴轴线偏转任意角度如图 8-11(b)所示;安装有铣头主轴的小本体还能在大本体上偏转任意角度,如图 8-11(c)所示。因此,万能铣头的主轴可在空间偏转成需要的任意角度,扩大了卧式铣床的加工范围。

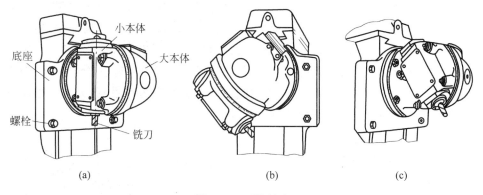

小本体

底座

大本体

螺栓

铣刀

(a)　　　　　　　　　　(b)　　　　　　　　　　(c)

图 8-11　万能铣头

3. 回转工作台

回转工作台,又称转盘、平分盘或圆形工作台,其外形如图 8-12 所示。它分为手动和机动进给两种,主要功用是分度铣削带圆弧曲线的外表和圆弧沟槽的工件。

回转工作台的内部有一套蜗轮蜗杆,摇动手轮,通过蜗杆轴,就能直接带动与转台相连

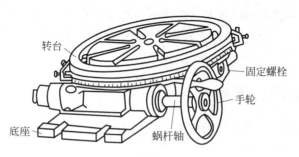

图 8-12　回转工作台

接的蜗轮转动。转台周围有 $0°\sim360°$ 刻度,可用来确定和观察转台位置,亦可进行分度工作。转台中央有一基准孔,利用它可以方便地确定工件的回转中心。当转台底座的槽和铣床工作台的 T 形槽对齐后,即可用螺栓把回转工作台固定在铣床工作台上。

加工圆弧槽时工件用平口钳或三爪自定心卡盘安装在回转工作台上;安装工件时必须通过找正使工件上圆弧槽的圆心与回转工作台的中心重合。铣削时,待铣刀开始工作后,用手(或机动)均匀缓慢地转动回转工作台带动工件作圆周进给,从而铣出圆弧槽,如图 8-13 所示。

4. 分度头

在铣削加工中,经常遇到铣四方、六方、齿轮、花键和刻线等工作。这时,工件每铣过一个面(或槽)后,需要转过一定的角度再依次进行铣削,这就叫做分度,它主要由分度头来完成的。分度头是铣床重要附件,其中最常见的是万能分度头,它可以根据加工需要,对工件在水平、垂直和倾斜位置进行分度。

（1）万能分度头的结构

万能分度头由底座、回转体、主轴和分度盘等组成,如图 8-14 所示。工作时,它的底座用螺栓紧固在工作台面上,并可利用导向键与工作台面中间一条 T 形槽配合,使分度头主轴轴心线平行于工作台纵向进给方向。分度头前端锥孔内可安放顶尖,用来支承工件。主轴外端有一短定位锥体,可与卡盘的法兰盘锥孔相连接,以便用卡盘来安装工件。分度头主轴可以随回转体垂直平面内转动。分度头的侧面有分度盘和分度手柄,分度时摇动分度手柄,通过蜗杆蜗轮带动分度头主轴旋转,进行分度。

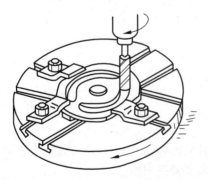

图 8-13　在回转工作台上铣圆弧槽

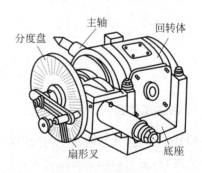

图 8-14　万能分度头

分度头的传动示意如图 8-15 所示。其中蜗杆与蜗轮的传动比 i＝蜗杆的头数/蜗轮的齿数＝1/40,即,手柄通过一对直齿轮(传动比为 1∶1)带动蜗杆转过一转时,蜗轮只能带动分度头主轴转过 1/40 转。若工件在整个圆周的分度等分数 z 已知,则每分度一个等分就要求分度头主轴转过 $1/z$ 圈。这时,分度手柄所需转动的圈数 n 即可由下列比例关系得到:

$$\frac{1}{40} = \frac{1/z}{n}$$

即

$$n = \frac{40}{z}$$

式中: n——手柄转数;

　　　z——工件的等分个数;

　　　40——分度头定数(即分度蜗轮齿数)。

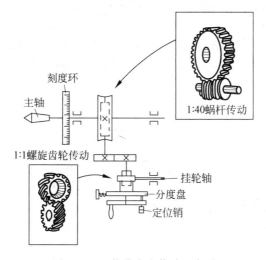

图 8-15　万能分度头传动示意图

（2）分度方法

使用分度头进行分度的方法很多,有直接分度法、简单分度法、角度分度法和差动分度法等。这里仅介绍最常用的简单分度法。

由 $n=\dfrac{40}{z}$ 所表示的分度方法即为简单分度法。例如要铣削一个正六方体的侧面,那么 $z=6$;铣削完一个面后,要进行分度,手柄应转动的圈数为

$$n = \frac{40}{6} = \frac{20}{3} = 6\frac{34}{51}(\text{圈})$$

即,每加工完一个侧面,进行分度时手柄需先摇过 6 整圈之后再多摇过 2/3 圈,才能加工另一个平面。6 整圈可以直接用手柄摇,而剩余的 2/3 圈则需要通过分度盘来控制。

国产分度头一般备有两块分度盘,分度盘的正、反两面均钻有许多圈盲孔,各圈的盲孔数均不等,但同一孔圈上的孔距是相等的,如图 8-16 所示。

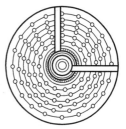

图 8-16　分度盘

第一块分度盘正面各圈孔数依次为：24,25,28,30,34,37；反面各圈孔数依次为：38,39,41,42,43。

第二块分度盘正面各圈孔数依次为：46,47,49,51,53,54；反面各圈孔数依次为：57,58,59,62,66。

在铣削正六方体的侧面进行简单分度时，若选取第二块分度盘的正面作为工作面，则分度时先将分度盘固定不动，将分度手柄上的定位销拔出，调整到孔数为 3 的倍数的孔圈上，如孔数为 51 的孔圈；那么在铣削第二个侧面之前，手柄先要转过 6 圈，再沿孔数为 51 的孔圈上转过 34 个孔距，即 $n=6+\dfrac{34}{51}=\dfrac{20}{3}$ 圈。

为了确保手柄摇过的孔距数可靠，可调整分度盘上的分度叉（也称扇形股）1、2 间的夹角，使之正好等于 34 个孔距，这样依次进行分度时就可准确无误。

8.1.5 铣削加工常用工件安装方法

铣削加工常用的工件安装方法有以下几种：用平口钳安装，如图 8-17(a)所示；用压板螺栓安装，如图 8-17(b)所示；用 V 形铁安装，如图 8-17(c)所示；用分度头安装，如图 8-17(d)～(f)所示。

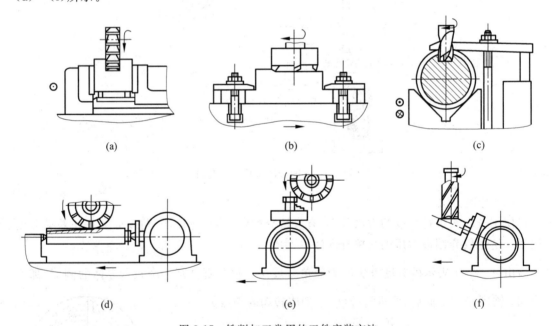

图 8-17 铣削加工常用的工件安装方法
(a) 平口钳；(b) 压板螺钉；(c) V 形铁；(d) 分度头顶尖；(e) 分度头卡盘(直立)；(f) 分度头卡盘(倾斜)

1. 平口钳安装

用平口钳安装工件时应注意以下事项：

(1) 工件的待加工表面必须高出钳口，以免铣刀碰着钳口。若工件高度不够，可用平行垫铁将工件垫高。

(2) 为了安装时能夹紧工件，防止铣削时工件移动，必须把比较平整的平面贴紧在垫铁和钳口上。为使工件紧贴在垫铁上,应边夹紧边用手锤轻击工件的上面。在敲击已加工过的平面时,应使用铜锤和木锤。

(3) 为了不使钳口损坏和保护已加工表面,可在钳口处垫上铜皮。

(4) 用手挪动垫铁检查夹紧程度。如有松动,说明工件与垫铁之间贴合不好,应松开平口钳重新夹紧。

(5) 刚性不足的工件需要支实,以免夹紧力使工件变形。

2. 压板螺栓、V 形铁安装

用压板螺栓和 V 形铁等在工作台上直接安装工件时应该注意以下事项:

(1) 压板的位置要安排得当,压点要尽可能靠近切削面,压力大小要合适。粗加工时,压紧力要大,以防止铣削过程中工件移动;精加工时,压紧力要合适,防止工件发生变形。

(2) 工件如果放在垫铁上,要检查工件与垫铁是否贴紧。若没有贴紧,必须垫上纸或铜片,直到贴紧为止。

(3) 压板必须压在垫铁上,以免工件受夹紧力而变形。

(4) 安装薄壁工件时,在其空心位置处要用活动支撑件支撑住,避免工件因切削力产生振动和变形。

(5) 工件夹紧后,要用划针复查工件是否仍然与工作台平行,避免工件在压紧工程中变形或移动。

3. 分度头安装

分度头多用于安装有分度要求的工件,它既可用分度头卡盘(或顶尖)与尾架顶尖一起使用,可用来安装轴类零件,如图 8-17(d)所示,也可以只使用分度头卡盘直接安装工件,如图 8-17(e)、(f)所示。由于分度头的主轴可以在垂直平面内转动,因此可以利用分度头在水平、垂直及倾斜位置安装工件。

4. 其他安装方法

当加工圆弧槽时可用回转工作台安装工件,如图 8-13 所示。当零件的生产批量较大时,最好采用专用夹具或组合夹具安装工件,这样既能提高生产效率,又能保证产品的质量。

8.1.6 各种表面的铣削加工

铣床的加工范围很广,常见的铣削加工有铣平面、铣斜面、铣台阶面、铣沟槽、铣齿轮等。

1. 铣平面

在铣床上铣削加工平面时,通常使用的刀具有镶齿端铣刀、圆柱铣刀、套式立铣刀、三面刃铣刀和立铣刀,如图 8-18 所示。

用镶齿端铣刀在立式铣床上铣削加工平面的步骤如下所述:

(1) 安装好刀具和工件。

(2) 根据刀具和工件材料,以及零件的表面质量,调整好切削速度和进给量。其中切削速度要通过主轴转速来调整。

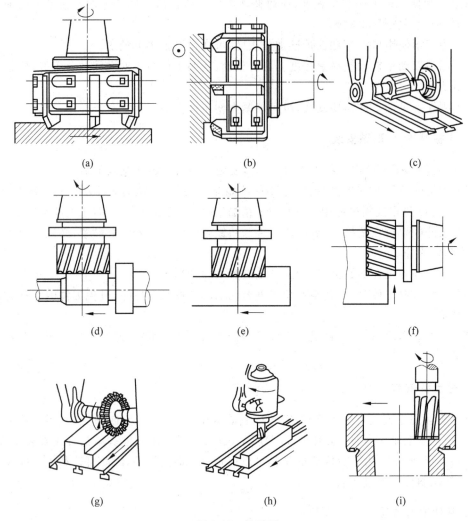

图 8-18　铣平面

（3）将工件移至主轴正下方，锁紧横向工作台。

（4）开启机床，在刀具旋转工作的情况下，缓慢升高工件，使刀具的最低点和工件的最高点轻微接触，并将升降工作台刻度盘零线对准。

（5）纵向退出工件。

（6）升高工件，确定切削深度。

（7）利用纵向自动进给加工零件。

（8）重复步骤（5）～（7），直到达到尺寸要求。

（9）卸下工件，去毛刺，检查工件尺寸是否达到零件图纸规定要求。

用圆柱铣刀铣削加工平面，在卧式铣床上应用较多，其刀齿分直齿和螺旋齿两种。其中用螺旋齿圆柱铣刀铣削加工平面时，刀齿是沿螺旋线方向逐渐切入的，切削比较平稳，加工出的平面质量也好，应用较为广泛。

零件上的内腔平面，通常用立铣刀加工，如图 8-18(i)所示。

2．铣斜面

斜面是指工件上既不水平又不垂直的平面。铣削加工斜面的方法很多，下面介绍几种最常用的，如图8-19所示。

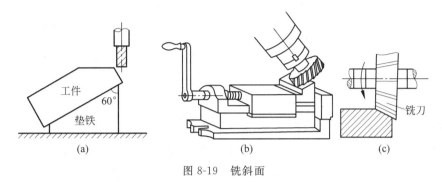

图 8-19 铣斜面

（1）斜装工件铣削法。将待加工的工件斜面先划出加工线，然后用垫铁、平口钳或专用夹具倾斜安装，按划线校正或由夹具定位确定加工位置，即可铣削加工出所需斜面，如图8-19（a）所示。

（2）用万能铣头铣斜面。由于万能铣头能方便地改变刀轴的空间位置，因此可以转动铣头以使刀具相对于工件倾斜一定的角度，即可铣削加工出所需斜面，如图8-19（b）所示。

（3）用角度铣刀铣削斜面。较小的斜面可用合适的角度铣刀直接铣削加工而成，如图8-19（c）所示。

（4）利用分度头铣削斜面。在一些圆柱形和特殊形状的零件上加工斜面时，可利用分度头将工件转成所需位置而铣削加工出所需斜面，如图8-17（f）所示。

3．铣台阶面

在铣床上铣台阶面时，可用三面刃盘铣刀或立铣刀分别铣削台阶面，如图8-20（a）、（b）所示；在成批生产中，也可采用组合铣刀同时铣削几个台阶面，如图8-20（c）所示。

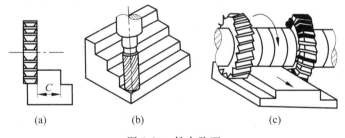

图 8-20 铣台阶面

4．铣沟槽

铣床能加工的沟槽种类很多，如直槽、键槽、角度槽、燕尾槽、T形槽、圆弧槽、螺旋槽等，如图8-21所示。这里只着重介绍键槽和T形槽的铣削加工。

（1）铣键槽

常见的键槽有敞开式和封闭式两种。敞开式键槽可在卧式铣床上用三面刃盘铣刀铣

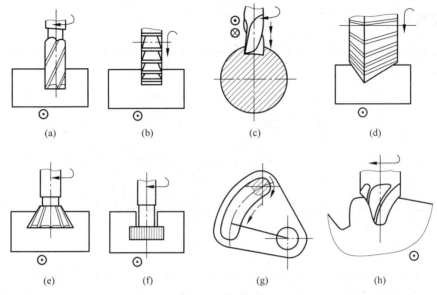

图 8-21　铣沟槽

（a）立铣刀铣直槽；（b）三面刃盘铣刀铣直槽；（c）键槽铣刀铣键槽；（d）铣角度槽；
（e）铣燕尾槽；（f）铣 T 形槽；（g）在圆形工作台上立铣刀铣圆弧槽；（h）指状铣刀铣齿槽

削，工件可用平口钳或分度头进行安装，如图 8-21（b）所示，由于三面盘刃铣刀参加切削的刀齿数多，刚性好，且散热条件好，其生产率比键槽铣刀高。

对于封闭式键槽，单件生产一般在立式铣床上，采用键槽铣刀铣削，用平口钳安装工件。当批量生产时，特别是轴类零件，由于尺寸的偏差，铣削时工件必须逐个对中，生产效率低，加工质量不稳定，因此，批量生产时常在键槽铣床上加工，用抱钳安装。抱钳的优点是自动对中，一批工件只需找正一次即可对中心铣削，如图 8-22 所示。

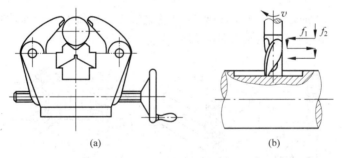

图 8-22　铣封闭式键槽

（2）铣 T 形槽

T 形槽应用很广，如铣床和刨床的工作台上大都具有 T 形槽，以便配置螺栓安装夹具或工件。在铣削加工 T 形槽前，必须先用立铣刀或三面刃盘铣刀加工出直角槽，然后在立式铣床上用 T 形槽铣刀铣削加工而成。由于 T 形槽铣刀工作时排屑较困难，因此切削用量应选小一点，最后用角度铣刀铣出倒角，加工过程如图 8-23 所示。

5. 铣齿轮

齿轮齿形的加工方法常用的有两种：一种是在滚齿机或插齿机上利用齿轮啮合原理来

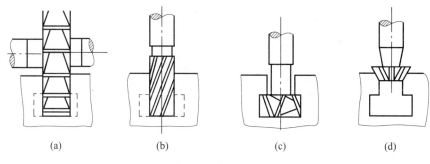

图 8-23 铣 T 形槽

加工的展成法;另一种就是在铣床上应用分度头来加工的成形法。成形法可加工直齿圆柱齿轮、斜齿圆柱齿轮、直齿锥齿轮和蜗轮等。这里仅介绍直齿圆柱齿轮齿形的铣削加工方法,图 8-24 为其加工示意图。

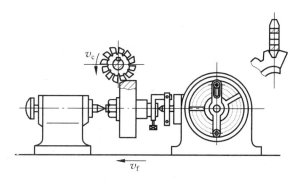

图 8-24 铣直齿圆柱齿轮

用成形法铣削加工齿轮的步骤如下:

(1) 选择和安装铣刀

铣削直齿圆柱齿轮要用专用的齿轮铣刀,即模数铣刀来加工。模数铣刀的选择应根据齿轮的模数和齿数来确定,同一模数的模数铣刀通常有 8 把,分为 8 个刀号,组成一套,每一号模数铣刀仅适合加工一定齿数范围的齿轮,如表 8-1 所示。

表 8-1　铣刀号数与加工齿轮齿数的范围

铣刀号数	1	2	3	4	5	6	7	8
齿轮齿数/个	12～13	14～16	17～20	21～25	26～34	35～54	55～135	135 以上

齿轮铣刀一般分为两种:一种是小模数的盘状铣刀;另一种是大模数的指状铣刀,如图 8-25 所示。

(2) 安装工件

先将工件安装在心轴上,再将心轴安装在前后顶尖之间。

(3) 利用分度头进行分度加工

每铣削加工完一齿,用分度头进行一次分度,直到铣完一个齿轮的全部齿形。每个齿的深度＝2.25×模数(mm)。齿深不大时,可依次先粗铣完,约留 0.2mm 作为精铣余量;齿深较大时,应分几次铣出整个齿槽。

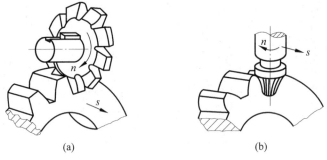

图 8-25　成形法加工齿轮

（a）盘状铣刀加工齿轮；（b）指状铣刀加工齿轮

　　用成形法铣削加工齿轮，具有不需要专用设备、刀具成本低、生产效率低、加工精度低等特点，多用于修配或单件小批量生产及精度要求不高的场合。齿轮批量生产一般在滚齿机或插齿机上用展成法来加工生产。

8.2　刨　削　加　工

8.2.1　概述

　　刨削是指在刨床上用刨刀加工零件的切削过程。刨削主要用于加工平面（如水平面、垂直面、斜面）、沟槽（如直槽、V 形槽、T 形槽、燕尾槽）及一些成形面等，如图 8-26 所示。

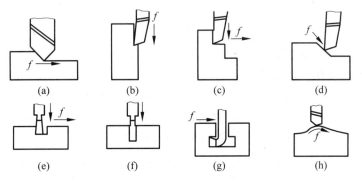

图 8-26　刨削加工范围

（a）水平面；（b）垂直面；（c）台阶面；（d）斜面；（e）宽槽；（f）窄槽；（g）T 形槽；（h）成形面

　　刨削加工的主运动是刀具往复的直线运动，工件的移动是进给运动。在刨削加工过程中，只有工作行程才进行切削，反向时还需要克服惯性力，切削过程有冲击现象，限制了切削速度的提高，加工效率较低，加工精度也不高。但因刨床的结构简单，刨刀的制造和刃磨容易，生产准备时间短，适应性强，使用方便，因此刨削仍然在机械加工中得到广泛使用，特别是在窄而长的零件加工中，较为常用。

　　刨削用量指刨削速度、进给量和刨削深度，如图 8-27 所示。

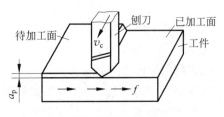

图 8-27　刨削运动

（1）刨削速度 v_c

刨削速度指工件和刀具沿主运动方向的平均速度，可用下式表示：

$$v_c = 2Ln_r/1000$$

式中：v_c——刨削速度，m/min；

  L——工作行程长度，mm；

  n_r——刨刀每分钟往复行程次数，次/min。

（2）进给量 f

进给量指刨刀每往复一次后，工件沿进给运动方向所移动的距离，单位为 mm/min。

（3）刨削深度 a_p

刨削深度指刨刀切削工件的深度，即工件已加工表面与待加工表面之间的垂直距离，单位为 mm。

刨削加工的尺寸精度一般为 IT7～IT9，表面粗糙度 Ra 值为 $3.2～6.3\mu m$，适合于单件、小批量生产。用刨削加工的典型零件如图 8-28 所示。刨削时，因切削速度低，一般不需要加切削液。

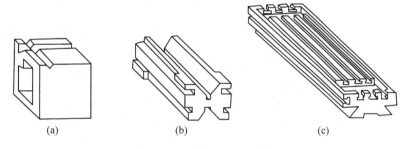

(a)   (b)   (c)

图 8-28　刨削加工典型零件

8.2.2　牛头刨床

刨床类机床有很多种，其中较常用的有牛头刨床、龙门刨床和扦床等，这里仅介绍牛头刨床的结构和使用，B6065 型牛头刨床的外形及组成如图 8-29 所示。

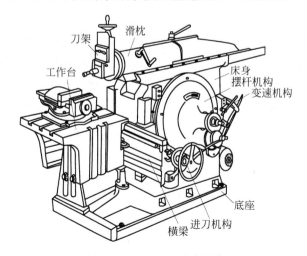

图 8-29　B6065 型牛头刨床

B6065 是牛头刨床的型号,其中"B"表示刨床类;"60"表示牛头刨床;"65"表示最大刨削长度的 1/10,即最大刨削长度为 650mm。

　　牛头刨床主要由床身、滑枕、刀架、横梁、工作台和底座等部分组成。

　　(1) 床身。床身用于支撑和连接刨床的各部件。其顶面的水平导轨供滑枕作往复运动用,前侧面的垂直导轨供横梁升降用,从而带动工作台上下移动。床身内部有主运动变速机构和摆杆机构。

　　(2) 滑枕。滑枕主要用来带动刀架沿床身水平导轨作往复直线运动,其前端装有刀架。滑枕往复运动的快慢,行程的长度和位置,均可根据加工需要进行调整。

　　(3) 刀架。刀架的作用是用来夹持刨刀,其结构如图 8-30 所示。刀架主要由转盘、滑板、刀座、抬刀板、刻度盘和刀夹等组成。滑板带着刨刀沿转盘上的导轨上下移动,以调整切削深度或加工垂直面时作进给运动。转盘转一定角度后,刀架即可作斜向移动,用来加工斜面。滑板上还装有可偏转的刀座,抬刀板可绕刀座上的 A 轴向上抬起,使刨刀在返回行程时离开工件已加工表面,以减小与工件的摩擦。

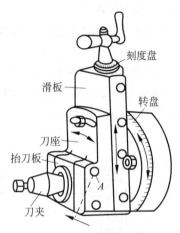

图 8-30　牛头刨床刀架

　　(4) 横梁。横梁上装有工作台,工作台可沿横梁侧面的导轨作间歇进给运动。横梁也可带动工作台沿床身垂直导轨作升降运动,其空腔内装有工作台进给丝杠。

　　(5) 工作台。工作台用来安装工件和夹具,它可随横梁升降,亦可沿横梁水平移动,实现工件的间歇进给运动。

8.2.3　刨刀

1. 刨刀的几何参数及其特点

　　刨刀的几何参数与车刀相似。但由于刨削加工的不连续性,刨刀切入工件时会受到较大的冲击力,所以一般刨刀刀体的横截面均较车刀大 1.25~1.5 倍。刨刀的前角比车刀前角稍小;刃倾角一般取负数,以增加刀具的强度;主偏角为 30°~75°,当采用较大的进给量时可取较小值。

　　刨刀往往做成弯头,这是刨刀的一个显著特点。弯头刨刀在受到较大的切削力时,刀杆所产生的弯曲变形,是绕 O 点向后上方弹起的,因此刀尖不会啃入工件,如图 8-31(a)所示;而直头刨刀受到变形易啃入工件,将会损坏刀刃及加工表面,如图 8-31(b)所示。

2. 刨刀的种类及其应用

　　刨刀的种类很多,按加工形式和用途不同,有各种不同的刨刀,常用的有:平面刨刀、偏刀、角度偏刀、切刀及成形刀等。平面刨刀用来加工水平表面;偏刀用来加工垂直表面或斜面;角度偏刀用来加工相互呈一定角度的表面;切刀用来加工槽或切断工件;成形刀用来加成形表面。常见刨刀的形状及应用如图 8-32 所示。

3. 刨刀的选择

　　选择刨刀一般应按加工要求、工件材料和形状等来确定。例如要加工铸铁件时通常采用

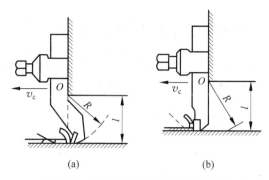

图 8-31　弯头刨刀和直头刨刀的比较

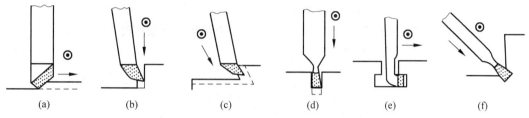

图 8-32　常见刨刀的形状及应用

钨钴类硬质合金的弯头刨刀,粗刨平面时一般采用尖头刨刀,如图 8-33(a)所示。尖头刨刀的刀尖部分应先磨出 $r=1\sim3$mm 的圆弧,然后用油石研磨,这样可以延长刨刀的使用寿命。当加工表面粗糙度 Ra 值小于 3.2μm 以下的平面时,粗刨后还有精刨,精刨时常采用圆头刨刀或宽头平刨刀,如图 8-33(b)、(c)所示。精刨时的进给量不能太大,一般为 $0.1\sim0.2$mm。

4．刨刀的安装

刨刀一般安装在刀夹内,如图 8-34 所示。安装时应注意以下事项:

(1) 刨平面时,刀架和刀座都应处在中间垂直位置。

(2) 刨刀在刀架上不能伸出太长,以免它在加工中发生振动和折断。直头刨刀的伸出长度一般不宜超过刀杆厚度的 $1.5\sim2$ 倍;弯头刨刀可以伸出稍大一些,一般稍大于弯曲部分的长度。

(3) 在装刀或卸刀时,一只手扶住刨刀,另外一只手由上而下或倾斜向下地用力扳转螺钉,将刀具压紧或松开。用力方向不得由下而上,以免抬刀板撬起而碰伤或夹伤手指。

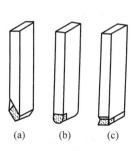

图 8-33　平面刨刀

(a) 尖头刨刀;(b) 圆头刨刀;(c) 宽头平刨刀

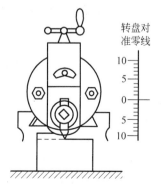

图 8-34　刨平面时刨刀的正确安装

8.2.4 刨削加工常用的工件安装方法

刨削加工常用的工件安装方法与铣削加工相似,一般有:用平口钳安装工件,如图 8-17(a)所示;用压板螺栓安装,如图 8-17(b)所示;用专用夹具安装等。

8.2.5 各种表面的刨削加工

1. 刨削加工过程

(1) 熟悉零件图纸,明确加工要求,检查毛坯加工余量。
(2) 根据工件加工表面形状选择和安装刨刀。
(3) 根据工件大小和形状确定工件安装方法,并通过找正夹紧工件。
(4) 调整刨刀的行程长度和起始位置。
(5) 调整进给量。
(6) 通过移动工作台和转动刀架手轮进行对刀试切。
(7) 确定切削深度,利用自动进给开始加工零件。
(8) 刨削加工完毕,停机检查,尺寸合格后再卸下工件。

2. 刨水平面

刨水平面是指刀架调整好刨削深度后,通过工作台横向进给来加工平面的方法。当表面粗糙度要求较高时,粗刨后还要进行精刨。

粗刨时,用普通平面刨刀,刨削深度 $a_p = 2 \sim 4mm$,进给量 $f = 0.3 \sim 0.6mm/$次;精刨时,可用圆头精刨刀(刀尖圆弧半径 $r = 3 \sim 5mm$),刨削深度 $a_p = 0.5 \sim 2mm$,进给量 $f = 0.1 \sim 0.3mm/$次;切削速度 v_c 随刀具材料和工件材料的不同而略有不同,约为 20m/min,如图 8-35(a)所示。

3. 刨垂直面

刨垂直面是指通过刀架垂直走刀来加工平面的方法。刨垂直面时,刨刀采用偏刀,用手转动刀架实现垂直进给,切削深度由工作台的横向移动来调整。

刨削时,刀架转盘位置应对准零线,以便刨刀能够准确地沿垂直方向移动,切削用量的选取与刨削水平面时相同。为了避免刨刀回程时划伤工件的已加工表面,必须将刀座偏移一定角度(一般为 $10° \sim 15°$)。安装工件时,要同时保证加工的垂直表面与工作台垂直并与切削方向平行,如图 8-35(b)所示。

4. 刨斜面

刨削斜面的方法很多,最常用的是正压斜刨,亦称倾斜刀架法。正压斜抱与刨垂直面的方法基本相同,只是刀架转盘还需扳转一定角度,使刨刀能沿斜面方向转动,实现刨削运动。刀架扳转的角度应是工件的斜面与铅垂线之间的夹角;刀座偏转的方向与刨垂直面时相同,即刀座上端偏离加工面,如图 8-35(c)所示。

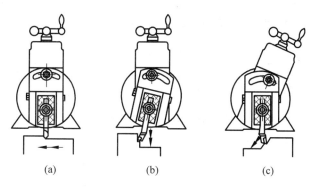

图 8-35　刨水平面、垂直面和斜面的方法

（a）刨水平面；（b）刨垂直面；（c）刨斜面

5. 刨 T 形槽

T 形槽常用在各种机床的工作台上，用来装夹工件或夹具。在刨 T 形槽之前，应先将有关表面加工完成，并划出刨削加工线，如图 8-36 所示；然后按下述步骤进行刨削加工：

（1）安装并校正工件，用切槽刀刨出直角槽，使其宽度等于 T 形槽槽口的宽度，深度等于 T 形槽的深度，如图 8-37（a）所示。

（2）用弯头切刀刨一侧的凹槽，如图 8-37（b）所示。若凹槽尺寸较大，一刀不能刨完时，可分几次刨完，但凹槽的垂直面最后需要精刨，以保证槽壁平整。

（3）用方向相反的弯头切刀，以同样的方法刨出另外一侧的凹槽，如图 8-37（c）所示。

（4）用 45°的刨刀倒角，使槽口两侧倒角大小一致，如图 8-37（d）所示。

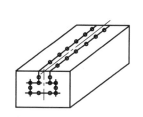

图 8-36　T 形槽工件的划线

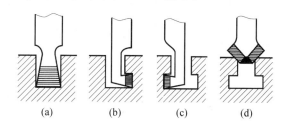

（a）　　　　（b）　　　　（c）　　　　（d）

图 8-37　T 形槽的刨削步骤

6. 刨 V 形槽

V 形槽的划线形状如图 8-38 所示，其刨削方法是刨水平面和刨外斜面的综合。刨 V 形槽需要左、右偏刀。

刨 V 形槽步骤如下：

（1）用水平走刀粗刨顶面和 V 形轮廓，如图 8-39（a）所示。

（2）用切刀切出 V 形槽底部直角槽，如图 8-39（b）所示。

（3）用刨外斜面的方法分别用左、右偏刀刨 V 形槽的两个斜面，如图 8-39（c）所示。

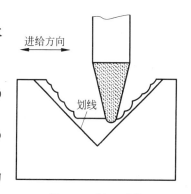

图 8-38　刨 V 形槽

（4）最后用样板刀精刨 V 形槽表面，如图 8-39(d)所示。

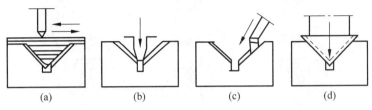

图 8-39　V 形槽的刨削步骤

7. 刨燕尾槽

燕尾槽的形状如图 8-40 所示，其燕尾部分是两个对称的内斜面。燕尾槽的刨削方法是刨直角槽和刨内斜面的综合，但需要专门刨燕尾槽的左、右角度偏刀。

刨燕尾槽步骤如下：

（1）粗、精刨水平面，如图 8-41(a)所示。

（2）用切刀刨直角槽，如图 8-41(b)所示。

（3）用左角度偏刀，粗、精刨左侧燕尾槽，如图 8-41(c)所示。

（4）用右角度偏刀，粗、精刨右侧燕尾槽，如图 8-41(d)所示。

（5）在燕尾槽的内角和外角的夹角处切槽的倒角。

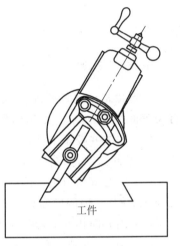

图 8-40　刨燕尾槽

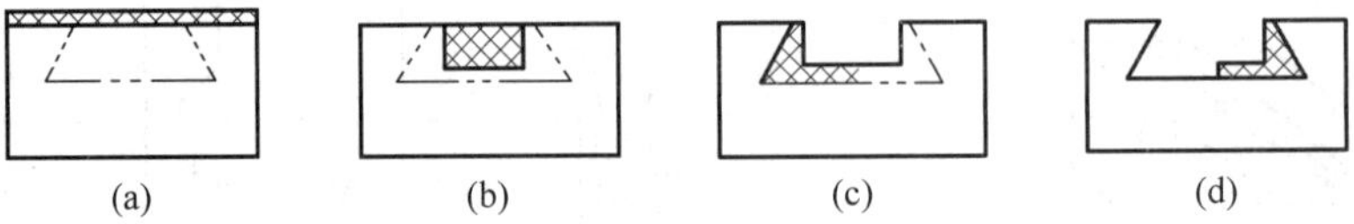

　　(a)　　　　　　　(b)　　　　　　　(c)　　　　　　　(d)

图 8-41　燕尾槽的刨削步骤

8.3　磨 削 加 工

8.3.1　概述

在磨床上通过砂轮与工件之间的相对运动而对工件表面进行切削加工的过程称为磨削，磨削是零件的精密加工方法之一。常见的磨削加工形式有外圆磨削、内圆磨削、平面磨削和成形面磨削（如磨螺纹、齿轮、花键）等，如图 8-42 所示。

在磨削过程中，由于磨削速度很高，会产生大量的切削热，在砂轮与工件的接触处，瞬间温度可达 1000℃。同时，剧热的磨屑在空气中容易发生氧化作用，产生火花。在这样的高温下，工件材料的性能将发生改变而影响产品的质量，因此，在磨削时经常使用大量的切削液，从而减少摩擦，提高散热，降低磨削温度，及时冲走磨屑，保证工件表面质量。

磨削用的砂轮是由许多细小而又极硬的磨粒用结合剂黏接而成的。由于磨粒的硬度很

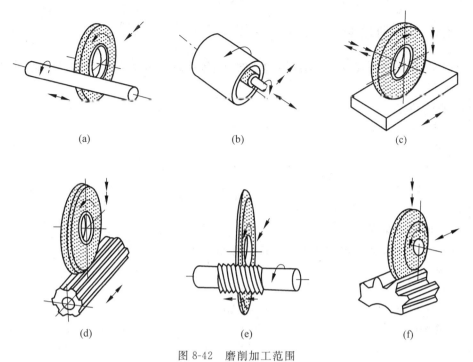

图 8-42 磨削加工范围

（a）外圆磨削；（b）内圆磨削；（c）平面磨削；（d）磨螺纹；（e）磨齿轮；（f）磨花键

高,磨削不但可用来加工碳钢和铸铁等常用金属材料,还可以加工一般刀具难以加工的硬度较大的材料,如淬火钢、硬质合金等。但硬度低而塑性好的有色金属材料,却不利于磨削加工。

磨削属于零件的精加工,经磨削加工的零件,尺寸公差等级一般可达 IT5～IT6,高精度磨削可超过 IT5;表面粗糙度 Ra 值一般可达 $0.2～0.8\mu m$,精磨后的 Ra 值更小。

8.3.2 磨削运动

磨削的主运动是砂轮的高速旋转运动。进给运动可分为三种情况:一是工件运动,在磨外圆时指工件的旋转运动,在磨平面时指工作台带动工件所作的直线往复运动;二是轴向进给运动,在磨外圆时指工作台带动工件沿其轴向所作的直线往复运动,在磨平面时指砂轮沿其轴向的移动;三是径向进给运动,指工作台每双(或单)行程内工件相对砂轮的径向移动量。磨外圆和平面时的运动状态如图 8-43 所示。

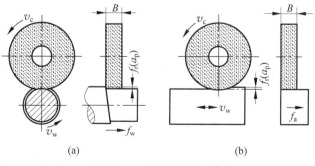

图 8-43 磨削时的运动

（a）磨削外圆；（b）磨削平面

8.3.3　磨削用量

磨削用量是指磨削速度 v_c，工件运动速度 v_w，轴向进给量 f_a，径向进给量 f_r，四者之间的关系，如图 8-43 所示。

（1）磨削速度 v_c

砂轮的圆周线速度，可由下式计算：

$$v_c = \frac{\pi d_s n_s}{60 \times 1000} \ (\text{m/s})$$

式中：d_s——砂轮直径，mm；

　　n_s——砂轮每分钟转速，r/min。

（2）工件运动速度 v_w

磨削时工件转动的圆周线速度或工件的移动速度，可由下式计算：

外圆磨削时

$$v_w = \frac{\pi d_w n_w}{60 \times 1000} \ (\text{m/s})$$

平面磨削时

$$v_w = \frac{2L n_t}{60 \times 1000} \ (\text{m/s})$$

式中：d_w——工件磨削外圆直径，mm；

　　n_w——工件每分钟转速，r/min；

　　L——工件行程长度，mm；

　　n_t——工作台每分钟往复次数，次/mm。

（3）轴向进给量 f_a

轴向进给量指沿砂轮轴线方向的进给量。外圆磨削时，工件每转一转的 f_a 为

$$f_a = (0.2 \sim 0.8)B \ (\text{mm/次})$$

式中：B——砂轮宽度，mm。

（4）径向进给量

径向进给量指工作台每双（或单）行程内工件相对砂轮的径向移动量，一般情况下，有

$$f_r = 0.005 \sim 0.04 \ (\text{mm/次})$$

外圆磨削时，f_r 的单位是 mm/次。

8.3.4　磨床

磨床的种类很多，按用途不同可分为外圆磨床、内圆磨床、平面磨床、工具磨床、螺纹磨床、齿轮磨床及其他各种专用磨床等。这里仅介绍三种常用的磨床，即外圆磨床、内圆磨床和平面磨床。

1. 外圆磨床

外圆磨床分为普通外圆磨床和万能外圆磨床。在普通外圆磨床上可以磨削工件的外圆柱面和外圆锥面；在万能外圆磨床上不仅能磨外圆柱面和外圆锥面，还能磨削内圆柱面、内

圆锥面及端面等。

　　下面以 M1420 型万能外圆磨床为例,介绍外圆磨床。在型号 M1420 中:"M"表示磨床类;"1"表示外圆磨床;"4"表示万能外圆磨床;"20"表示最大磨削直径的 1/10,即最大磨削直径为 200mm。M1420 型万能外圆磨床主要由床身、砂轮架、头架、尾架、工作台、内圆磨头等部分组成,如图 8-44 所示。

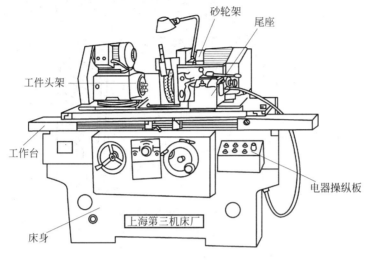

图 8-44　M1420 万能外圆磨床

　　(1)床身,用来固定各部件的相对位置。床身上面装有工作台和砂轮架,内部装有液压供给系统。

　　(2)砂轮架,用于安装砂轮。砂轮由单独电机驱动,速度很高。

　　(3)头架,内有安装顶尖、拨盘或卡盘的主轴,以便装夹工件。主轴由另一电机通过变速机构带动,使工件获得不同的转动速度。

　　(4)尾架,内有顶尖,主要用于支撑工件的另一端。

　　(5)工作台。由液压传动沿着床身上的纵向导轨使工作台作直线往复运动,从而使工件实现纵向进给。T 形槽内的挡块,用于控制工作台自动换向。

　　(6)内圆磨头,用来磨削内圆表面,由单独电机驱动。

2. 内圆磨床

　　内圆磨床主要用于磨削内圆柱面、内圆锥面及端面等。下面以 M2110 型内圆磨床为例,介绍内圆磨床。在型号 M2110 中:"M"表示磨床类;"21"表示内圆磨床;"10"表示最大磨削孔径的 1/10,即磨削最大孔径为 100mm。M2110 内圆磨床主要由床身、工作台、头架、砂轮架、砂轮修整器等部件组成,如图 8-45 所示。

　　砂轮架安装在床身上,由单独电机驱动砂轮高速旋转,提供主运动;此外,砂轮架还可横向移动,使砂轮实现横向进给运动。工件头架安装在工作台上,带动工件旋转作圆周进给运动;头架可在水平面内扳转一定角度,以便磨削内锥面。工作台沿床身纵向导轨作往复直线移动,从而带动工件作纵向进给运动。

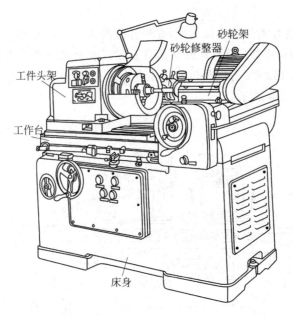

图 8-45　M2110 内圆磨床

3．平面磨床

平面磨床主要用于磨削平面。下面以 M7130G 型平面磨床为例，介绍平面磨床。在型号 M7130G 中："M"表示磨床类；"1"表示平面磨床；"30"表示最大磨削宽度的 1/10，即最大磨削宽度为 300mm。M7130G/F 型卧轴矩台平面磨床主要由床身、工作台、立柱、磨头、砂轮修整器等部分组成，如图 8-46 所示。

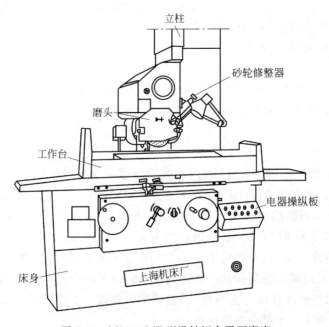

图 8-46　M7130G/F 型卧轴矩台平面磨床

磨头上装有砂轮,由单独的电机驱动,有 1500r/min 和 3000r/min 两种转速,启动时低速,工作时改用高速。此外,磨头还可随拖板沿主柱的垂直导轨作垂直移动或进给,手动进给时可用手轮或微动手柄,空行程调整时可用机动快速升降。

矩形工作台在床身水平纵向导轨上,由液压传动实现工作台的往复移动,从而带动工件纵向进给。工作台也可用手动移动,工作台上装有电磁吸盘,用以安装工件。

8.3.5 砂轮

砂轮是磨削的切削工具,它是由磨粒和结合剂构成的多孔构件。磨粒、结合剂和空隙是构成砂轮的三要素。将砂轮表面放大,可以看到砂轮表面(见图 8-47)上杂乱地布满很多尖棱形多角的颗粒——磨粒,也称磨料。这些锋利的小磨粒就像铣刀的刀刃一样,磨削就是依靠这些小颗粒,在砂轮的高速旋转下,切入工件表面。空隙起散热作用。

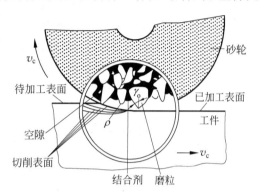

图 8-47 磨削原理示意图

1. 砂轮的特性和种类

砂轮的特性对磨削的加工精度、表面粗糙度和生产率有很大的影响。砂轮的特性包括磨料、粒度、结合剂、形状和尺寸等。

磨料直接担负切削工作,必须锋利和坚韧。常见的砂轮磨料有两大类:一类是刚玉类,主要成分是 Al_2O_3,其韧性好,适合磨削钢料及一般刀具等,常用代号有 A——棕刚玉、WA——白刚玉等;另一类是碳化硅类,其硬度比刚玉类高,磨粒锋利,导热性好,适合磨削铸铁、青铜等脆性材料及硬质合金刀具等,常用代号有 C——黑碳化硅、GC——绿碳化硅等。

粒度用来表示磨粒的大小,粒度号的数字越大,代表颗粒越小。粗颗粒用于粗加工及磨削软材料,细颗粒用于精加工。

结合剂的作用是将磨粒黏结在一起,使之成为具有一定强度和形状尺寸的砂轮。常用的结合剂有:陶瓷结合剂,用代号 V 表示;树脂结合剂,用代号 B 表示;橡胶结合剂,用代号 R 表示。

砂轮的硬度是指砂轮表面的磨粒在外力作用下脱离的难易程度,它与磨粒本身的硬度是两个完全不同的概念。磨粒容易脱离称为软,反之称为硬,磨粒黏接的越牢,砂轮的硬度越高。磨削硬材料时用软砂轮,反之用硬砂轮。一般磨削选用硬度在 K～R 之间的砂轮。

砂轮的组织是指砂轮中磨料、结合剂和空隙三者间的体积比例关系。磨料所占的体积越大,砂轮的组织越紧密。砂轮的组织由 0～14 共 15 个号组成,号数越小,表示组织越紧密。

根据机床的类型和磨削加工的需要,砂轮可制成各种标准形状和尺寸,常用的几种砂轮形状,如图 8-48 所示。

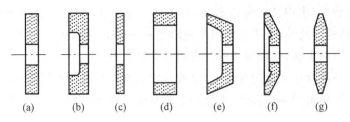

图 8-48　砂轮的形状

为了便于选用砂轮,通常将砂轮的特性代号印在砂轮的非工作表面上,如:

$$P400×50×203WA46K5V35$$

其含义如下:P——砂轮的形状为平形;

　　　　　　400×50×203——分别表示砂轮的外径、厚度和内径;

　　　　　　WA——砂轮的磨料为白刚玉;

　　　　　　46——砂轮的粒度为 46 号;

　　　　　　K——砂轮的硬度为 K 级;

　　　　　　5——砂轮的组织为 5 号;

　　　　　　V——砂轮的结合剂为陶瓷;

　　　　　　35——砂轮允许的最高磨削速度为 35m/s。

2.砂轮的检查、安装、平衡和修整

(1) 检查

砂轮在高速运转下工作,安装前必须经过外观检查和敲击的响声来检查砂轮是否有裂纹,以防高速运转时砂轮破裂。

(2) 安装

安装砂轮时,应将砂轮松紧合适地套在砂轮主轴上,并在砂轮和法兰盘之间垫上 1~2mm 厚的弹性垫圈(皮革或橡胶制成),如图 8-49 所示。

(3) 平衡

为使砂轮平稳地工作,使用前必须经过平衡。其步骤是:将砂轮装在心轴上,放在平衡架轨道的刀口上,如果不平衡,则重的部分总是转到下面,这时可移动法兰盘端面环槽内的平衡铁进行平衡。这样反复进行,直到砂轮可以在刀口上任意位置都能静止,这说明砂轮各部分质量均匀。这种平衡称为静平衡。一般直径大于 125mm 的砂轮都要进行静平衡,如图 8-50 所示。

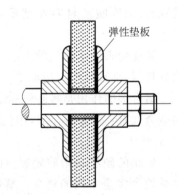

弹性垫板

图 8-49　砂轮的安装

(4) 修整

砂轮工作一段时间后,磨粒逐渐变钝,砂轮工作表面的空隙被堵塞,这时砂轮必须进行修整,使已磨钝的磨粒脱落,露出锋利的磨粒,以恢复砂轮的切削能力和外形精度。砂轮常用金刚石修整器进行修整。修整时要用大量的冷却液,以避免金刚石因温度剧升而破裂,如图 8-51 所示。

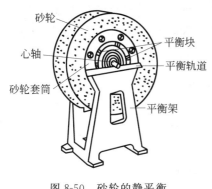

图 8-50　砂轮的静平衡

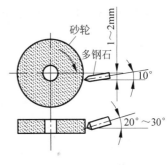

图 8-51　砂轮的修整

8.3.6　各种表面的磨削加工

1. 外圆磨削

磨削外圆表面需在万能外圆磨床上进行。根据工件的形状不同,应采用不同的安装方法。

1）工件的安装

（1）顶尖安装

顶尖安装通常用于磨削轴类零件。安装时工件支承在两顶尖之间,安装方法与车削所用的方法基本相同,但磨削所用的顶尖都不随工件一起转动（死顶尖）,这样可以提高加工精度,避免由于顶尖转动带来的径向跳动误差。尾顶尖是靠弹簧推力顶紧工件的,这样可以自动控制松紧程度,避免工件因受热伸长带来的弯曲变形,如图 8-52 所示。

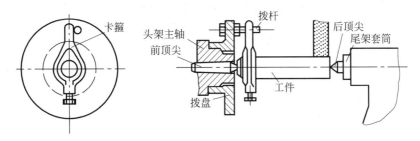

图 8-52　顶尖安装

磨削前,工件的中心孔均要进行修研,以提高其几何形状精度和减小表面粗糙度,保证定位准确。修研一般用四棱硬质合金顶尖（见图 8-53）在车床或钻床上对中心孔进行挤研,研亮即可。

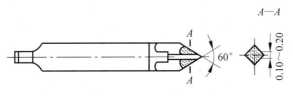

图 8-53　四棱硬质合金顶尖

当中心孔较大,修研精度要求较高时,必须选用油石顶尖或铸铁顶尖做前顶尖,普通顶尖做后顶尖。修研时,头架旋转,用手握住工件不让其旋转,如图8-54所示。研好一端再研另一端。

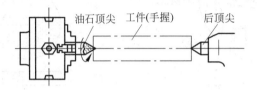

图8-54　用油石顶尖修研中心孔

（2）卡盘安装

卡盘安装通常用来磨削短工件的外圆,安装方法与车床上基本相同。无中心孔的圆柱形工件大多采用三爪卡盘安装（见图8-55（a））;不对称工件则可采用四爪卡盘安装,并用百分表找正（见图8-55（b））;形状不规则的工件还可采用花盘安装。

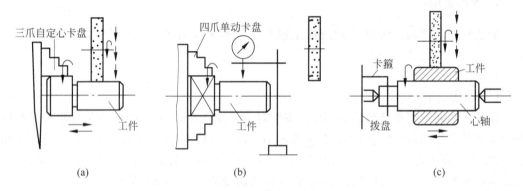

（a）　　　　　　　　　（b）　　　　　　　　　（c）

图8-55　外圆磨床上用卡盘和心轴安装工件

（a）三爪自定心卡盘安装;（b）四爪单动卡盘安装及其找正;（c）锥度心轴安装

（3）心轴安装

心轴安装常用来磨削以内孔定位的盘套类空心零件。心轴的种类与车床上使用的基本相同,但磨削用的心轴精度要求更高些。心轴必须和卡箍、拨盘等转动装置一起配合使用。其安装方法与顶尖安装相同,如图8-55（c）所示。

2）磨削方法

外圆磨削中最常用的磨削方法有纵磨法和横磨法。

（1）纵磨法

纵磨磨削时砂轮高速旋转,工件作低速旋转的同时,还随工作台作直线往复运动,如图8-56所示。在每次往复运动到终点时,砂轮按给定的进刀量作径向进给。纵磨的每次磨削深度都很小,当工件磨削到接近尺寸要求时（一般留0.005～0.01mm）,进行几次无横向进给的光磨行程,直到火花消失为止,以提高工件的加工质量。

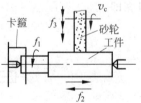

图8-56　纵磨法磨外圆

纵磨法的加工特点是:可用同一砂轮磨削不同长度的工件外圆表面,磨削质量好,但生产率低。此法适用于磨削细长的轴类零件。在生产中应用较广,特别是在单件、小批量生产以及精磨时采用。

在磨削外圆时,有时还需要磨削轴肩端面,一般采用靠磨法磨削,即当外圆磨削至所需尺寸后,将砂轮稍微退出 0.05～0.10mm,用手摇工作台的纵向移动手轮,使工件的轴肩端面靠近砂轮,磨平即可,如图 8-57 所示。

(2) 横磨法

横磨法又称径向磨法或切入磨削法。横磨磨削时用宽度大于待磨工件表面长度的砂轮进行磨削,工件只转动,不作轴向往复运动;砂轮在高速旋转的同时,缓慢地向工件作横向进给,直到磨削至尺寸为止,如图 8-58 所示。

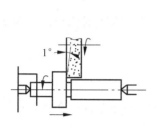

图 8-57　磨削轴肩端面

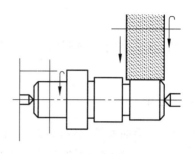

图 8-58　横磨法磨外圆

横磨法的特点是生产率高,但由于磨削力大,易使工件变形和表面发热,影响加工质量。因此,横磨法常用于磨削加工刚性好、精度要求不高且磨削长度较短的外圆表面及两端都有台阶的轴颈。

2. 内圆磨削

内圆磨削通常在内圆磨床和万能外圆磨床上进行。和外圆磨削相比,内圆磨削用的砂轮直径受到工件孔径和长度的限制,砂轮直径较小,悬伸长度较长,刚性差,磨削时散热、排屑不易,磨削用量小,故其加工精度和生产率均不如外圆磨削那样理想。

作为孔的精加工,成批生产中常用铰孔,大量生产中常用拉孔。但由于磨孔具有万能性,不需要成套的刀具,故在小批量及单件生产中应用较多。特别是对于淬硬工件,磨孔仍是孔精加工的主要方法。

1) 工件的安装

内圆磨削时,工件大多数是以外圆和端面为定位基准的,故通常采用三爪自定心卡盘、四爪单动卡盘、花盘及弯板等夹具安装工件。其中最常用的是用四爪单动卡盘通过找正安装工件,如图 8-59 所示。

2) 磨削方法

内圆磨削与外圆磨削的运动基本相同,但砂轮的旋转方向与外圆磨削相反,如图 8-59 所示。

磨削加工内孔时砂轮与工件的接触方式有两种:一种是后面接触,主要在内圆磨床上采用这种接触方式,便于操作者观察加工表面的情况,如图 8-60(a)所示;另一种是前面接触,主要在万能外圆磨床上采用这种接触方式,以便利用机床上的自动进给机构,如图 8-60(b)所示。

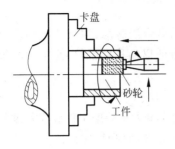

图 8-59　内圆磨床上用四爪卡盘安装工件

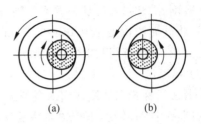

图 8-60　内圆磨削时砂轮与工件的接触方式
（a）后面接触；（b）前面接触

内圆磨削也有纵磨法和横磨法两种，其操作方法与外圆磨削相似。其中纵磨法应用较广。

3. 圆锥面磨削

圆锥面分内圆锥面和外圆锥面，两者均可在万能外圆磨床上进行磨削，内圆磨床上则只能磨削内圆锥面。磨削圆锥面通常用下列两种方法。

1）转动工作台法

将上工作台相对于下工作台转过工件锥面斜角的二分之一角度，使工件的旋转轴线与工作台的纵向进给方向呈 1/2 斜角，如图 8-61 所示。转动工作台法大多用于磨削加工锥度较小、锥面较长的工件。

2）转动头架法

将头架相对于工作台转动锥面斜角的二分之一角度进行磨削加工，如图 8-62 所示。转动头架法常用于加工锥度较大的工件。

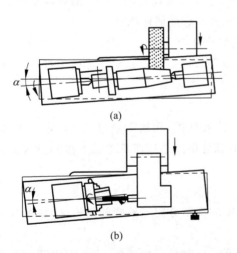

图 8-61　转动工作台法磨削锥面
（a）磨外圆锥面；（b）磨内圆锥面

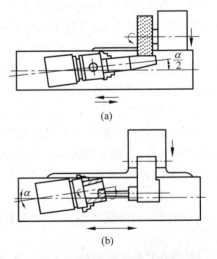

图 8-62　转动头架磨削圆锥面
（a）磨外圆锥面；（b）磨内圆锥面

4．平面磨削

磨削平面通常在平面磨床上进行。常见的平面磨床有卧轴矩台、卧轴圆台、主轴圆台、三轴圆台四种。

1）工件的安装

安装工件时，要根据工件的形状、尺寸和材料等因素来选择安装方法。

（1）电磁吸盘工作台安装法

这种方法主要用于中小型钢、铸铁等磁性材料工件的平面磨削。电磁吸盘工作台的工作原理如图 8-63 所示，下部为钢制吸盘体，在它的中部凸起的心体上绕有线圈，上部为钢制盖板，在它上面镶有用绝磁层隔开的许多钢制条块。当线圈通过直流电时，心体被磁化，磁力线由心体经过盖板—工件—盖板—吸盘体—心体而闭合（如图 8-63 中虚线所示），工件被吸住。绝磁层由铅、铜或巴氏合金等非磁性材料制成，它的作用是使绝大部分磁力线都通过工件再回到吸盘体，而不通过盖板直接回去，这样才能保证工件被牢固地吸在工作台上。

当磨削键、垫圈、薄壁套等尺寸小而壁较薄的零件时，因零件与工作台磁盘接触面积小，吸力弱，容易被磨削力弹出去而造成事故，故安装这类零件时，应在工件周围或左右两边用挡铁围住，以免工件移动，如图 8-64 所示。

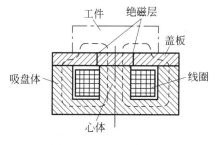

图 8-63　电磁吸盘原理

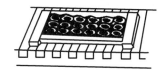

图 8-64　用挡铁围住工件

（2）平口钳及夹具安装法

对于非磁性材料和非金属材料零件，可用平口钳、卡盘或简单夹具来安装。平口钳、卡盘或简单夹具可以吸放在电磁吸盘工作台上，也可以直接安装在普通工作台上。

2）磨削方法

平面磨削常用的方法有周磨法和端磨法两种，如图 8-65 所示。

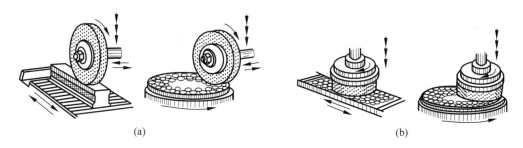

(a)　　　　　　　　　　　　　　　　　　(b)

图 8-65　平面磨削方法

（a）周磨法；（b）端磨法

（1）周磨法

周磨法的特点是利用砂轮的圆周面进行磨削，工件与砂轮的接触面积小，磨削热少，排屑容易，冷却与散热条件好，砂轮磨损均匀，加工精度高，但生产率低，多用于单件、小批量生产，有时大批量生产也可采用。

（2）端磨法

端磨法的特点是利用砂轮的端面在主轴圆形或主轴矩形工作台平面磨床上进行磨削，砂轮轴立式安装，刚性好，可采用较大的磨削用量，且砂轮与工件的接触面积大，生产率明显高于周磨法；但磨削热多，冷却与散热条件差，工件变形大，精度比周磨法低，多用于大批量生产和加工要求不太高的平面，或用作粗磨加工。

第9章

钳　工

9.1　概　述

钳工主要是利用虎钳和各种手动工具完成某些零件的加工、产品的装配和维修。钳工的基本操作包括划线、錾削、锯割、锉削、钻孔、铰孔、攻螺纹、套扣、刮削、研磨、装配和修理等。钳工的应用范围如下：

（1）加工前的准备工作，如清理毛坯、在工件上划线等。

（2）在单件或小批量生产中，制造一般零件。

（3）加工精密零件，如锉样板、刮削或研磨机器和量具的配合表面等。

（4）装配、调整和修理机器等。

钳工具有使用工具简单、加工多样灵活、操作方便和适应面广等特点，目前它在机械制造业中仍是不可缺少的重要工种之一。当工件用机械加工方法不方便或难以完成时，多数由钳工来完成，但生产效率较低，对工人操作技术的要求高。

钳工常用设备的介绍如下所述。

1. 钳工工作台

钳工工作台又称钳台，其外形如图 9-1 所示，主要用于安装台虎钳，有单人用和多人用两种，用硬质木材或钢材制成。工作台要求平稳、结实，台面高度一般以装上台虎钳后钳口高度恰好与人手肘平齐为宜，如图 9-2 所示。台面下的抽屉可用来收藏工具，台桌上须装有防护网，工具须分类放置于固定位置。

2. 台虎钳

台虎钳又叫虎钳，其外形如图 9-3 所示，专门用于夹持工件。其规格以钳口的宽度来表示，常用的有 100，125，150mm 三种。台虎钳的类型有固定式和回转式两种，两者的主要构造和工作原理基本相同。

在钳台上安装台虎钳时，应使固定钳身的钳口工作面露在钳台的边缘，其目的是当夹持长工件时，不受钳台的阻碍。台虎钳必须牢固地固定在钳台上，即拧紧钳台上固定台虎钳的两个夹紧螺钉，以保证钳身在工作过程中不会产生松动，否则，会影响加工质量。

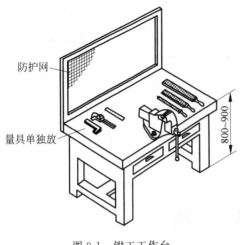

防护网

量具单独放

800~900

图 9-1　钳工工作台

图 9-2　台虎钳的合适高度

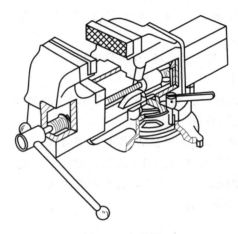

图 9-3　台虎钳

使用台虎钳时应注意以下事项：

（1）工件尽量夹持在台虎钳中部，使钳口受力均匀。

（2）夹紧工件时松紧要适当，只能用手力拧紧手柄，不能借助工具去敲击手柄，一是防止丝杠与螺母及钳身受损坏，二是防止夹坏工件表面。

（3）只能在钳口砧面上敲击，其他部位不能敲打，因为其部件均由铸铁制成，性脆易裂。

（4）用后应清洁，保持润滑，防止生锈。

9.2　划　　线

9.2.1　划线的作用和种类

根据图样的尺寸要求，用划线工具在毛坯或半成品工件上划出待加工部位的轮廓线或作为基准的点、线的操作，称为划线。

1．划线的作用

（1）检查、发现和处理不合格的毛坯，避免造成损失。

（2）定出合格坯件的加工位置，标明加工余量，明确加工界线。

（3）对有缺陷的坯件，可采用划线借料法，合理分配加工余量。

（4）为便于复杂工件在机床上的装夹，可按划线找正定位。

2．划线的种类

划线的种类有平面划线和立体划线两种：

（1）平面划线，仅在工件的一个平面上划线称为平面划线。

（2）立体划线，在工件两个或两个以上互呈不同角度（一般是互相垂直）的表面上划线，才能明确标明加工界限的，称为立体划线。

划线要求线条清晰匀称，定形、定位尺寸准确，冲眼均匀，一般要求精度达到 0.25～0.5mm。工件的加工精度不能完全由划线确定，而应该在加工过程中通过测量来保证。

9.2.2　划线工具

常用的划线工具有以下几种。

1．划线平台

划线平台又称划线平板，是划线的主要基准工具，其外形如图 9-4 所示。划线平台由铸铁毛坯精刨和刮削制成，其作用是安放工件和划线工具，并在平台表面上完成划线工作。划线平台的平面各处要均匀使用，表面不准敲击，且要经常保持清洁。划线平台长期不用时，应涂油防锈。

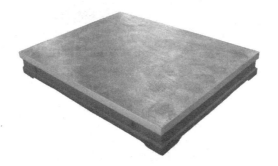

图 9-4　划线平台

2．方箱

划线方箱的外形如图 9-5 所示，是用铸铁制成的空心立方体，它的六个面都经过精加工，相邻各面互相垂直。其上的 V 形槽和压紧装置，可夹持圆形工件。尺寸较小而加工面较多的工件，可通过翻转方箱，找正中心，划出中心线和互相垂直线。

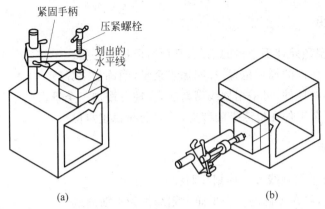

图 9-5 划线方箱

（a）将工件压紧在方箱上，划出水平线；（b）方箱翻转 90°划出垂直线

3．V 形铁

V 形铁用于支承轴类工件，使其轴线与基准面保持平行，如图 9-6 所示。

4．千斤顶

千斤顶是高度可调节的支承件，配有 V 形铁或顶尖。通常用三个千斤顶组成一组，用于不规则或较大工件的划线找正，如图 9-7 所示。

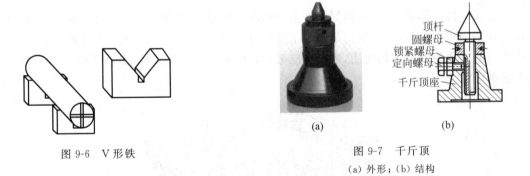

图 9-6 V 形铁

图 9-7 千斤顶

（a）外形；（b）结构

5．划针

划针是在工件表面划线用的工具，常用直径 3mm 或 5mm 的工具钢或弹簧钢制成，如图 9-8（a）、（b）所示。可将划针先磨成 15°～20°后经淬硬处理，或在划针尖端部分焊有硬质合金，这样划针就更锐利，耐磨性好。划线时，划针要依靠钢直尺或直角尺等向导工具移动，并向外倾斜 15°～20°，向划线方向倾斜 45°～75°，如图 9-8（c）所示。划线时，应尽可能一次划成，并使划出的线条清晰、准确。

6．划规

划规是划圆、弧线、等分线段、等分角度及量取尺寸等用的工具，其外形如图 9-9 所示，划规与制图中使用的圆规的用法相同。

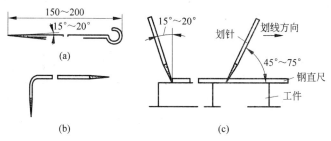

图 9-8 划针的种类及使用方法

（a）直划针；（b）弯头划针；（c）用划针划线的方法

7. 划线盘

划线盘主要用于立体划线和找正工件位置，如图 9-10 所示。用划线盘划线时，划针装夹要牢固，伸出长度要短，底座要保持与划线平台贴紧。

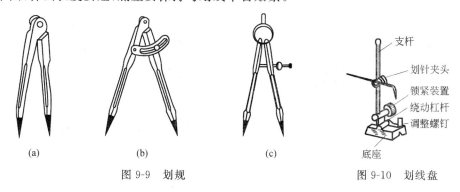

图 9-9 划规　　　　　图 9-10 划线盘

8. 样冲

样冲是在划好的线上冲眼时使用的工具，由工具钢制成，并经淬火硬化。样冲及其用法如图 9-11 所示。冲眼是为了强化显示用划针划出的加工界线，另外它也可为划圆弧作定性脚点使用。冲眼使用时应注意以下几点：

（1）冲眼位置要准确，冲心不能偏离线条。

（2）冲眼间的距离要以划线的形状和长短而定，直线上可稀，曲线则稍密，转折交叉点处需冲点。

（3）冲眼大小要根据工件材料、表面情况而定，薄的可浅些，粗糙的应深些，软的应轻些，精加工表面禁止冲眼。

（4）圆孔中心处的冲眼，最好打得大些，以便在钻孔时钻头容易对中。

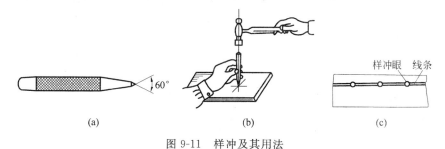

图 9-11 样冲及其用法

9. 测量工具

常见的测量工具有普通高度尺、高度游标卡尺、钢直尺和 90°角尺等。普通高度尺(见图 9-12(a)),又称量高尺,由钢直尺和底座组成,使用时配合划针盘量取高度尺寸。高度游标卡尺(见图 9-12(b))可视为划针盘与游标卡尺的组合,它是一种精密工具,能直接表示出高度尺寸,读数精度一般为 0.02mm。高度游标卡尺主要用于半成品划线,不允许用它在毛坯上划线。

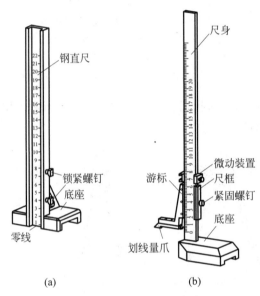

(a)　　　　　　　　(b)

图 9-12　量高尺与高度游标卡尺

(a) 量高尺;(b) 高度游标卡尺

9.2.3　划线基准的选择

用划线盘划线时应选定某些基准作为依据,并以此来调节每次划线的高度,这个基准称为划线基准。

选择划线基准的原则为:当工件为毛坯时,可选零件图上较重要的几何要素,如重要孔的轴线或平面,为划线基准;若工件上个别平面已加工过,则应以加工过的平面为划线基准。

9.2.4　划线步骤

先清理毛坯,去除疤痕和毛刺等,在将要划线的位置上涂白浆水(已加工表面可涂蓝油);用铅或木块堵孔,将工件支承在三只千斤顶上,用划线盘找正。先划出基准线,然后再划出其他各水平线;将工件翻转 90°,划出与已划的线互相垂直的其余各条直线。在划出的线上打上样冲眼。

下面以轴承座的立体划线为例,介绍划线步骤。轴承座零件图如图 9-13(a)所示,具体划线步骤说明如下:

(1) 研究图纸,确定划线基准,详细了解需要划线的部位。

(2) 初步检查毛坯的误差情况,去除不合格毛坯。

(3) 工件表面涂色(蓝油)。

（4）正确安放工件（见图 9-13(b)），选用划线工具。

（5）划线，具体步骤如图 9-13(c)～(e)所示。

（6）在线条上打样冲眼（见图 9-13(f)）。

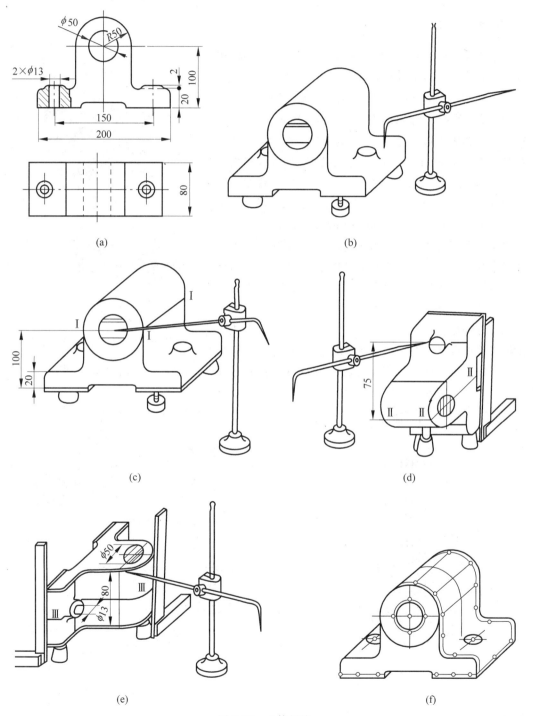

(a)　　　　　　　　　　　　(b)

(c)　　　　　　　　　　　　(d)

(e)　　　　　　　　　　　　(f)

图 9-13　立体划线

（a）轴承座零件图；（b）根据孔中心及上平面，调整千斤顶，使工件水平；（c）划底面加工线和孔水平线；
（d）转 90°，用角尺找正，划螺钉孔中心线；（e）再翻转 90°，用角尺在两个方向找正，划螺钉孔及端面加工线；（f）打样冲眼

9.3 孔 加 工

1. 钻削设备

常用钻孔设备有台式钻床(见图9-14)、立式钻床(见图9-15)和摇臂钻床(见图9-16)。

台式钻床是一种小型钻床,一般用来钻直径13mm以下的孔。常用的有6mm和12mm等几种规格。立式钻床一般用来钻中小型工件上的孔,其规格有25,35,40,50mm等几种。它的功率较大,可实现机动进给,因此可获得较高的生产效率和加工精度。另外,它的主轴转速和机动进给量都有较大变动范围,可适用于不同材料的加工和进行钻孔、扩孔、锪孔、铰孔及攻螺纹等多种工作。摇臂钻床摇臂的位置由电动涨闸锁紧在立柱上,主轴变速箱可用电动锁紧装置固定在摇臂上。主轴箱能沿摇臂左右移动,摇臂又能回转360°,因此,摇臂钻床的工作范围很大,用于大工件及多孔工件的钻孔。加工时可将工件放在工作台上或直接将工件放在底座上,通过钻头移位对准钻孔中心来钻孔。摇臂钻床除了用于钻孔外,还能扩孔、锪平面、锪孔、铰孔、镗孔和攻螺纹等。

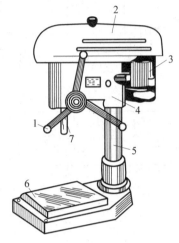

图9-14 台式钻床

1—钻头进给手柄;2—带罩;3—电机;
4—主轴架;5—立柱;6—底座;7—主轴

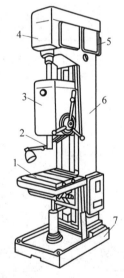

图9-15 立式钻床

1—工作台;2—主轴;3—进给箱;
4—主轴变速箱;5—电动机;6—立柱;7—底座

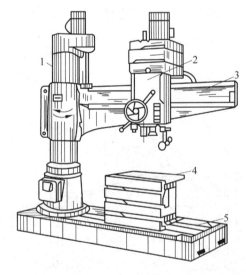

图9-16 摇臂钻床

1—立柱;2—主轴箱;3—摇臂;4—工作台;5—底座

2．钻孔工具

钻孔所用的切削工具是钻头,常见的麻花钻如图 9-17 所示。可按所需加工的孔径来选用相应直径的钻头。

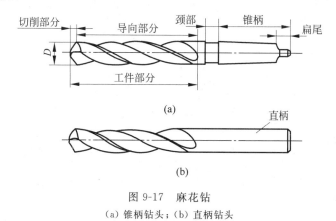

图 9-17 麻花钻
(a) 锥柄钻头；(b) 直柄钻头

3．钻削操作注意事项

钻削时工件应夹紧在工作台或机座上,小工件常用机用平口虎钳夹紧。直径 12mm 以上的锥柄钻头直接或加接钻套后装入主轴锥孔内；直径 13mm 以下的直柄钻头,须先装夹在钻夹头内,再装入主轴锥孔内。调整主轴转速时(变换主轴转速或机动进给量时,必须在停车后进行),小钻头转速可快些,大钻头转速可慢些。起钻时,仔细对准孔中心下压进给手柄,将要钻通时,应减小进给量,避免钻头折断。孔较深时,应间歇退出钻头,及时排屑。必要时要不间断地加注切削液冷却、润滑。

9.4　锯削与锉削

9.4.1　锯削

锯削是用手锯对工件或材料进行分割的一种切削加工。锯削的工作范围包括：分割各种材料或半成品、锯掉工作上多余部分和在工件上锯槽等。锯削具有方便、简单和灵活等特点,主要应用于单件小批量生产、临时工地以及切削异形工件、开槽、修整等场合。

1．手锯的构造与种类

手锯由锯弓和锯条两部分组成。锯弓是用来夹持和拉紧锯条的工具,锯条起切削作用。

手锯有固定式和可调式两种形式,如图 9-18 所示。固定式锯弓只能安装一种长度规格的锯条。可调式锯弓的弓架分成两段,前段可在后段的套内移动,从而可安装几种长度规格的锯条。可调式锯弓使用方便,应用较广。

2．锯条及选用

锯条一般由碳素工具钢制成。为了减少锯条切削时两侧的摩擦,避免夹紧在锯缝中,锯

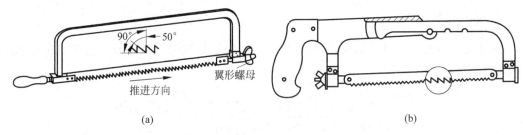

(a)　　　　　　　　　　　(b)

图 9-18　手锯

(a) 固定式；(b) 可调式

齿应具有规律地向左右两面倾斜，形成交错式两边排列。

常用的锯条长度为 300mm，宽 12mm，厚 0.8mm。按齿距的大小，锯条可分为粗齿、中齿和细齿三种。锯软材料（铜、铝、低碳钢等）或加工截面厚度较大的工件时，用粗齿锯条；细齿主要用于锯割硬材料（高碳钢、合金钢等）、薄板和管件等；中齿加工普通钢材、铸铁以及中等厚度的工件。

3. 锯削的基本操作

（1）锯条的安装与工件装夹

选择合适的锯条，装正并拉紧锯条，保证锯齿齿尖朝前，锯条在锯弓上的松紧程度适当。

工件尽可能夹持在虎钳的左边，以免锯切操作过程中碰伤左手。工件悬伸要短，以增加工件刚度，避免锯切时振动。

（2）手锯的正确握法与起锯

手锯握法如图 9-19 所示，右手握紧锯柄，左手轻扶弓架前端。起锯时，锯条应与工件表面倾斜成 10°～15°的起锯角度。若起锯角度过大，锯条容易崩碎；起锯角度太小，锯条不易切入。为了防止锯条的滑动，可用左手拇指指甲靠稳锯条。起锯方法如图 9-20所示。

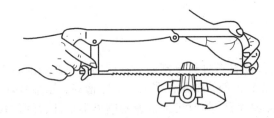

图 9-19　手锯的握法

（3）锯割方法

锯割时要掌握好压力、速度和往复长度，割锯方法如图 9-21 所示。锯割时，锯弓作往复直线运动，右手推进，左手施压；锯条应全长工作，以免中间部分迅速磨钝；前进时加压，用力均匀，返回时锯条从加工面上轻轻滑过，往复速度不宜太快，通常 20～40 个往返/分钟。锯割的开始和结束，压力和速度都应减小，以免撞伤手和折断锯条。锯硬材料时，压力应大些，速度慢些；锯软材料时，压力可小些，速度快些。为了提高锯条的使用寿命，锯割钢材时可加些机油等切削液。

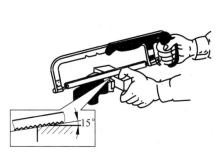

图 9-20　起锯方法

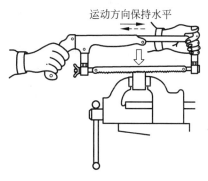

图 9-21　锯割方法

9.4.2　锉削

锉削是用锉刀对工件表面进行修整切削加工。

锉削加工简便,工作范围广,可对工件的平面、曲面、内孔、沟槽及其他复杂表面进行加工,也可用于成形样板、模具型腔以及部件、机器装配时的工件修整等。

锉削的加工精度可达 0.01mm,表面粗糙度 Ra 可达 $3.2\mu m$。

1．锉刀材料

锉刀常用碳素工具钢 T12、T13 制造,并经热处理淬硬至 62～67HRC。

2．锉刀结构

锉刀结构如图 9-22 所示。锉刀的齿纹为交叉排列,形成许多小齿,便于断屑和排屑,并使锉削时省力。

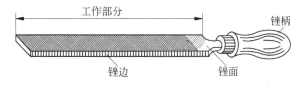

图 9-22　锉刀的结构

锉刀的规格用工作部分的长度表示,有 100,150,200,250,300,350,400mm 七种。

3．锉刀的种类和选用

1) 锉刀种类

锉刀的种类很多,按每 10mm 长的锉面上齿数的多少,可分为粗齿锉(6～14 齿)、中齿锉(9～19 齿)、细齿锉(14～23 齿)和油光锉(21～45 齿)。

锉刀按用途分有普通锉、整形锉和特种锉三种。

(1) 普通锉。普通锉按断面形状不同可分为五种,即平锉、方锉、三角锉、半圆锉、圆锉。普通锉刀的种类和用途如图 9-23 所示。

（2）整形锉。整形锉的尺寸很小，形状更多，通常是10把一组，用于修整工件上的细小部位。

（3）特种锉。特种锉用于加工特殊表面，种类较多，有直形和弯形两种。

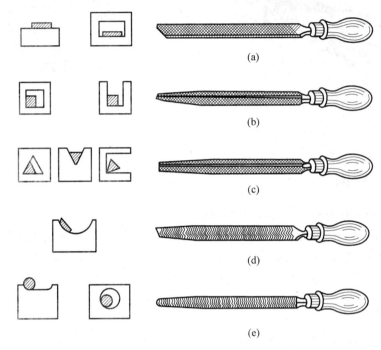

图 9-23　普通锉刀的种类和用途

(a) 平锉；(b) 方锉；(c) 三角锉；(d) 半圆锉；(e) 圆锉

2）锉刀的选用

锉刀的选择包括选取锉刀的粗细齿和锉刀的形状。选择锉刀的粗细齿，取决于工件加工余量的大小、加工精度高低和工件材料的性能。

一般粗齿锉刀用于加工软金属（铜、铝等）、加工余量大（0.5～1mm）、精度低和表面粗糙度较高的工件（精度0.25～0.5mm，表面粗糙度 Ra 值为25～100μm）；细齿锉刀用于加工硬材料或精加工时，加工余量小（0.05～0.2mm）、精度较高（0.01mm）和表面粗糙度较低（Ra 值为3.2μm）的工件；中齿锉刀用于粗锉之后的加工，加工余量为0.2～0.5mm，精度为0.04～0.2mm，表面粗糙度 Ra 值为6.3μm；油光锉用于最后修光表面，加工精度为0.01mm，表面粗糙度 Ra 值可达1.6μm。

锉刀形状的选取取决于工件加工面的形状，如图9-23中，左侧不同形状的加工面需选用不同形状的锉刀，其中平锉应用最广。

4. 平面锉削方法

平面锉削是锉削中最基本的一种，常用顺向锉、交叉锉、推锉三种方法，如图9-24所示。

顺向锉是锉刀始终沿其长度方向锉削，一般用于最后的锉平或锉光。交叉锉是先沿一个方向锉一层，然后翻转90°锉平，交叉锉切削效率较高，锉刀也容易掌握，一般用于加工余量较多的工件。推锉法的锉刀运动方向与其长度方向垂直，当工件表面已锉平，加工余量很小时,为了降低工件表面粗糙度和修正尺寸,用推锉法较好,推锉法尤其常用于较窄表面的加工。

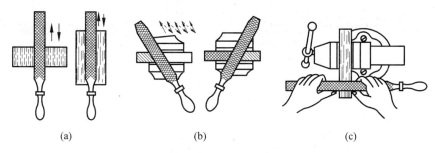

图 9-24 平面锉削方法
(a) 顺向锉;(b) 交叉锉;(c) 推锉

5. 锉削操作

用大平锉或中型平锉时,右手握锉柄,握法如图 9-25(a)所示;大平锉重挫时,左手压锉端,如图 9-25(b)所示;中型平锉轻锉时,左手大拇指和食指握住锉端,如图 9-25(c)所示;使用小锉刀时,右手食指伸直,拇指放在锉刀木柄上面,食指靠在锉刀的上边,左手几个手指压在锉刀中部,如图 9-25(d)所示;至于更小的锉刀,只用右手握紧即可。

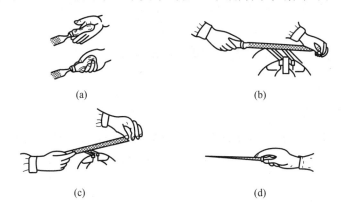

图 9-25 锉刀的握法
(a) 右手握法;(b) 大锉刀两手握法;(c) 中锉刀两手握法;(d) 小锉刀握法

锉削时锉刀应保持水平往返运动,锉削速度一般为 30~40 次往复/min。作用在锉刀上有两个力,一个是推力,一个是压力。对于大、中型锉刀,推力由右手控制,压力由两手控制,要保证锉刀前后两端所受的力矩相等,即随着锉刀的推进左手所加的压力由大变小,右手的压力由小变大,以确保锉刀平稳运行。两手施力如图 9-26 所示。

粗锉时,用交叉锉法,使锉纹相互交叉,易于锉平、便于观察并且效率高。修光表面时,用细锉或油光锉采用推锉法来加工。

锉刀只在推进时加力进行切削,返回时不加力,把锉刀返回即可。锉削时应利用锉刀的有效长度进行切削加工,不能只用局部某一段。

另外,锉削时需注意切勿用手直接抚摸锉削表面或锉刀工作面,以免锉削时打滑;锉屑可用刷子刷去,不可口吹,以免入眼;不可敲打锉刀并谨防跌落折断。

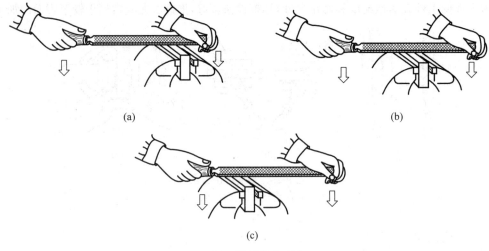

图 9-26 锉刀施力变化

（a）起始位置；（b）中间位置；（c）终了位置

6. 锉削质量检验

锉削后，使用角尺采用光隙法检验各平面是否平直、各平面间是否垂直。

9.5 錾削与刮削

9.5.1 錾削

錾削是用手锤击打錾子，对金属工件进行切削加工的方法。錾削主要用于不便加工的场合，如去除毛坯上的边缘、毛刺，切断材料，加工沟槽和平面等。每次錾削金属层的厚度为 $0.5\sim2\text{mm}$。

1. 錾削工具

錾削工具为錾子和手锤。錾子一般用碳素工具钢锻制而成，刃部经淬火和回火处理后有较高的硬度和足够的韧性。手锤的锤头多为碳素工具钢锻成，锤柄用硬质木料制成。常用的錾子有扁錾（阔錾）和窄錾两种，如图 9-27 所示。扁錾刃宽为 $10\sim15\text{mm}$，用于錾切平面和切断材料。窄錾刃宽为 $5\sim8\text{mm}$，用于錾沟槽。錾子全长为 $125\sim175\text{mm}$。錾子的横截面以扁圆形为好。手锤的大小用锤头的质量表示，整体长度约 300mm。

2. 錾削角度与选择

錾子的切削刃由两个面组成，构成楔形，如图 9-28 所示。錾削时影响加工质量和生产率的主要因素是楔角 β 和后角 α 的大小。楔角 β 越小，楔刃越锋利，切削时

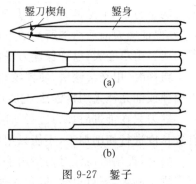

图 9-27 錾子

（a）扁錾；（b）窄錾

越省力,但 β 太小时刀头强度较低,刃口容易崩裂。一般根据錾削工件的材料来选择 β,錾削硬脆的材料如工具钢等,楔角要选大些, $\beta=60°\sim70°$;錾削较软的低碳钢、铜、铝等有色金属,楔角要选小些, $\beta=30°\sim50°$;錾削一般结构钢时, $\beta=50°\sim60°$。

后角 α 的改变将影响錾削过程的进行和工件加工质量,其值在 $5°\sim8°$ 范围内选取。粗錾时,切削层较厚,用力重, α 应选小值;精细錾时,切削层较薄,用力轻, α 角应大些。若 α 角选择得不合适,太大容易扎入工件,太小则錾子容易从工件表面滑出,如图 9-29 所示。

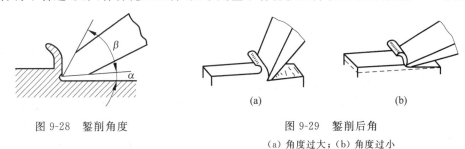

图 9-28　錾削角度　　　　　　　　图 9-29　錾削后角

　　　　　　　　　　　　　　　　　　　（a）角度过大;（b）角度过小

3. 錾削的操作

（1）錾子和手锤的握法

錾子握法有三种,如图 9-30 所示。常用的正握法需用左手中指、无名指和小指自如地握持,拇指和食指自然地围拢接触。正握时,錾子和手锤的握法及注意事项见图 9-31。

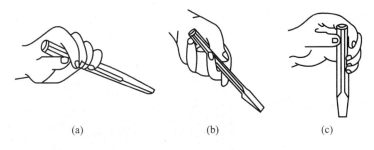

图 9-30　錾子的几种握法

（a）正握法;（b）反握法;（c）立握法

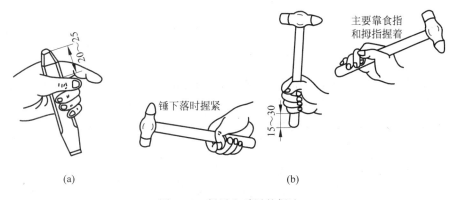

图 9-31　錾子和手锤的握法

（a）錾子握法;（b）手锤及握法

（2）錾削操作过程

錾削可分为起錾、錾切和錾出三步。起錾时,錾子要握平或将錾头略向下倾斜以便切入。錾切时,錾子要保持正确的位置和前进方向,锤击用力均匀、有节奏、锤击数次后应将錾子退出一下,以便观察加工情况,并可使手臂肌肉放松。錾出时,应调头錾切余下部分,以免工件边缘部分崩裂,在錾削脆性材料时,尤其要注意。

錾削时需注意姿势要便于用力,不易疲倦。同时,挥锤要自然,眼睛应注意錾刃,并避免砸伤手指。

9.5.2 刮削

刮削是指用刮刀在加工过的工件表面上刮去微量金属,以提高表面形状精度、改善配合表面间接触状况的钳工作业。刮削是对经过精铣或精刨等预加工后、需要形成光洁表面和致密的表面层组织的零件进行的加工。其工艺特点是刮削余量小于 0.1mm,刮削量小、切削力小、切削热小、切削变形小,所加工工件的形位误差小、尺寸精度高、配合面接触精度好;工件表面变质层显著减薄,且将一般加工方法造成的拉应力表面层改变为压应力层,大大提高了工件表面抗疲劳破坏能力与耐磨性;工件表面有着均匀分布的微坑,可形成良好的储油条件,从而改善其润滑性,提高工件的精度寿命。刮削是机械制造和修理中最终精加工各种型面(如机床导轨面、连接面、轴瓦、配合球面等)的一种重要方法。

1. 刮削工具

刮削工具为刮刀,其外形见图 9-32 刮刀。刮刀由 T10A 碳素工具钢或弹性好的 GCr15 轴承钢锻成。刮削淬硬件时,用硬质合金刮刀。平面刮刀用于刮平面和外曲面,分粗、细和精刮刀,用在不同的精度加工中;曲面刮刀用于刮内曲面,常用的有三角刮刀和蛇头刮刀。

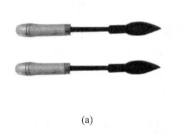
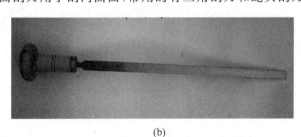

(a)   (b)

图 9-32　刮刀
(a) 曲面刮刀;(b) 平面刮刀

校准工具是用来研磨接触点和检验刮削面精确性的工具,也称研具。常见的校准工具有校准平板,用于校验尺寸较宽的平面;校准直尺,用于校验尺寸狭长的平面,如导轨的直线度等;角度直尺,其正截面具有标准角度,以校验工件角度用。

显示剂常用红丹粉(分铁丹与铅丹),用机油和牛油调和,用于钢和铸铁;普鲁士蓝油是用蓝粉、蓖麻油和机油调和,用于精密件和有色金属。显示剂须保持清洁,不可混入铁屑,以免使用时擦伤工件;盛放容器应加盖,用后盖紧,防止干涸。涂布显示剂时,用纱布包裹成球,便于擦拭,又不会掉下纱头。

2. 刮削方法

平面刮削的操作分推刮和拉刮两种。推刮主要依靠臂力和胯部的推压作用,切削力较大,适于大面积的粗刮和半精刮。拉刮仅依靠臂力加压和后拉,切削力较小,但刮削长度容易控制,适于精刮和刮花。内圆弧面刮削时,刮刀作圆弧运动,粗刮时,用刮刀根部,受力重,切削量多,刮削面积大;精刮时,用刮刀端部,稍有弹性,作修整浅刮。不论哪一种操作,整个刮削操作过程均分为压、推(拉)、抬三个动作。

3. 刮削操作

每次刮削前,为辨明工件误差的位置和程度,需在精密的平板、平尺、专用检具或与工件相配的工件表面涂一层很薄的显示剂(也可涂在工件上),然后与工件合在一起对研(来回摩擦)。对研后,工件表面的某些凸点便会清晰地显示出来,这个过程称为显点。显点后将显示出的凸起部分刮去。经过反复地显点和刮削,可使工件表面的显示点数逐步增多并均匀分布,这表示表面的形状误差在逐步减小。操作过程中需注意工件表面的刮削方向,应与前道工序的刀痕交叉进行。

4. 刮削质量检验

刮削后的工件表面可按接触斑点数目及平面度、直线度等形状公差值来检验。按接触斑点数目检验时,用边长 25mm 的正方形方框罩在被检查面上,检测框内接触斑点数目。刮削后的大平面和机床导轨面等用水平仪检验其直线度,用刀口尺检验其平面度。刮削的同时要分时段测量形位公差,同时注意接触点要求,在接近公差标准时注意提高点数,在达到精度要求的同时点数也要达到检验要求才算成功刮削。

9.6　攻螺纹和套螺纹

常见的三角形螺纹工件,其螺纹除采用机械加工方法外,还可用钳工加工的方法以攻螺纹或套螺纹的方式获得。攻螺纹是用丝锥(也叫螺丝锥)在工件的光孔内加工出内螺纹的方法;套螺纹是用板牙在工件光轴上加工出外螺纹的方法。

9.6.1　攻螺纹

1. 攻螺纹工具

攻螺纹工具有丝锥和铰杠。

丝锥的结构如图 9-33 所示,其由工作部分和柄部组成,工作部分由切削部分和校准部分组成。切削部分磨成圆锥形,切削负荷被分配在几个刀齿上。校准部分具有完整的齿形,用以校准切出的螺纹,并起导向作用。柄部有方榫,在铰杠装夹后旋转时用以传递扭矩。工作部分有 3～4 个轴向容屑槽,可容下切屑。M6～M24 的丝锥两枚一组;小于 M6 和大于 M24 的丝锥三枚一组,这是因为小丝锥强度差,而大丝锥切削量多,都易导致丝锥折断。头锥的切削部分长些,约有 6 个不完整的齿以便起切,二锥(和三锥)的切削部分短些。

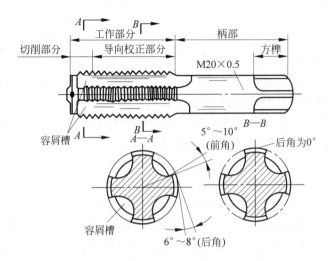

图 9-33 丝锥的结构

铰杠是用来夹持丝锥的工具,如图 9-34 所示。常用的可调式铰杠,通过旋动右边手柄,即可调节方孔的大小来夹持不同尺寸的丝锥。铰杠的长度应根据丝锥尺寸的大小进行选择,以便控制攻螺纹使的力,防止丝锥因施力不当而折断。

图 9-34 铰杠
1—方孔;2—可调部分

2. 攻螺纹的操作步骤

1) 确定光孔的直径和盲孔深度

攻螺纹过程中,丝锥主要在切削金属,但也有挤压金属的作用,在加工塑性好的材料时,挤压作用尤其显著。攻螺纹前工件的光孔直径 d 必须大于螺纹标准中规定的螺纹小径。确定光孔直径 d 的方法,可采用以下经验公式计算:

塑性材料 $\qquad d = D - P$

脆性金属 $\qquad d = D - (1.05 \sim 1.1)P$

式中:d——底孔直径;

$\qquad D$——螺纹公称直径;

$\qquad P$——螺距。

盲孔的深度为所需螺纹长度与丝锥切削部分长度的和。

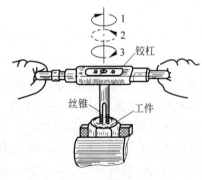

图 9-35 攻螺纹操作

2) 攻螺纹操作

(1) 攻螺纹时,两手握住铰杠中部,均匀用力,使铰杠保持水平转动,并在转动过程中对丝锥施加垂直压力,使丝锥切入孔内 1~2 圈。

(2) 用 90°角尺检查丝锥与工件表面是否垂直,若不垂直,丝锥要重新切入,直至垂直。

(3) 当丝锥的切削部分已切入工件后,可只转动而不加压,每转一圈后应反转 1/4 圈,以使切屑断落,如图 9-35 所示。

(4) 将丝锥轻轻倒转,退出丝锥,注意退出丝锥时不能让丝锥掉下。

攻钢料工件时,可加机油润滑,可使螺纹光洁并延长丝锥的使用寿命。对铸铁件,可加煤油润滑。

9.6.2 套螺纹

1. 套螺纹工具

套螺纹工具是板牙,板牙夹持在板牙架上,如图 9-36 所示。

板牙由合金工具钢 9SiCr 制成并经热处理淬硬。板牙相当于一个具有很高硬度的螺母,螺孔周围制有几个排屑孔,一般在螺孔的两端呈 2φ 锥角的内锥体部分是切削部分。板牙按外形和用途分为圆板牙、方板牙、六角板牙和管形板牙,其中以圆板牙应用最广,常用规格范围为 M0.25～M68。当加工出的螺纹中径超出公差或板牙因磨损而尺寸扩大后,可将板牙上的调节槽切开,通过螺钉紧固板牙来调节螺纹的中径。

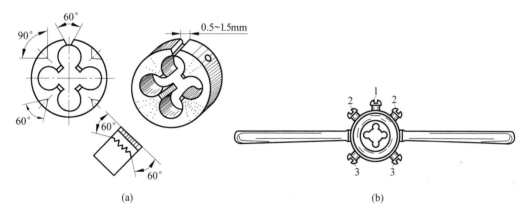

图 9-36 板牙与板牙架

(a)板牙;(b)板牙架

1—撑开板牙螺钉;2—调整板牙螺钉;3—紧固板牙螺钉

2. 套螺纹步骤

(1)光轴直径的确定。光轴外径太大,板牙难以套入;太小,套出的螺纹牙形不完整。因此,光轴直径应稍小于螺纹公称尺寸。计算光轴直径的经验公式为

$$d \approx D - 0.13P$$

(2)将圆杆顶端倒角 $15°～20°$,使板牙易套入和放正。

(3)将圆杆夹在软钳口内,要夹正紧固,位置尽量低些。

(4)板牙开始套螺纹时,务必使板牙与圆杆垂直,然后轻压旋入,加润滑油润滑。切入三四扣后可只旋转不加压,并同攻螺纹一样经常反转以断屑。

第四篇

现代制造技术训练

第10章

数控加工基础

随着科学技术的快速发展,现代化航空航天工业、飞机制造业、船舶业等产业也迅猛发展起来,产品品种不断增多,产品结构越来越复杂,复杂形状的零件越来越多,对产品零件质量、加工精度的要求也越来越高。同时,市场的残酷竞争使得产品研制周期越来越短,多品种、中小批量生产所占的比例显著增加,传统的加工设备和制造方法已很难适应这种多样化、柔性化以及复杂形状零件的高质量、高精度、高效率加工要求。因此,能有效解决复杂、精密、中小批量多品种零件加工问题的数控加工技术得到了迅速发展和广泛应用,使制造技术发生了根本性的变化。尤其是柔性制造系统的兴起,使得现代化数控加工技术向柔性化、高精度化、高可靠性、高一体化、网络化和智能化制造方向发展。

数控加工方法常见的有数控车、数控铣、数控磨、数控线切割、加工中心、数控钻、数控冲压等多种加工方法,已广泛应用于机械、电子、国防、航天等各行各业,成为现代加工不可缺少的加工方法。

10.1 数控加工基础知识

数控技术(numerical control technology)是利用数字化信息对机床运动及其加工过程进行控制的一种技术。

数字控制系统(numerical control system)是一种程序控制系统,它能逻辑地处理输入到系统中的数控加工程序,控制数控机床运动并加工出零件。

数控加工(numerical control manufacturing)就是根据零件图样及工艺要求等原始条件,编制零件数控加工程序,并输入到数控机床的数控系统,以控制数控机床中刀具与工件的相对运动,从而完成零件的加工。

1. 数控加工技术的发展

数控加工技术是 20 世纪 40 年代后期为适应加工复杂外形零件而发展起来的一种自动化加工技术,其研究起源于飞机制造业。1947 年,美国帕森斯(Parsons)公司为了精确地制作直升机机翼、桨叶和飞机框架,提出了用数字信息来控制机床自动加工复杂零件的设想。他们利用电子计算机对机翼加工路径进行数据处理,使得加工精度大大提高。1949 年美国空军为了能在短时间内制造出经常变更设计的火箭零件,与帕森斯公司和麻省理工学院(MIT)伺服机构研究所合作,于 1952 年研制成功世界上第一台数控机床——三坐标立式铣床,1955 年进入实用阶段。此铣床可控制铣刀进行连续空间曲面的加工,揭开了数控加工技术的序幕。中国数控机床的研制是从 1958 年开始的,现在中国众多的机床厂家都能生产各类数控机床。数控机床在制造业应用越来越广泛。

2. 数控加工的特点

数控加工是采用数字化信息对零件加工过程进行定义、并控制机床进行自动运行的一种自动化加工方法,它具有以下几个方面的特点:

(1) 具有对复杂形状零件的加工能力。复杂形状零件在飞机、汽车、造船、模具、动力设备和国防工业等制造部门具有重要地位,其加工质量直接影响整机产品的性能。数控加工运动的任意可控性使其能完成普通加工方法难以完成或者无法进行的复杂型面加工。

(2) 自动化程度高,劳动强度低。数控加工过程是按输入程序自动完成的,一般情况下,操作者主要是进行程序的输入和编辑、工件的装卸、刀具的准备、加工状态的监测等工作,不需要进行繁重的重复性的手工操作机床,体力劳动强度和紧张程度可大为减轻,劳动条件大大改善。

(3) 高精度。数控加工是用数字程序控制实现自动加工,排除了人为误差因素,且加工误差还可以由数控系统通过软件技术进行补偿校正。因此,采用数控加工可以提高零件加工精度和产品质量。

(4) 高效率。与采用普通机床加工相比,采用数控加工一般可提高生产率 2～3 倍,在加工复杂零件时生产率可提高十几倍甚至几十倍。特别是五面体加工中心和柔性单元等设备,零件一次装夹后能完成几乎所有部位的加工,不仅可消除多次装夹引起的定位误差,还可大大减少加工辅助操作,使加工效率进一步提高。

(5) 高柔性。只需要改变零件程序即可适应不同品种的零件加工,且几乎不需要制造专用工装夹具,因此加工柔性好,有利于缩短产品的研制与生产周期,适应多品种、中小批量的现代生产需要。

(6) 良好的经济效益。改变数控机床加工对象时,只需重新编写加工程序,不需要制造、更换许多工具、夹具和模具,更不需要更新机床。节省了大量工艺装备费用,又因加工精度高,质量稳定,减少了废品率,使生产成本降低,生产率进一步提高,故能够获得良好的经济效益。

(7) 有利于生产管理的现代化。利用数控机床加工,可预先计算加工工时,所使用的工具、夹具、刀具可进行规范化、现代化管理。数控机床将数字信号和标准代码作为控制信息,易于实现加工信息的标准化管理。数控机床易于构成柔性制造系统,目前已与计算机辅助设计与制造(CAD/CAM)有机结合。数控机床及其加工技术是现代集成制造技术的基础。

然而数控机床初期投资大,维修费用高,数控机床及数控加工技术对操作人员和管理人员素质的要求也高。因此,应该合理地选择和使用数控机床,提高企业的经济效益和竞争力。

3. 数控加工的适用范围

数控加工是一种可编程的柔性加工方法,但由于其设备费用相对较高,故目前数控加工多应用于加工零件形状比较复杂、精度要求较高,以及产品更换频繁、生产周期短的场合。具体地说,以下类型的零件最适宜于数控加工:

(1) 形状复杂、加工精度要求高或用数学方法定义的复杂曲线、曲面轮廓。

(2) 公差带小、互换性高、要求精确制造的零件。

(3) 用通用机床加工时,要求设计制造复杂专用工装夹具或需很长调整时间的零件。

(4) 价值高的零件。

(5) 多品种、小批量生产的零件。

(6) 钻、镗、铰、攻螺纹及铣削加工联合进行的零件。

由于现代工业生产的需要,目前应用数控设备进行加工的部分行业及典型复杂零件如下:

(1) 电器、塑料制造业和汽车制造业等——模具型面。

(2) 航空航天工业——高压泵体、导弹仓、喷气叶片、框架、机翼、大梁等。

(3) 造船业——螺旋桨。

(4) 动力工业——叶片、叶轮、机座、壳体等。

(5) 机床工具业——箱体、盘套类及轴类零件、凸轮、非圆齿轮、复杂形状刀具与工具。

(6) 兵器工业——炮架件体、瞄准陀螺仪壳体、恒速器壳体。

由此可见,目前的数控加工主要应用于以下两个方面:

(1) 常规零件加工,如二维车削、箱体类镗铣等,其目的在于提高加工效率,避免人为误差,保证产品质量;以柔性加工方式取代高成本的工装设备,缩短产品制造周期,适应市场需求。这类零件一般形状较简单,实现上述目的的关键一方面在于提高机床的柔性自动化程度、高速高精加工能力、加工过程的可靠性与设备的操作性能;另一方面在于合理的生产组织、计划调度和工艺过程安排。

(2) 复杂零件加工,如模具型腔、涡轮叶片等,该类零件在众多行业中具有重要的地位,其加工质量直接影响甚至决定着整机产品的质量。这类零件型面复杂,常规加工方法难以实现,它不仅促使了数控加工技术的产生,而且也一直是数控加工技术的主要研究及应用对象。由于零件型面复杂,在加工技术方面,除要求数控机床具有较强的运动控制能力(如多轴驱动)外,更重要的是如何有效地获得高效优质的数控加工程序,并从加工过程整体上提高生产效率。

4. 数控加工的重要性

数控加工是机械加工现代化的重要基础与关键技术,应用数控加工可大大提高生产率、稳定加工质量、缩短加工周期、增加生产柔性、实现对各种复杂精密零件的自动化加工,易于在工厂或车间实行网络化管理,还可使车间设备总数减少、节省人力、改善劳动条件,有利于加快产品的开发和更新换代,提高企业对市场的适应能力并提高企业综合经济效益。数控加工技术的应用,使零件的计算机辅助设计与制造、计算机辅助工艺规划的一体化成为现实,使机械加工的柔性自动化水平不断提高。

数控加工技术也是发展军事工业的重要战略技术。美国与西方各国在高档数控机床与加工技术方面,一直对我国进行封锁限制,这是因为许多先进武器装备,如飞机、导弹、坦克等关键零件的制造,都离不开高性能数控机床的加工。如著名的"东芝事件",就是由于苏联利用从日本获得的大型五坐标数控铣床制造出低噪声潜艇螺旋桨,使得西方的反潜设施顿时失效,对西方构成了重大威胁。中国的航空、能源、交通等行业也从西方引进了一些五坐标机床等高档数控设备,但其使用受到国外的监控和限制,不准其用于军事用途的零件加工。1999 年美国的考克斯报告,其中一项主要内容就是指责中国将购买的二手数控机床用于军事工业。这一切均说明数控加工技术在国防现代化方面所起的重要作用。

10.2 数控机床的基本概念

数控机床(numerical control machine tools)就是一个装有数字控制系统的机床,该系统能够处理加工程序,控制机床自动完成各种加工运动和辅助运动。

1. 数控机床的组成

数控机床的种类很多,但任何一台数控机床基本由控制介质、数控系统、伺服系统、辅助控制装置、机床本体、辅助装置组成,如图 10-1 所示。

(1) 控制介质。控制介质是将零件加工信息传送到控制装置的载体。不同类型的控制装置有不同的控制介质,常用的控制介质有穿孔纸带、穿孔卡、磁带、磁盘等。功能较高的数控系统通常还会带有自动编程机或者计算机辅助设计及计算机辅助制造系统。

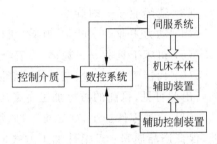

图 10-1 数控机床组成示意图

(2) 数控系统。数控系统是数控机床的核心,现代数控系统通常是一台带有专门系统软件的专用微型计算机,由输入装置、控制运算器和输出装置等构成。它接收控制介质上的数字化信息,经过控制软件或逻辑电路进行编译、运算和逻辑处理后,输出各种信号和指令控制机床的各个部分,进行规定、有序的动作。

(3) 伺服系统。伺服系统是数控机床的执行部分,由驱动和执行两部分组成。它接收数控装置的指令信息,并按指令信息的要求控制执行部件的进给速度、方向和位移。指令信息是以脉冲信号发出的,每一脉冲使机床移动部件产生的位移量叫作脉冲当量。目前数控机床的伺服系统中,常用的位移执行机构有功率步进电机、直流伺服电动机和交流伺服电动机,后两者均带有光电编码器等位置测量元件。

(4) 辅助控制装置。辅助控制装置是介于数控装置和机床机械、液压部件之间的强电控制装置。它接收数控装置输出的主运动变速、刀具选择交换、辅助装置等指令信号,经编译、逻辑判断、功率放大后直接驱动相应的电气、液压、气动和机械部件,完成各种规定的动作。此外,有些开关信号经过它送入数控装置进行处理。

(5) 机床本体。机床本体是数控机床的主体,是用于完成各种切削加工的机械部分,包括主运动部件、进给运动执行部件(如工作台、滑板)及其传动部件和支承部件(如床身、立柱等)。

(6) 辅助装置。其作用是配合机床完成对零件的辅助加工。它通常也是一个完整的机器或装置,如切削液或油液处理系统中的冷却过滤装置,油液分离装置,吸尘吸雾装置,润滑装置及辅助主机实现传动和控制的气、液动装置等。虽然在某些自动化或非数控精密机床上也配备使用了这些装置,但是数控机床要求配备装置的质量、性能更为优越,如从油质、水质、配方及元器件的挑选开始,一直到过滤、降温、动作等各个环节均从严要求。

除上述通用辅助装置外,从目前数控机床技术现状看,还有以下经常配备的几类辅助装置:①对刀仪;②自动编程机;③自动排屑器;④物料储运及上、下料装置;⑤交流稳压电源(在电网电压波动很大的情况下这是必需的)。随着数控机床技术的不断发展,其辅助装置也会逐步变化扩展。

2.数控机床的基本结构特征

由上述数控机床的组成可知,其与普通机床的最主要的差别有两点:一是数控机床具有"指挥系统"——数控系统;二是数控机床具有执行运动的驱动系统——伺服系统。

就机床本体来讲,数控机床与普通机床大不相同,从外观上看,数控机床虽然也有普通机床都有的主轴、床身、立柱、工作台、刀架等机械部件,但在设计上已发生了巨大的变化,主要表现在:

(1)机床刚性大大提高,抗振性能大为改善。如采用加宽机床导轨面、改变立柱和床身内部布肋方式、动平衡等措施。

(2)机床热变形降低。一些重要部件采用强制冷却措施,如有的机床采取了切削液通过主轴外套筒的办法保证主轴处于良好的散热状态。

(3)机床传动结构简化,中间传动环节减少。如用一、二级齿轮传动或"无隙"齿轮传动代替多级齿轮传动,有些结构甚至取消了齿轮传动。

(4)机床各运动副的摩擦因数较小。如用精密滚珠丝杠代替普通机床上常见的滑动丝杠,用塑料导轨或滚动导轨代替一般滑动导轨。

(5)机床功能部件增多。如用多刀架、复合刀具或多刀位装置代替单刀架,增加了自动换刀(换砂轮、换电极、换动力头等)装置,实现自动换刀工作台、自动上下料、自动检测等。

3.数控机床的分类

数控机床的种类很多。一般可按如下几种方式分类。

1)按工艺用途分

目前,数控机床的品种已达 500 多种,按其工艺用途可分为以下四大类。

(1)金属切削类,指采用车、铣、镗、钻、铰、磨、刨等各种切削工艺的数控机床,它又可分为以下两类:

① 普通数控机床。一般指在加工工艺过程中的一个工序上实现数字控制的自动化机床,有数控车、铣、刨、镗及磨床等。它在自动化程度上还不够完善,刀具的更换与零件的装夹仍需人工完成。

② 数控加工中心。加工中心是带有刀库和自动换刀装置的数控机床。在加工中心上,可使工件一次装夹后,实现多道工序的几种连续加工。加工中心的类型很多,一般分为铣削加工中心、车削加工中心、钻削中心等。加工中心由于减少了多次安装造成的定位误差,提高了零件各加工面的位置精度。

(2)金属成形类。指采用挤、压、冲、拉等成形工艺的数控机床,常用的有数控折弯机、数控弯管机、数控压力机、数控冲剪机等。

(3)特种加工类。主要有数控电火花线切割机、数控电火花成形机、数控激光加工与数控火焰切割机等。

（4）测量、绘图类。主要有数控绘图仪、数控坐标测量仪、数控对刀仪等。

2）按控制运动的方式分

（1）点位控制数控机床。这类机床只控制机床运动部件从一点移动到另一点的准确定位，在移动过程中不进行切削，对两点间的移动速度和运动轨迹没有严格控制。为了减少移动时间和提高终点位置的定位精度，一般先快速移动，当接近终点位置时，再以低速准确移动到终点，以保证定位精度。这类数控机床有数控钻床、数控镗床、数控冲床、数控点焊机和数控折弯机等。图10-2所示为点位控制工作原理图。

（2）直线控制数控机床。这类机床在工作时，不仅要控制起点和终点的准确位置，还要控制刀具以一定的进给速度沿与坐标轴平行的方向进行切削加工。这类数控机床有数控车床、数控铣床和数控磨床等。图10-3所示为直线控制加工示意图。

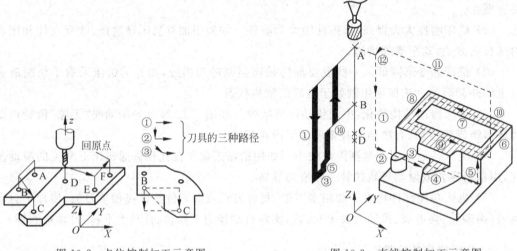

图10-2　点位控制加工示意图　　　　　图10-3　直线控制加工示意图

（3）轮廓控制数控机床。这类机床又称连续控制或多坐标联动数控机床，机床的控制装置能够同时对两个或两个以上的坐标轴进行连续控制。加工时不仅要控制起点和终点，还要控制整个加工过程中每点的速度和位置。这类数控机床有数控车床、数控铣床、数控线切割和加工中心等。图10-4所示为轮廓控制加工示意图。

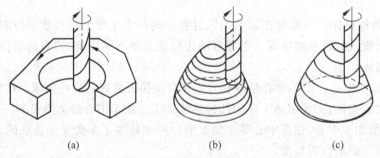

（a）　　　　　　　（b）　　　　　　　（c）

图10-4　轮廓控制加工示意图

3）按伺服系统的控制方式分

（1）开环控制数控机床。即不带反馈装置的控制系统，如图10-5所示。其伺服系统通常采用功率步进电动机，数控装置经过控制运算发出脉冲信号，每一脉冲信号使步进电机转动一定的角度,再经过传动系统,带动工作台或刀架移动。开环控制伺服机构结构简单,控制方便,价格便宜,但精度较低。

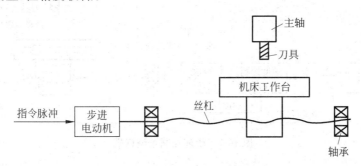

图 10-5　开环控制系统框图

(2) 半闭环控制数控机床。如图 10-6 所示,它是将位置检测装置安装于驱动电动机轴端或传动丝杠端部,间接地测量移动部件(工作台)的实际位置或位移,然后反馈到数控装置的比较器中,与输入原指令位移值进行比较,用比较后的差值进行控制。其精度高于开环系统,目前大部分机床采用半闭环控制方式。

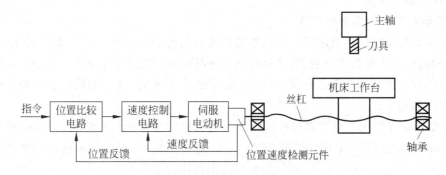

图 10-6　半闭环控制系统框图

(3) 闭环控制数控机床。它的进给伺服系统是按闭环反馈控制方式工作的,如图 10-7 所示。闭环控制系统是在机床工作台侧面位置直接装有直线位置检测装置,加工中将检测到的实际位移反馈到数控装置的比较器中,与输入的原指令位移值进行比较,根据其差值与指令进给速度的要求,按一定规律转换后,得到进给伺服系统的速度指令;另外通过与伺服电动机刚性连接的测速元件,随时实测驱动电动机的转速,得到速度反馈信号,将其与速度指令信号相比较,以其比较的差值对伺服电动机的转速随时进行校正,直至实现移动部件工作台的最终精确定位。利用上述位置控制与速度控制两个回路,可实现精确的定位。

4) 按联动轴数分

数控系统控制几个坐标轴按需要的函数关系同时协调运动,称为坐标联动。按照联动轴数可以分为:

(1) 两轴联动。数控机床能同时控制两个坐标轴联动,适于数控车床加工旋转曲面或数控铣床铣削平面轮廓。

(2) 两轴半联动。在两轴的基础上增加了 Z 轴的移动,当机床坐标系的 X、Y 轴固定时,Z 轴可以作周期性进给。两轴半联动加工可以实现分层加工。

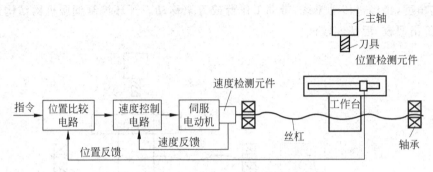

图 10-7　闭环控制系统框图

（3）三轴联动。数控机床能同时控制三个坐标轴的联动,用于一般曲面的加工,一般的型腔模具均可以用三轴联动加工完成。

（4）多坐标联动。数控机床能同时控制四个以上坐标轴的联动。多坐标数控机床的结构复杂,精度要求高,程序编制复杂,适用于加工形状复杂的零件,如叶轮、叶片类零件。

通常三轴机床可以实现二轴、二轴半、三轴加工;五轴机床也可以只用到三轴联动加工,而其他两轴不联动。

5）按数控系统的功能水平分

按所用数控系统的功能水平通常把数控机床分为低、中、高档三类。数控机床（数控系统）档次的高低由主要技术参数、功能指标和关键部件的功能水平来确定。低、中、高档相对而言,不同时期,划分的标准会不同。就目前的发展水平来看,这三类档次的数控机床的基本功能及参数如下:

（1）低档数控机床。这类数控机床以步进电机驱动为特征,分辨率为 $10\mu m$,进给速度为 $8\sim15m/min$,主 CPU 采用 8 位或 16 位 CPU,脉冲当量 $0.005\sim0.01mm$,用数码管或简单 CRT 显示。它主要用于车床、线切割机床及旧机床改造等。

（2）中档数控机床。这类数控机床的伺服进给采用半闭环及直、交流伺服控制,分辨率为 $1\mu m$,脉冲当量 $0.001\sim0.005mm$,进给速度为 $15\sim20m/min$,主 CPU 采用 16 位或 32 位 CPU,具备较齐全的 CRT 显示,可以显示字符和图形,进行人机对话、自诊断等,通常采用 RS-232 或 DNC 通信接口。

（3）高档数控机床。这类数控机床的伺服进给采用闭环及直、交流伺服控制,分辨率为 $0.1\mu m$,脉冲当量 $0.0001\sim0.001mm$,进给速度为 $20m/min$,主 CPU 采用 32 位或以上 CPU,CRT 显示除具备中档的功能外,还具有三维图形显示等,通常采用制造自动化协议（manufacturing automation protocol,MAP）等高性能通信接口,具有联网功能。

10.3　数控加工的主要内容及常用术语

1. 数控加工的主要内容

数控机床加工零件时,将编写好的零件加工程序输入到数控装置中,再由数控装置控制机床主运动的变速、启停,进给运动的方向、速度和位移大小,以及其他如刀具选择交换、工件夹紧松开和冷却润滑的启、停等动作,使刀具与工件及其他辅助装置严格按照数控程序规定的顺序、路程和参数进行工作,从而加工出形状、尺寸与精度符合要求的零件。数控加工流程如图 10-8 所示。

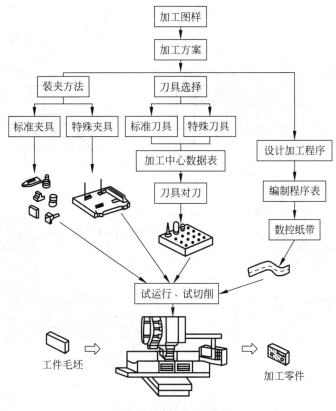

图 10-8　数控加工流程

一般来说,数控加工主要包括以下内容:

(1) 选择并确定零件的数控加工内容;

(2) 对零件图进行数控加工的工艺分析;

(3) 确定数控加工路线;

(4) 编写数控加工程序单;

(5) 按程序单制作程序介质;

(6) 数控程序的校验和调试;

(7) 首件试加工与现场问题处理;

(8) 数控加工工艺技术文件的定型与归档。

2. 数控加工常用术语

(1) 两坐标和多坐标加工

在数控机床中,机床的相关部件要进行位移量控制,故需要建立坐标系,以便分别进行控制。目前大多数采用直角坐标系。一台数控机床,所谓的坐标系是指有几个运动采用了数字控制。图 10-9(a)所示为一台数控车床,X 和 Z 方向的运动采用了数字控制,所以是一台两坐标数控车床;图 10-9(b)所示的数控铣床是 X、Y、Z 三个方向都能进行数字控制,因此它就是一台三坐标数控铣床;有些数控机床的运动部件较多,在同一坐标轴方向上会有两个或更多的运动是数字控制的,所以还有四坐标、五坐标数控机床,如图 10-9(c)、(d)所示。

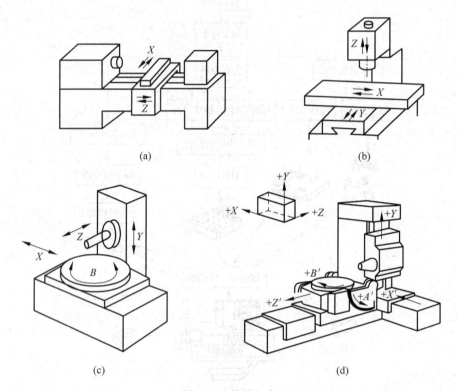

图 10-9 数控机床

(a) 两坐标数控车床;(b) 三坐标数控铣床;(c) 四轴联动数控机床;(d) 五轴联动加工中心

需要注意,机床的坐标数不能与"两坐标加工""三坐标加工"相混淆。图 10-9(b)是一台三坐标数控铣床,若控制机只能控制任意两坐标联动,则只能实现两坐标加工,如图 10-10 所示。有时相对于一些简单立体型面,也可采用这种机床加工,即某两个坐标联动,另一个坐标周期进给,将立体型面转化为平面轮廓加工,此即所谓两坐标联动的三坐标机床加工,也称为"两轴半(2.5 轴)坐标加工"。若控制机能控制三个坐标联动,则能实现三坐标加工,如图 10-11 所示。

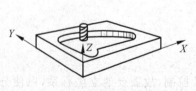

图 10-10 两坐标轮廓加工

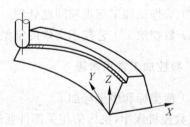

图 10-11 三坐标曲面加工

（2）插补

一个零件的形状往往看起来很复杂，实际上大多数是由一些简单几何元素，如直线、圆弧等构成。数控机床如何加工出直线、圆弧呢？如加工图 10-12 所示的一段圆弧，已知条件仅是该圆弧的起点 A 和终点 B 的坐标，圆心 O 坐标及半径 R，要想把圆弧段 AB 光滑地描绘出来，必须把圆弧段 A、B 之间各个点的坐标值计算出来，把这些点填补到 A、B 之间。通常把这种"填补空白"的工作称为插补，把计算插补点的运算称为插补运算，把实现插补运算的装置叫作插补器。

从图 10-13 清楚地看出，在加工直线、圆弧等的轮廓控制中，刀具中心从 A 到 B 点移动时，仅仅是寻求格点（即以每个脉冲当量使工作台产生最小移动量的单位运动的合成）来实现刀具移动的。所以不能没有丝毫偏离地寻走平滑直线或圆弧，也就是在寻走平滑直线或圆弧时，是通过如图 10-13(a)、(b) 那样非常接近于平滑直线或圆弧的格点的单位运动使其逼近于轮廓线的。

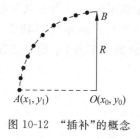

图 10-12　"插补"的概念

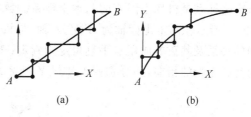

图 10-13　直线插补与圆弧插补

(a) 直线插补；(b) 圆弧插补

数控装置是根据程序介质上的信息来控制对各坐标轴的脉冲分配比例而得到所希望的轨迹。如图 10-13(a) 所示斜率的直线，一定要按 X、Y、X、Y、X、X、Y、X、Y、X 的顺序分配脉冲。具有沿平滑直线分配脉冲功能的叫直线插补，实现这种插补运算的装置叫直线插补器。沿圆弧分配脉冲功能的叫圆弧插补，实现这种插补运算的装置叫圆弧插补器。在数控机床中，数控装置完成这些插补功能是由逻辑电路予以实现；而在计算机数控机床中，数控装置的插补功能则是靠软件来实现的。

现在生产中使用的轮廓控制的数控机床，其数控装置大多数具有直线插补和圆弧插补功能。

（3）刀具补偿

具有刀具半径补偿功能的数控装置能使刀具中心自动从零件轮廓上偏离一个指定的刀具半径值（补偿量），并使刀具中心在这一被补偿的轨迹上运动，从而把工件加工成图纸上要求的轮廓形状，如图 10-14 所示。

当控制机具有刀具半径补偿功能时，在编程时不考虑加工所用的刀具半径，直接按照零件的实际轮廓形状来编制数控程序指令；而在加工时，把实际采用的刀具半径值由"刀具半径拨码盘"或键拨入，系统自动地算出每个程序

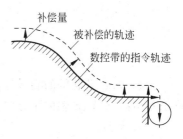

图 10-14　刀具半径补偿

段在各坐标方向的补偿量。实际上，刀具半径补偿仅仅是刀具补偿功能中的一种，还有刀具

长度补偿等。

3. 数控机床坐标系

为了准确地描述机床运动,简化程序的编制,并使所编程序具有互换性,需要规定数控机床坐标轴及运动方向。国际标准化组织(ISO)已经统一了标准坐标系,中国机械工业部也颁发了 JB 3051—1999《数字控制机床坐标和运动方向的命名》标准。

1)命名原则

机床在加工零件时可以是刀具移向工件,也可以是工件移向刀具。为了根据图样确定机床的加工过程,规定:永远假定刀具相对于静止的工件坐标运动。

2)机床坐标系

为了确定机床的运动方向、移动的距离,要在机床上建立一个坐标系,此坐标系即标准坐标系,也叫机床坐标系。在编制程序时,以该坐标系来规定运动的方向和距离。

机床坐标系是机床上固有的基本坐标系。数控机床的坐标系采用右手笛卡儿坐标系。如图 10-15 所示。基本坐标轴为 X、Y、Z 轴,与机床的主要导轨平行。基本坐标轴 X、Y、Z 轴之间的关系及其正方向用右手直角定则判定:拇指为 X 轴,食指为 Y 轴,中指为 Z 轴,其正方向为各手指的指向,并分别用$+X$、$+Y$、$+Z$ 表示。

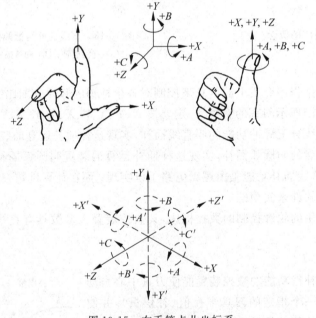

图 10-15 右手笛卡儿坐标系

围绕 X、Y、Z 各轴的旋转运动坐标分别为 A、B、C 轴,其正方向用右手螺旋定则判定,即拇指指向 X、Y、Z 轴的正方向,四指弯曲的方向为对应各轴的旋转正方向,并分别用$+A$、$+B$、$+C$ 表示。

机床坐标系 X、Y、Z 轴的判定顺序为:先判定 Z 轴,再判定 X 轴,最后按右手定则判定 Y 轴;增大刀具与工件之间距离的方向为坐标轴运动的正方向。

坐标轴的判定方法具体说明如下所述。

（1）Z 轴。由传递切削力的主轴决定，与主轴轴线平行的坐标轴为 Z 轴，刀具远离工件的方向为 Z 轴的正方向，如图 10-16～图 10-18 所示。坐标轴中，$+X$、$+Y$、$+Z$（或 $+A$、$+B$、$+C$）表示刀具相对于工件运动的正方向，带"$'$"的表示工件相对于刀具运动的正方向。

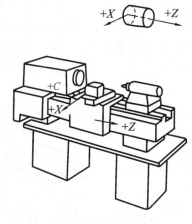

图 10-16　数控车床

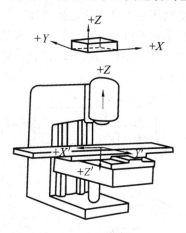

图 10-17　数控立式铣床

（2）X 轴。平行于工件装夹平面的坐标轴为 X 轴，刀具远离工件的运动方向为 X 轴的正方向。X 轴一般是水平的，工件旋转的机床（如车床、磨床等），X 轴为工件的径向，如图 10-16 所示；刀具旋转的立式机床（如立式铣床、钻床等），从机床主轴向立柱看，右侧方向为 X 轴的正方向，如图 10-17 所示；刀具旋转的卧式机床，从机床主轴向工件看，右侧方向为 X 轴的正方向，如图 10-18 所示。

（3）Y 轴。Y 坐标轴垂直于 X、Z 轴，当 X、Z 轴确定后，按笛卡儿直角坐标右手定则判断 Y 轴及其正方向。

（4）旋转运动轴 A、B、C 轴。A、B、C 轴的轴线对应地平行于 X、Y、Z 轴，它们旋转运动的正方向，对应地表示在 X、Y、Z 轴正方向上，并按照右旋螺旋定则判定。

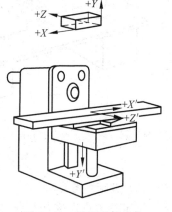

图 10-18　数控卧式铣床

3）工件坐标系

工件坐标系是编程时使用的坐标系，又称为编程坐标系。编程时首先要根据被加工零件的几何形状和尺寸，在零件图上设定工件坐标系，使零件图上的所有几何元素在坐标系中都有确定的位置，为编程提供轨迹坐标和运动方向。

工件坐标系的坐标轴根据工件在机床上的安装位置和加工方法而确定。一般工件坐标系的 Z 轴要与机床坐标系的 Z 轴平行，且正方向一致，与工件的主要定位支撑面垂直；工件坐标系的 X 轴选择在零件尺寸较大或切削时的主要进给方向上，且与机床坐标系的 X 轴平行，正方向一致；工件坐标系的 Y 轴可根据右手定则确定。

4）坐标系原点及参考点

（1）机床坐标系原点

机床坐标系的原点也称机床原点、机械原点或零点。机床原点是由机床制造商在制造机床时设置的固定坐标系的原点,是在机床装配、调试时确定下来的,是机床加工的基准点,同时也是建立其他坐标系和设定参考点的基准点。机床启动时通常都要回零,即运动部件回到一个固定的位置,从而建立起机床坐标系。机床原点的作用是使机床与控制系统同步,建立测量机床运动坐标的起始位置。

数控车床的机床原点一般取在卡盘端面与主轴轴心线的交点处;数控铣床的机床原点位置,各生产厂家不一致,有的设置在机床工作台中心,有的设置在进给行程范围的终点,如图 10-19 所示。

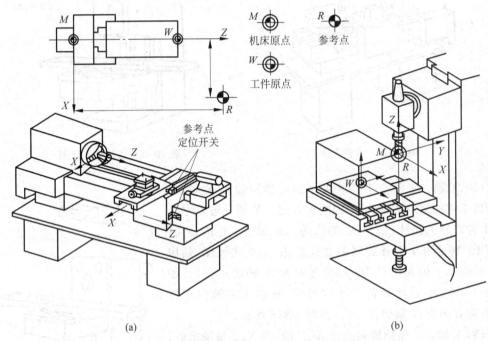

(a)   (b)

图 10-19   数控机床的机床坐标系原点及参考点

（2）机床参考点

机床参考点也称基准点,具有增量位置测量系统的数控机床一般都具有参考点。参考点是数控机床工作区确定的一个固定点,与机床原点有确定的尺寸联系。参考点在机床坐标系中,以硬件方式用固定挡块或限位开关限定各坐标轴的位置来实现定位,并通过精确测量指定参考点到机床原点的距离。因此,这样的参考点称为硬参考点。机床每次通电后,都要进行回参考点操作,数控装置通过参考点确认机床原点的位置,从而建立机床坐标系。

参考点的位置可以通过调整固定挡块或限位开关（见图 10-19）的位置来改变,但改变后必须重新精确测量并修改机床参数。有些数控机床的参考点是根据刀具在机床坐标系中的位置设定的,这样的参考点又称为软参考点。软参考点的位置可以根据加工零件的不同而变化,但在同一零件的加工过程中,软参考点的位置设定后不能改变。

机床参考点通常设置在各坐标轴的正向最大行程处,该点至机床原点在其进给轴方向上的距离在机床出厂时已准确确定。对于数控车床,参考点是车刀退离主轴端面和中心线最远处的一个固定点,数控铣床的参考点通常与机床原点重合。

（3）工件原点

工件原点即工件坐标系原点,也称编程原点。工件原点是编程时定义在工件上的几何基准点,该点在机床坐标系中的位置可通过 G 代码来设置。

　　工件原点要根据编程计算方便、机床调整方便、对刀方便以及工件的特点来确定,一般应选择在零件的设计基准、工艺基准或精度要求较高的工件表面上。对于几何元素对称的零件,工件原点应设在零件的对称中心上;对于一般零件,工件原点应设在零件外轮廓的某一角上,Z 轴方向的原点一般设在零件的上表面或端面上。如图 10-19 所示。

　　编程时,以零件图上所选择的某一点为原点建立工件坐标系,编程尺寸均按工件坐标系中的尺寸给定,按工件坐标系进行编程。

　　加工时,为了使刀具在工件上按编程轨迹运动,必须使工件原点与机床原点重合。因此,要测量工件原点与机床原点之间的距离,即工件原点与机床原点的偏差值,如图 10-20 中的 X_3、Y_3、Z_3。该偏差值可以预存在数控系统内或编写在加工程序中。在加工时,工件原点与机床原点的偏差值自动加到工件坐标系上,使数控系统按照机床坐标系确定工件的坐标值,实现零件的自动加工。

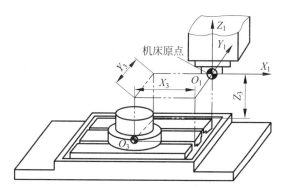

图 10-20　数控铣床工件坐标系的建立

（4）绝对坐标与增量坐标

　　数控加工程序中表示几何点的坐标位置有绝对值和增量值两种方式。绝对值是以工件原点为依据来表示坐标位置,增量值是以相对于前一点位置坐标尺寸的增量来表示坐标位置,如图 10-21 所示。增量坐标值与刀具或工件的运动方向有关,当刀具运动的方向与机床坐标系正方向相同时为正,反之为负。编程时要根据零件的加工精度要求及编程方便与否选用坐标类型。在数控程序中,绝对坐标与增量坐标可单独使用,也可在程序中交叉设置使用。

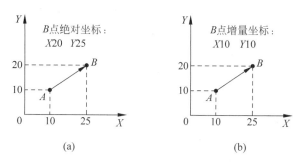

图 10-21　绝对坐标编程和增量坐标编程
（a）绝对坐标；（b）增量坐标
A 点—刀具起点；B 点—刀具终点

10.4　数控编程

程序是人的加工意念与数控加工之间的纽带,数控编程是数控加工的关键步骤。概括地说,数控编程的主要内容有:分析图纸技术要求并进行工艺设计,以确定加工方案,选择合适的机床、刀具、夹具,确定合理的走刀路线及切削用量等;建立工件的几何模型、计算加工过程中刀具相对工件的运动轨迹;按照数控系统可接受的程序格式,编写零件加工程序,然后对加工程序进行校验、测试和修改,直至得到合格的加工程序。

1. 数控编程的步骤与方法

1) 数控编程步骤

一般情况下数控编程主要包括以下内容:分析零件图、确定加工工艺、数值计算、编写零件加工程序、程序录入、程序检验及零件试切、加工,如图 10-22 所示。

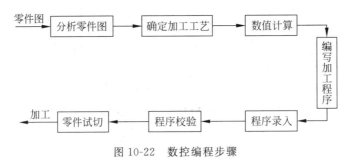

图 10-22　数控编程步骤

(1) 分析零件图

分析零件图,即分析零件的材料、形状、尺寸精度、表面粗糙度以及毛坯的形状和热处理要求等。通过分析,确定该零件是否适合在数控机床上加工,同时明确加工的内容及要求,以便确定零件的加工工艺。

(2) 确定加工工艺

确定零件的加工方法(如采用的装夹具、装夹定位方法)、加工路线(如对刀点、进给路线)及切削用量(如主轴转速、进给速度)等工艺参数。加工工艺遵循的基本原则是走刀路线尽量短,对刀点、换刀点方便合理,换刀次数尽量少,最大限度地提高数控机床效率。

(3) 数值计算

根据零件图的几何尺寸、所确定的加工路线及设定的坐标系,计算出数控机床加工所需的数据,包括零件轮廓线上各几何元素的起点、终点,圆弧的圆心坐标,几何元素的交点或切点等坐标尺寸。数值计算的复杂程度取决于零件的复杂程度和数控系统的功能,对于形状比较简单(由直线或圆弧组成)的平面零件,仅需要算出零件轮廓相邻几何元素的交点或切点的坐标值;当零件形状比较复杂,并与数控系统的插补功能不一致时,就需要较复杂的数值计算过程,借助计算机完成计算。

(4) 编写零件加工程序

根据数值计算得到的零件加工数据和已确定的工艺参数(如加工路线、切削用量、刀具号码、刀具补偿量、机床辅助动作以及刀具运动轨迹),按照数控系统规定的功能指令代码和程序段的格式编写零件加工程序,填写相应的工艺文件。

(5) 程序录入

程序录入有手动数据输入、介质输入和通信输入等方式。对于不太复杂的零件通常采用手动数据输入,即按所编程序清单内容,通过操作数控系统键盘进行程序输入,并进行程序检查。介质输入方式是将加工程序记录在磁盘、磁带等介质上,用输入装置一次性输入。还可以在不占用加工时间的情况下进行通信输入。

(6) 程序校验、试切

在对零件进行加工之前,需要对程序进行检验。一般是通过数控机床的空运行或图形仿真功能来校验程序,包括校验程序的语法是否有错、加工轨迹是否正确等。在图形仿真工作状态下运行程序时,只要程序存在语法或计算错误,运行中会自动显示编程出错而提示报警。根据报警内容,编程人员可对出错程序段进行调整,同时对照零件图,检查仿真出的刀具轨迹是否符合要求,以便对程序进行修改。

这种方法只能检验刀具的运动轨迹是否正确,不能检验被加工零件的加工精度。因此,程序校验结束后,还需要在机床上进行零件的首件试切,以便确定零件的加工精度是否符合要求。如果加工出来的零件误差不符合要求,则需要分析误差产生的原因,对程序及加工参数进行修正,直到加工出满足零件图要求的零件为止。

2) 数控编程的方法

数控编程的方法有两种:手工编程和自动编程。尺寸较少的简单零件的加工,一般采用手工编程。对于加工内容比较多、加工型面比较复杂的零件,需要采用自动编程。

(1) 手工编程

手工编程是指从零件图样分析、工艺处理、数值计算、编写程序单、键盘输入程序,直至程序校验等各步骤主要由人工完成。手工编程适用于点位加工或几何形状不太复杂的零件及二维或不太复杂的三维加工。程序编制时,坐标计算较为简单,编程工作量小,程序段不多。

(2) 自动编程

自动编程是指利用计算机及其外围设备组成的自动编程系统完成程序编制工作的方法,也称为计算机辅助编程。对于复杂的零件,如一些非圆曲线、曲面的加工,或者零件的几何形状并不复杂但是程序编制的工作量很大,或者需要进行复杂的工艺及工序处理的零件,因其在加工编程过程中的数值计算非常繁琐,如果采用手动编程,耗时多而效率低,甚至无法完成,因此必须采用自动编程的方法。

自动编程除了分析零件图样和制定工艺方案由人工进行外,数学处理、编写程序、检验程序等工作都是由计算机自动完成的。由于计算机可自动绘制出刀具中心的运动轨迹,编程人员可及时对程序进行检查或修改。

根据输入方式的不同,可将自动编程分为图形数控自动编程、语言数控自动编程和语音数控自动编程等。图形数控自动编程是将零件的图形信息直接输入计算机,通过自动编程软件的处理得到数控加工程序。目前,图形数控自动编程是使用最为广泛的自动编程方式。语言数控自动编程是指将加工零件的几何尺寸、工艺要求、切削参数及辅助信息等用数控语言编写成源程序后输入计算机中,再由计算机进一步处理得到零件加工程序。语音数控自动编程是指采用语音识别器将编程人员发出的声音加工指令转变为加工程序。

自动编程与手工编程相比可降低编程劳动强度,缩短编程时间和提高编程质量。但自动编程的硬件与软件配置费用较高,在加工中心、数控铣床上应用比较普遍。

2. 数控程序的格式

数控加工程序是根据数控系统规定的语言规则及程序格式来编制的。为便于数控机床的设计、制造、使用和维修,在程序输入代码、指令及格式等方面,国际上已形成了两种通用标准,即国际标准化组织的 ISO 标准和美国电子工业学会的 EIA 标准。中国根据 ISO 标准分别制定了 JB 3208—1983、GB/T 12646—1990 等标准,这些标准是数控编程的基本准则。

1) 程序结构

数控程序的结构由程序名(程序号)、程序内容和程序结束三部分组成,具体程序举例如下:

```
O0001;                          程序名(程序号)
N001 G99 M03 T0101;
N002 G00 X20. Z1.;
N003 G01 Z-10 F0.05;
N004 G00 X30 ;                  程序内容
N005 Z50;
  ⋮
N100 M30;                       程序结束
%
```

(1) 程序名(程序号)。程序名为程序的开始部分,由英文字母"O"和四位阿拉伯数字组成(例如: O0001)。一个完整的程序必须有一个程序名,作为识别、检索和调用该程序的标志。程序名的第一位字符为程序编号的地址,不同的数控系统,程序编号地址有所不同,例如在 GSK980TA、FANUC 系统中,用英文字母"O"作程序编号地址,还有的系统采用"P"或"%"等。

(2) 程序内容。程序内容是整个程序的核心部分,由若干个程序段构成,表示数控机床要完成的全部动作。

(3) 程序结束。程序结束指令通常为 M30 或者 M02。

2) 程序段格式

程序段格式是指一个程序段中指令字的排列顺序和表达方式。每个程序段中有若干个指令字(也称功能字),每个指令字表示一种功能,指令字由表示地址的英文字母、正负号和数字组成。一个程序段表示一个完整的加工工步或加工动作。程序段格式有固定顺序程序段格式、分隔符固定顺序程序段格式、字地址程序段格式等,目前应用最广泛的是字地址程序段格式。

字地址程序段格式由一系列指令字组成,程序段的长短、指令字的数量都是可变的,指令字的排列顺序没有严格要求。各指令字可根据需要选用,不需要的字及与上一程序段相同的续效程序字可以省略不写。

字地址程序段的一般形式为：

N＿＿G＿＿X＿Y＿Z＿ … S＿T＿＿M＿F＿；

其中，N 为程序段号，G 为准备功能，X、Y、Z 为坐标功能字，S 为主轴转速功能，T 为刀具功能，M 为辅助功能，F 为进给功能。程序段中常用功能字的地址含义及说明见表 10-1。

表 10-1　常用功能字地址、含义及说明

功能	地址	含 义	说 明
程序名	O、P、%	指定程序编号	用于主程序和子程序编号，后跟四位阿拉伯数字
程序段号	N	又称顺序号，是程序段的名称	范围为 N0～N9999
准备功能	G	指令操作格式	范围为 G00～G99
尺寸字	X、Y、Z U、V、W A、B、C I、J、K R	用于确定加工时刀具运动的坐标位置	X、Y、Z 用于确定终点的绝对直线坐标尺寸；U、V、W 用于确定终点的相对直线坐标尺寸；A、B、C 用于确定附加轴终点的角度坐标尺寸；I、J、K 用于确定圆弧的圆心坐标；R 用于确定圆弧半径
主轴功能	S	指定主轴转速	单位为 r/min
刀具功能	T	加工使用刀具编号	刀具功能的数字是指定的刀号，数字的位数由所用的系统决定。对于数控车床，其后的数字还兼有指定刀具补偿的作用
辅助功能	M	指定机床辅助动作	范围为 M00～M99
进给功能	F	指定切削进给速度	默认单位为 mm/min

（1）程序段号。用来表示程序从机床起动开始操作的顺序，位于程序段之首，由地址符"N"和后面的若干位数字组成，例如 N100，表示该程序段的编号为 100。

数控机床加工时，数控系统是按照程序段的先后顺序执行的，与程序段号的大小无关，程序段号只起一个标记的作用，以便于程序的校对和检索修改。一般程序段号按升序间隔排列。

（2）程序字。程序字通常由地址符、数字和符号组成，字的功能类别由地址决定。每个程序字根据地址来确定其含义，

（3）程序段结束符。结束符写在每一程序段之后，表示程序段结束。程序段结束符根据不同的数控系统可以用"LF""CR"";"" ＊ "等符号表示，也有的数控系统不设结束符，直接按 Enter 键即可。

3．常用的数控指令

1）准备功能指令

准备功能字是使数控机床做好某种操作准备的指令，用地址 G 和两位数字来表示。不同的数控系统 G 指令的功能可能不一样，即使是同一种数控系统，数控车床和数控铣床某些 G 指令的功能也会有区别。FANUC 系统数控车床和数控铣床常用的准备功能字如表 10-2 和表 10-3 所示。

表 10-2　FANUC 系统数控车床常用准备功能指令

代码	组别	功　能	代码	组别	功　能
G00		快速移动	G70		精加工循环
G01	01	直线插补	G71		外圆、内圆粗车循环
G02		顺时针圆弧插补	G72	00	端面粗车循环
G03		逆时针圆弧插补	G73		封闭切削循环
G04	00	暂停	G74		端面切削循环
G20	06	英制单位输入	G75		外圆、内圆切槽循环
G21		公制单位输入	G76		复合型螺纹切削循环
G27	00	返回参考点检测	G90		轴向切削固定循环
G28		返回至参考点	G92	01	螺纹切削循环
G32	01	螺纹切削	G94		径向切削固定循环
G40		刀尖圆弧半径补偿取消	G96	02	主轴恒线速控制
G41	07	刀尖圆弧半径左补偿	G97		主轴恒转速控制
G42		刀尖圆弧半径右补偿	G98		每分钟进给
G50	00	编程坐标系设定或者主轴最大转速设定	G99	05	每转进给

表 10-3　FANUC 系统数控铣床常用准备功能指令

代码	组别	功　能	代码	组别	功　能
G00		快速定位	G73		深孔钻削循环
G01	01	直线插补	G74		左螺纹加工循环
G02		顺时针圆弧插补	G76		精细钻孔循环
G03		逆时针圆弧插补	G80		固定循环取消
G04	00	暂停	G81		钻孔循环、点镗孔循环
G17		XY 平面选择	G82		钻孔循环、镗阶梯孔循环
G18	02	ZX 平面选择	G83	09	深孔钻削循环
G19		YZ 平面选择	G84		右螺纹加工循环
G28	00	自动返回至参考点	G85		镗孔循环
G40		刀具半径补偿取消	G86		镗孔循环
G41	07	刀具半径左补偿	G87		反镗孔循环
G42		刀具半径右补偿	G88		镗孔循环
G43		刀具长度正补偿	G89		镗孔循环
G44	08	刀具长度负补偿	G90	03	绝对值坐标编程
G49		刀具长度补偿取消	G91		增量值坐标编程
G50	11	比例缩放取消	G92	00	设定工件坐标系
G51		比例缩放有效	G94	05	每分钟进给
G54～G59	14	设定工件坐标系	G95		每转进给
G68	16	坐标旋转方式开	G98	10	固定循环返回起始面
G69		坐标旋转方式关	G99		固定循环返回安全面

　　表 10-2 和表 10-3 中,00 组 G 指令为非模态指令,其他的指令均为模态指令。非模态指令又称程序段式指令,该类指令只在它指定的程序段中有效,如果下一程序段还需使用,则应重新写入程序段中。模态指令又称续效指令,这类指令一旦被应用就会一直

有效,直到出现同组的其他指令时才被取代。后续程序段中如果还需要使用该指令则可以省略不写。

2)F 功能指令

F 功能也称进给功能,其作用是指定执行元件(如刀架、工作台等)的进给速度,程序中用 F 和其后面的数字组成。在 FANUC 车床数控系统中,F 代码用 G98 和 G99 指令来设定进给单位;在 FANUC 数控铣床系统中,F 代码用 G94 和 G95 指令来设定进给单位。

3)S 功能指令

S 功能也称主轴转速功能,其作用是指定主轴的旋转速度。主轴转速有两种表示方式,分别用 G96 和 G97 来指定。G96 称为恒线速指令,用来指定切削的线速度,以 m/min 为计量单位,如 G96 S120 表示切削的线速度为 120m/min。恒定的线速度更有利于获得好的表面质量。G97 称为恒转速指令,用来指定主轴转速,以 r/min 为计量单位,如 G97 S1200 表示主轴转速为 1200r/min,切削过程中转速恒定,不随工件的直径大小而变化。G97 主要用在工件直径变化较小及车削螺纹的场合。

在车削工件的端面、锥面或圆弧等直径变化较大的表面时,希望切削速度不受工件径向尺寸变化的影响,因而要用 G96 指定恒线速度。恒线速度一经指定,工件上任一点的切削速度都是一样的,转速则随工件直径的大小而发生变化。由公式 $v_c = \pi n d / 1000$ 可知,当工件直径变小(刀具沿 X 轴运动)时,主轴转速随之自动提高,特别是刀具接近工件中心时,机床主轴转速会变得越来越高。为了防止飞车,此时应限制主轴的最高转速。因此,在用 G96 指令指定恒线速度的同时,还要用 G50 指令来限制主轴的最高转速,其格式为:

```
G50 S2000;
G96 S120;
```

4)T 功能指令

T 功能也称刀具功能,其作用是指定刀具号码和刀具补偿号码,用 T 和其后的数字表示。

(1)T××为两位表示方法,如 T04 表示第 4 把刀。刀具补偿号由地址符 D 或 H 指定。这种 T 功能的表示方法一般用于数控铣床和加工中心。

(2)T××××为四位表示方法,是数控车床中使用最多的一种形式,前两位数字为刀具号,后两位数字则表示相应刀具的刀具补偿号。如 T0202 表示 2 号刀具的 2 号补正;T0112 表示 1 号刀具的 12 号补正。

通常使用的刀具序号应与刀架上的刀位号相对应,以免出错。刀具补偿号与数控系统刀具补偿显示页上的序号是对应的,它只是补偿量的序号,真正的补偿量是该序号设置的值。为了方便,通常使刀具序号与刀具补偿号一致,如 T0202 等。

5)辅助功能指令

辅助功能指令又称 M 指令或 M 代码,其作用是控制机床或系统的辅助功能动作,如冷却泵的开、关,主轴的正转、反转,程序的走向等。M 指令由字母 M 和其后两位数字组成。在 FANUC 系统中,一个程序段只能有一个 M 指令有效。FANUC 系统常用辅助功能指令如表 10-4 所示。

表 10-4 FANUC 系统常用辅助功能指令

代码	功　　能	说　　明
M00	程序暂停	当执行有 M00 指令的程序段后,主轴旋转、进给、切削液都停止,重新按下(循环启动)键,继续执行后面程序段
M01	选择停止	功能与 M00 相同,但只有在机床操作面板上的(选择停止)键处于"ON"状态时,M01 才执行
M02	程序结束	放在程序的最后一个程序段,执行该指令后,主轴停、切削液关、自动运行停,机床处于复位状态
M03	主轴正转	用于主轴顺时针方向转动
M04	主轴反转	用于主轴逆时针方向转动
M05	主轴停止	停止主轴转动
M06	换刀	用于加工中心的自动换刀
M08	打开冷却液	用于打开冷却液
M09	关闭冷却液	用于关闭冷却液
M10	液压卡盘松开	用于卡盘松开动作
M11	液压卡盘夹紧	用于卡盘夹紧动作
M30	程序结束	放在程序的最后一个程序段,除了执行 M02 的内容外,还返回到程序的第一段,准备下一个工件的加工
M98	子程序调用开始	开始调用子程序
M99	子程序调用结束	子程序调用结束,并返回主程序

10.5　数控加工工艺设计

工艺设计是指对工件进行数控加工的前期工艺准备工作,它是在程序编制工作之前完成的。工艺设计相当于一般编程的算法设计。数控加工工艺设计的主要内容有:

(1) 选择并确定零件的数控加工内容;

(2) 选择加工方法;

(3) 对零件图纸进行数控加工工艺性分析;

(4) 数控加工的工艺路线设计;

(5) 数控加工的工序设计。

数控加工工艺设计的原则和内容在许多方面与普通机床加工工艺基本相似,以下主要针对数控加工的特点进行简要说明。

1. 选择并确定零件的数控加工内容

当选择并决定对某个零件进行数控加工后,还必须选择零件数控加工的内容,以决定零件的哪些表面需要进行数控加工。一般可按下列顺序考虑:

(1) 普通机床无法加工的内容应作为数控加工优先选择的内容;

(2) 普通机床难加工、质量也难以保证的内容应作为数控加工重点选择的内容;

(3) 普通机床加工效率低、工人手工操作劳动强度大的内容,可在数控机床尚存在富余的基础上选择。

此外,还要防止把数控机床降为普通机床使用。

2. 选择加工方法

加工方法的选择原则是保证获得所需要的加工精度和表面粗糙度。由于获得同样精度可用的加工方法很多,因而实际选择时,要结合零件的形状、尺寸大小、材料和热处理的要求等全面考虑。例如对 IT 7 级精度的孔,采用镗削、铰削、磨削等加工方法均可达到要求,但箱体上的孔一般采用镗削或铰削,而不宜采用磨削,小尺寸的箱体孔一般选择铰孔,当孔径较大时,则应选择镗孔。此外,还应考虑生产率和经济性的要求,以及生产设备等实际情况。

一般情况下,数控车床适合加工形状比较复杂的轴类零件和由复杂曲线回转形成的模具内型腔;立式数控铣床适合加工平面凸轮、样板、形状复杂的平面或立体零件,以及模具的内、外型腔等;卧式数控铣床则适合加工箱体、泵体和壳体类零件;多坐标联动的加工中心还可以加工各种复杂的曲线、曲面、叶轮和模具等。

精度要求较高的零件表面常常通过粗加工、半精加工和精加工逐步达到要求。确定加工方案时,首先应根据主要表面的精度和表面粗糙度的要求,初步确定加工方法。常用加工方法的经济加工精度和表面粗糙度可查阅有关工艺手册。

3. 对零件图纸进行数控加工工艺性分析

数控加工的工艺分析需注意以下方面。

(1) 选择合适的对刀点和换刀点

对刀点是数控加工时刀具相对零件运动的起点,又称"起刀点",也就是程序运行的起点。对刀点选定后,便确定了机床坐标系和工件坐标系之间的相互位置关系。

刀具在机床上的位置是由刀位点的位置来表示的。不同的刀具,刀位点不同。对平头立铣刀、端铣刀类刀具,刀位点为它们的底面中心;对钻头,则为钻尖;对球头铣刀,则为球心;对车刀、镗刀类刀具,则为其刀尖。在对刀时,刀位点应与对刀点一致。

对刀点选择的原则:主要是考虑对刀点在机床上对刀方便、便于观察和检测,编程时便于数学处理和有利于简化编程。为提高零件的加工精度,减少对刀误差,对刀点应尽量选在零件的设计基准或工艺基准上。如以孔定位的零件,应将孔的中心作为对刀点。

对数控车床、镗铣床、加工中心等多刀加工数控机床,在加工过程中需要进行换刀,故编程时应考虑不同工序之间的换刀位置。为避免换刀时刀具与工件及夹具发生干涉,换刀点应设在工件的外部。

(2) 审查与分析工艺基准的可靠性

数控加工工艺特别强调定位加工,尤其是正反两面都采用数控加工的零件,其工艺基准的统一是十分必要的,否则很难保证两次装夹加工后两个面上的轮廓位置及尺寸协调。如果零件上没有合适的基准,可以考虑在零件上增加工艺凸台或工艺孔,在加工完成后将其去除。

(3) 选择合适的零件装夹方式

数控机床加工时,应尽量使零件能够一次装夹,完成零件所有待加工面的加工。要合理选择定位基准和夹紧方式,以减少误差环节。应尽量采用通用夹具或组合夹具,必要时才设计专用夹具。夹具设计的原理和方法与普通车床所用夹具相同,但应使其结构简单,便于装卸,操作灵活。

4．数控加工工艺路线设计

与通用机床加工工艺路线设计相比,数控加工工艺路线设计仅是对几道数控加工工序工艺过程的概括,而不是指从毛坯到成品的整个工艺过程。因此,数控加工工艺路线设计要与零件的整个工艺过程相协调,应注意以下几个问题:

(1) 工序的划分。在划分工序时,要根据数控加工的特点以及零件的结构和工艺性,机床的功能、零件数控加工内容的多少、装夹次数等因素综合考虑。可以以一次装夹加工作为一道工序,以同一把刀具加工的内容划分工序,以加工部位划分工序,以粗、精加工划分工序等方法进行工序的划分。

(2) 加工顺序的安排。加工顺序的安排应根据零件的结构和毛坯状况,以及定位与夹紧的需要来考虑,重点保证工件的刚性不被破坏。如先进行内型腔加工工序。在同一次装夹中进行的多道工序,应先安排对工件刚性破坏较小的工序。

(3) 数控加工工序与普通工序的衔接。数控加工工序前后一般都穿插有其他普通工序,如果衔接得不好,就容易产生矛盾。解决的最好办法是相互建立状态要求,如要不要留加工余量,留多少;定位面与孔的精度要求及形位公差;对毛坯的热处理要求等。这样做的目的是相互能满足要求,且质量目标及技术要求明确,验收时有依据。

5．数控加工工序设计

其主要内容是进一步把本工序的加工内容、加工用量、工艺装备、定位夹紧方式及刀具运动轨迹都具体确定下来,为编制加工程序作好充分准备。在工序设计时应注意以下方面。

1) 确定走刀路线和安排工步顺序

零件加工的走刀路线是刀具在整个加工工序中的运动轨迹,它不但包括了工步的内容,也反映出工步顺序,是编程的主要依据之一。因此,在确定走刀路线时最好画一张工序简图,可以将已经拟订出的走刀路线画上去(包括切入、切出路线),这样可以方便编程。工步的安排一般可随走刀路线来进行。在确定走刀路线时,主要考虑以下几点:

(1) 对点位加工的数控机床(如钻、镗床),要考虑尽可能缩短走刀路线,以减少空程时间,提高加工效率。

(2) 为保证工件轮廓表面加工后的粗糙度要求,最终轮廓应安排最后一次走刀连续加工。

(3) 刀具的进退路线须认真考虑,要尽量避免在轮廓处停刀或垂直切入、切出工件,以免留下刀痕(切削力发生突然变化而造成弹性变形)。在车削和铣削零件时,应尽量避免如图 10-23(a)所示的径向切入或切出,而应按如图 10-23(b)所示的切向切入或切出,这种加工后的表面粗糙度较好。

(4) 铣削轮廓的加工路线要合理选择,一般采用图 10-24 所示的三种方式进行。图(a)为 Z 字形双走向走刀方式;图(b)为单方向走刀方式;图(c)为环形走刀方式。在铣削封闭的凹轮廓时,刀具的切入或切出不允许外延,最好选在两面的交界处;否则,会产生刀痕。为保证表面质量,最好选择图 10-25 中的(b)和(c)所示的走刀路线。

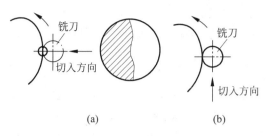

图 10-23　刀具的进刀路线

（a）径向切入；（b）切向切入

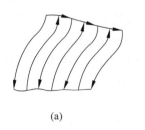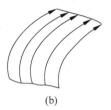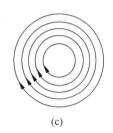

(a)　　　　　　　　　(b)　　　　　　　　　(c)

图 10-24　轮廓加工的走刀路线

（a）Z 字形；（b）单向；（c）环形

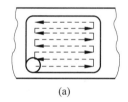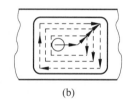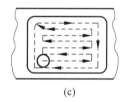

(a)　　　　　　　　　(b)　　　　　　　　　(c)

图 10-25　轮廓加工的走刀路线

（a）Z 字形；（b）单向；（c）Z 字形＋环形

（5）旋转体类零件的加工一般采用数控车床或数控磨床加工，由于车削零件的毛坯多为棒料或锻件，加工余量大且不均匀，因此合理制定粗加工时的加工路线，对于编程至关重要。如图 10-26 所示为手柄加工实例，其轮廓主要由三段圆弧组成，由于加工余量较大且不均匀，比较合理的方案是先用直线插补车去图中虚线所示的加工余量，再用圆弧插补精加工成形。图 10-27 所示的零件表面形状复杂，毛坯为棒料，加工时余量不均匀。其粗加工路线应按图中 1~4 依次分段加工，然后再换精车刀一次成形，最后用螺纹车刀粗、精车螺纹。至于粗加工走刀的具体次数，应视每次的切削深度而定。

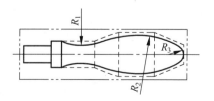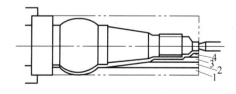

图 10-26　直线、斜线走刀路线　　　　　图 10-27　矩形走刀路线

2）定位基准和夹紧方式的确定

在确定定位基准和夹紧方式时,应力求设计、工艺与编程计算的基准统一,尽量减少装夹次数。

3）夹具的选择

数控加工对夹具提出了两个基本要求：一是要保证夹具的坐标方向相对固定；二是要能协调零件与机床坐标系的尺寸。此外,当零件加工批量小时,尽量采用组合夹具、可调式夹具以及其他通用夹具；成批生产时才考虑专用夹具。零件装卸要方便可靠。

4）刀具的选择

数控加工刀具的选择比较严格,有些刀具是专用的,选择时应考虑工件材质、加工轮廓类型、机床允许的切削用量以及刚性和刀具耐用度等。编程时,要规定刀具的结构尺寸和调整尺寸。对加工凹轮廓,端铣刀的刀具半径或球头铣刀的球头半径必须小于被加工面的最小曲率半径。对自动换刀的数控机床,在刀具装到机床上以前,要在机外预调装置（如对刀仪）中,根据编程确定的参数,调整到规定的尺寸或测出精确的尺寸,并在加工前,将刀具有关尺寸输入到数控装置中。

第11章

数控车削加工

11.1 数控车床简介

数控车床(computer numerical control,CNC)即计算机数字控制车床。

1. 数控车床的用途

数控车床主要用于加工精度要求高、表面粗糙度好、轮廓形状比较复杂的轴类和盘类等回转体零件。它能够通过程序控制自动完成圆柱表面、圆锥表面、圆弧表面和螺纹等工序的切削加工,也可以进行切槽、钻孔和铰孔等工作。尤其是近几年出现的数控车削中心、数控车铣复合加工中心等新型数控机床,可以实现一次装夹完成多道加工工序的功能,提高了加工质量和加工效率。

2. 数控车床的原理

数控车床的基本原理见图 11-1。普通车床是靠手工操作机床来完成各种切削加工,而数控车床是将编制好的加工程序输入到数控系统中,由数控系统通过控制车床 X、Z 坐标轴的伺服电动机去控制车床进给运动部件的动作顺序、移动量和进给速度,再配以主轴的转速和转向,加工出各种不同形状的轴类和盘套类回转体零件。

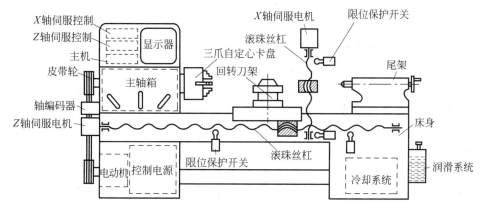

图 11-1　数控车床原理示意图

3. 数控车床的组成

数控车床由数控系统和机床本体组成。数控系统包括控制电源、轴伺服控制器、主机、轴编码器（X 轴、Z 轴和主轴）及显示器等。机床本体包括床身、主轴箱、电动回转刀架、进给传动系统、电动机、冷却系统、润滑系统、安全保护系统等。

数控车床与卧式普通车床相比较，数控车床的进给系统与普通车床的进给系统在结构上存在着本质差别。普通车床主轴的运动经过进给箱、溜板箱传到刀架实现纵向和横向的进给运动，数控车床则是去除了进给箱、溜板箱、小溜板和大、中溜板手柄，采用伺服电机直接驱动滚珠丝杠，带动床鞍和刀架，实现纵向和横向的进给运动，而不必使用挂轮、光杠等传动部件，故其传动链短。多功能数控车床是采用直流或交流主轴控制单元来驱动主轴，它可以按控制指令作无级变速，与主轴间无需再用多级齿轮副来进行变速，其床头箱内的结构也比普通车床简单得多。故数控车床的结构大为简化，其精度和刚度大大提高。

此外，数控车床采用电动刀架可实现自动换刀，并采用系统自动润滑和各轴限位安全保护。数控车床还具有轻拖动（刀架移动采用了滚珠丝杠副）、加工时冷却充分、防护较严密等特点。

4. 数控车床的分类

随着数控车床制造技术的不断发展，形成了产品繁多、规格不一的局面，因而也出现了几种不同的分类方法。

1）按数控系统的功能分类

（1）经济型数控车床。它一般采用步进电机驱动形成开环伺服系统，其控制部分采用单板机或单片机来实现。此类车床结构简单，价格低廉，无刀尖圆弧半径自动补偿和恒线速切削等功能。

（2）全功能型数控车床。它一般采用闭环或半闭环控制系统，具有高刚度、高精度和高效率等特点。

（3）车削中心。它是以全功能型数控车床为主体，并配置刀库、换刀装置、分度装置、铣削动力头和机械手等，实现多工序复合加工的机床。在工件一次装夹后，它可完成回转类零件的车、铣、钻、铰、攻螺纹等多种加工工序，功能全面，但价格较高。

（4）FMC 车床。它实际上是一个由数控车床、机器人等构成的柔性加工单元。它能实现工件搬运、装卸的自动化和加工调整准备的自动化。

2）按加工零件的基本类型分类

（1）卡盘式数控车床。这类车床未设置尾座，适宜车削盘类零件。其夹紧方式多为电动或液压控制，卡盘结构多数具有卡爪。

（2）顶尖式数控车床。这类车床设置有普通尾座或数控尾座，适合车削较长的轴类零件及直径不太大的盘、套类零件。

3）按车床主轴位置分类

（1）卧式数控车床。其主轴轴线处于水平位置，又可分为水平导轨卧式数控车床和倾斜导轨卧式数控车床，倾斜导轨结构可以使车床具有更大的刚性，并易于排屑。

（2）立式数控车床。其主轴轴线处于垂直位置，并有一个直径很大的圆形工作台，供装夹工件用。这类机床主要用于加工径向尺寸大、轴向尺寸较小的大型复杂零件。

具有两根主轴的数控车床称为双轴卧式数控车床或双轴立式数控车床。

4）其他分类

按数控系统的不同控制方式等指标，数控车床可分为直线控制数控车床、轮廓控制数控车床等；按特殊或专门的工艺性可分为螺纹数控车床、活塞数控车床、曲轴数控车床等；按刀架数量可分为单刀架数控车床和双刀架数控车床。

11.2 数控车削加工工艺与工装

11.2.1 数控车削加工的工艺分析

理想的加工程序不仅应保证加工出符合图样的合格工件，同时应能使数控机床的功能得到合理的应用和充分的发挥。因此，除必须熟练掌握数控车削加工的性能、特点和使用操作方法外，还必须在编程之前正确地确定加工工艺。由于生产规模的差异，对于同一零件的车削加工方案是有所不同的，应根据具体条件，选择经济、合理的车削工艺方案。

1．加工工序划分

在数控机床上加工零件，工序可以比较集中，一次装夹应尽可能完成全部工序。与普通机床加工相比，其加工工序有自己的特点，常用的工序划分原则有以下两种。

（1）保持精度原则

数控加工要求工序尽可能集中。通常粗、精加工在一次装夹下完成，为减少热变形和切削力变形对工件形状、位置精度、尺寸精度和表面粗糙度的影响，应将粗、精加工分开进行。对轴类或盘类零件，将待加工面先粗加工，留少量余量精加工，来保证表面质量要求。对轴上有孔、螺纹加工的工件，应先加工表面而后加工孔、螺纹。

（2）提高生产效率的原则

数控加工中，为减少换刀次数，节省换刀时间，应将需用同一把刀加工的加工部位全部完成后，再换另一把刀来加工其他部位。同时应尽可能减少空行程，即用同一把刀加工工件的多个部位时，应以最短的路线到达各加工部位。

2．加工路线的确定

数控加工时，刀具（严格说是刀位点）相对于工件的运动轨迹和方向称为加工路线，即刀具从对刀点开始运动起直至结束加工程序，所经过的路径，包括切削加工的路径及刀具引入、返回等非切削空行程。加工路线的确定首先必须保持被加工零件的尺寸精度和表面质量，其次考虑数值计算简单、走刀路线尽量短、效率较高等。数控车床加工零件常用的加工路线分析如下。

（1）车圆锥的加工路线分析

在车床上车外圆锥面可分为车正锥和车倒锥两种情况，每一种情况又有两种加工路线。图 11-2 所示为车正锥的两种加工路线。按图 11-2(a)中路线车正锥时，需要计算终刀距 S。假设圆锥大径为 D，小径为 d，锥长为 L，切削深度为 a_p，则由相似三角形可得

$$(D-d)/2L = a_p/S$$

则

$$S = 2La_p/(D - d)$$

按此加工路线,刀具切削运动的距离较短。

如按图 11-2(b)中走刀路线车正锥时,则不需要计算终刀距 S,只要确定切削深度 a_p,即可车出圆锥轮廓,编程很方便。但每次切削中背吃刀量是变化的,且刀具切削路线较长。

图 11-3 所示为车倒锥的两种加工路线,其车锥原理与车正锥相同。

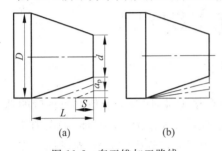

图 11-2   车正锥加工路线

（a）正锥加工路线 1；（b）正锥加工路线 2

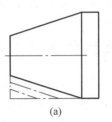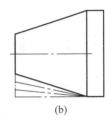

图 11-3   车倒锥加工路线

（a）倒锥加工路线 1；（b）倒锥加工路线 2

（2）车圆弧的加工路线分析

用圆弧插补指令车圆弧,若一刀就把圆弧加工出来,这样吃刀量太大,容易打刀。故在实际切削时,需要多刀加工。

图 11-4 所示为车圆弧的车圆法切削路线,即用不同半径圆弧进行切削,最后将所需圆弧加工出来。此方法在确定了每次切削深度 a_p 后,对 90° 圆弧的起点、终点坐标容易确定。图 11-4(a)的走刀路线较短,但图 11-4(b)加工的空行程时间较长。此方法数值计算简单,编程方便,经常采用,适合于较复杂的圆弧。

图 11-5 所示为车圆弧的车锥法切削路线,即先车一个圆锥,再车圆弧。但要注意车圆锥时的起点和终点的确定。若确定不好,则可能损坏圆弧表面,也可能将余量留得过大。确定方法是 OB 连线交圆弧于 D,过 D 点作圆弧的切线 AC,由几何关系得

$$BD = OB - OD = \sqrt{2}R - R = 0.414R$$

此为车圆锥时的最大切削余量,加工路线不能超过 AC 线。由 BD 与 $\triangle ABC$ 的关系,可得

$$AB = CB = \sqrt{2}BD = 0.586R$$

这样就确定了车圆锥时的起点和终点。当 R 不太大时,可取 $AB = CB = 0.5R$。

此方法数值计算较繁,但刀具切削路线较短。

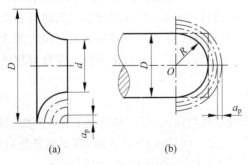

图 11-4   车圆法切削路线

（a）车圆法切削路线 1；（b）车圆法切削路线 2

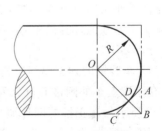

图 11-5   车锥法切削路线

（3）车直螺纹的加工路线分析

车螺纹时，刀具沿螺纹方向的进给应与工件主轴旋转保持严格的速度比关系。考虑到刀具从停滞状态到达指定的进给速度或从指定的进给速度降至零，驱动系统必有一个过渡过程，故沿 z 轴向进给的加工路线长度，除保证加工螺纹长度外，还应增加 δ_1（2～5mm）的刀具引入距离和 δ_2（1～2mm）的刀具引出距离，如图 11-6 所示。这样在切削螺纹时，能保证在升速完成后使刀具接触工件，刀具离开工件后再降速。

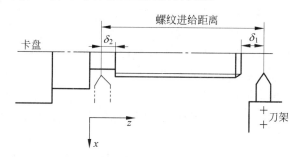

图 11-6　切削螺纹时的引入和引出距离

11.2.2　数控车削加工工装

1．夹具的选择、工件装夹方法的确定

1）夹具的选择

数控加工时夹具应具有足够的精度、刚度和可靠的定位基准，通常应考虑以下几点：

（1）尽量选用可调整夹具、组合夹具及其他适用夹具，避免采用专用夹具，以缩短生产准备时间；在成批生产时，才考虑采用专用夹具，并力求结构简单。

（2）装卸工件要迅速、方便，以减少机床的停机时间。

（3）夹具在机床上安装要准确可靠，以保证工件在正确的位置上加工。

2）夹具的类型

数控车床上的夹具主要有两类：一类用于夹持盘类和短轴类零件，毛坯装夹在可调卡爪的卡盘（三爪、四爪）中，由卡盘传动旋转；另一类用于夹持轴类零件，毛坯装在主轴顶尖和尾座顶尖间，工件由主轴上的拨动卡盘传动旋转。

3）零件的安装

数控车床上零件的安装方法与普通车床一样，要合理选择定位基准和夹紧方案，需注意以下两点：

（1）力求设计、工艺与编程计算的基准统一，这样有利于提高编程时数值计算的简便性和精确性。

（2）尽量减少装夹次数，尽可能在一次装夹后，加工出全部待加工面。

2．切削用量的选择

数控编程时，编程人员必须确定每道工序的切削用量，并以指令的形式写入程序中。对于不同的加工方法，需要选用不同的切削用量。切削用量的选择原则是：满足零件尺寸、加工精度和表面粗糙度要求，充分发挥刀具的切削性能，保证合理的刀具耐用度；并充分发挥机床的性能,最大限度提高生产率,降低成本。

1) 主轴转速的确定

主轴转速应根据允许的切削速度和工件直径来选择,其计算公式为

$$n = 1000v_c/\pi d$$

式中：v_c——切削速度,m/min,由刀具的耐用度决定;

      n——主轴转速,r/min;

      d——工件过渡表面或刀具切削处最大直径,mm。

2) 进给速度的确定

进给速度主要根据零件的加工精度和表面粗糙度要求以及刀具、工件的材料性质选取。最大进给速度受机床刚度和进给系统的性能限制。

数控机床进给速度确定的原则是：

(1) 在工件的质量要求能够得到保证的前提下,宜选择较高的进给速度,一般在 100～200mm/min 范围内选取。

(2) 在切断、加工深孔、用高速钢刀具加工或加工精度、表面粗糙度要求较高时,宜选择较低的进给速度,一般在 20～50mm/min 范围内选取。

3) 切削深度的确定

切削深度可根据机床、工件和刀具的刚度来确定,在刚度允许的条件下,应尽可能使切削深度等于工件的加工余量,这样可以减少走刀次数,提高生产效率。为了保证加工表面质量,可留少许精加工余量,一般为 0.05～0.4mm。

以上切削用量,即切削速度 v_c、进给速度 f、切削深度 a_p 选择是否合理,对能否充分发挥机床潜力与刀具的切削性能,实现优质、高产、低成本和安全操作具有很重要的作用。车削用量的选用原则如下：

(1) 粗车时,首先考虑选择一个尽可能大的 a_p,其次选择一个较大的 f,最后确定一个合适的 v_c。增大 a_p 可使走刀次数减少,增大 f 有利于断屑。根据以上原则选择粗车切削用量有利于提高生产率,减少刀具消耗,降低加工成本。

(2) 精车时,加工精度和表面粗糙度要求较高,加工余量不大且均匀,因此选择较小的 a_p 和 f,并选用切削性能高的刀具材料和合理的几何参数,以尽可能提高 v_c。

(3) 在安排粗、精加工车削用量时,应注意机床说明书给定的允许切削用量范围。对于主轴采用交流变频调速的数控车床,由于主轴在低速时扭矩降低,尤其应注意此时的切削用量选择。表 11-1 为数控车削用量推荐表,可供编程时参考。

总之,切削用量的具体数值应根据机床性能、相关手册并结合实际经验用模拟方法确定。同时,应使切削速度、进给速度及切削深度三者相互适应,以形成最佳切削用量。

表 11-1   数控车削用量推荐表

工件材料	加工状态	切削深度/mm	切削速度/(m/min)	进给量/(mm/r)	刀具材料
碳素钢 ($\sigma_b > 600$MPa)	粗加工	2～3	60～80	0.2～0.3	硬质合金 (YT 类)
	半精加工	0.4～2	80～120	0.1～0.2	
	精加工	0.05～0.4	120～150	0.01～0.1	
	切断、切槽		70～110	0.01～0.1	

3. 刀具的选择及对刀点、换刀点的确定

1) 刀具的选择

与传统加工方法相比,数控加工对刀具提出了更高的要求,不仅需要刚性好,精度高,而且要求尺寸稳定,耐用度高,断屑和排屑性能好;同时要求安装调整方便,以满足数控机床高效率的要求。数控机床上所选用的刀具常采用适应高速切削的刀具材料,如高速钢、超细粒度硬质合金,并使用可转位刀片。

(1) 车削用刀具及其选择

数控车削常用车刀为尖形车刀、圆弧形车刀及成形车刀三类。

① 尖形车刀。它是以直线形切削刃为特征的车刀。其刀尖由直线形的主、副切削刃构成,如90°内外圆车刀、左右端面车刀、切槽(切断)刀及刀尖倒棱很小的各种外圆及内孔车刀。其几何参数(主要是几何角度)的选择方法与普通车削基本相同,但应适合数控加工的特点,如应对加工路线、加工干涉等进行全面的考虑,并应兼顾刀尖本身的强度。

② 圆弧形车刀。它是以一圆度或线轮廓度很小的圆弧形切削刃为特征的车刀。该车刀圆弧刃每一点都是圆弧形车刀的刀尖,因此其刀位点在该圆弧的圆心上,而不在圆弧上。它可用于车削内外表面,特别适合于车削各种光滑连接(凹形)的成形面。选择车刀圆弧半径时应考虑两点:一是切削刃的圆弧半径应小于或等于零件凹形轮廓上的最小曲率半径,以免发生加工干涉;二是该半径不宜选择太小,否则不但制造困难,还会因刀具强度过小或刀体散热能力差而导致车刀损坏。

③ 成形车刀。也称样板车刀,其加工零件的轮廓形状完全由车刀刀刃的形状和尺寸决定。数控车削加工中,常见的成形车刀有小半径圆弧车刀、非矩形切槽刀和螺纹刀等。在数控加工中,应尽量少用或不用成形车刀。

(2) 标准化刀具

目前,数控机床上大多使用系列化、标准化刀具。可转位机夹外圆车刀、端面车刀等的刀柄和刀头都有国家标准及系列化型号。

对所选择的刀具,在使用前都需对刀具尺寸进行严格的测量以获得精确资料,并由操作者将这些数据输入数控系统,以供程序调用完成加工过程,从而加工出合格的工件。

刀具尤其是刀片的选择是保证加工质量、提高生产率的重要环节。零件材质的切削性能、毛坯余量、工件的尺寸精度和表面粗糙度、机床自动化程度等都是选择刀片的重要依据。

数控车床在粗车时,要选强度高、耐用度好的刀具,以满足粗车时大切削深度、大进给量的要求。精车时,要选精度高、耐用度好的刀具,以保证加工精度的要求。此外,为减少换刀时间和方便对刀,应尽可能采用机夹刀和机夹刀片。夹紧刀片的方式要选择得合理。刀片最好选择涂层硬质合金刀片。目前,数控车床用得最普遍的是硬质合金刀具和高速钢刀具。

刀具的选择是根据零件的材料种类、硬度以及加工表面粗糙度要求和加工余量的已知条件来决定刀片的几何结构(如刀尖圆角等)、进给量、切削深度和刀片牌号。具体选择时可参考切削用量手册。

2) 对刀点、换刀点的确定

工件在机床上装夹确定后,通过确定工件原点来确定工件坐标系,加工过程中各运动轴代码控制刀具作相对位移。在程序开始执行时,必须确定刀具在工件坐标系下开始运动的

位置,此位置即为程序执行时刀具相对于工件运动的起点,故称程序起点或起刀点。此起始点一般通过对刀来确定,所以该点又称对刀点。

在编制程序时,要正确选择对刀点的位置,设置原则为:

(1) 便于数值计算和简化程序编制;

(2) 易于找正并在加工过程中便于检查;

(3) 引起的加工误差小。

对刀点可以设置在加工零件上,也可以设置在夹具或机床上。为提高零件的加工精度,对刀点应尽量设置在零件的设计基准或工艺基准上。如以外圆或孔定位的零件,可以取外圆或孔的中心与端面的交点作为对刀点。实际操作机床时,可以通过手工对刀操作把刀具的刀位点放在对刀点上,即“刀位点”与“对刀点”重合。“刀位点”是指刀具的定位基准点,如车刀的刀位点为刀尖圆弧中心、钻头的刀位点是钻尖等。用手工对刀,对刀精度较低,且效率低。有些工厂采用光学对刀镜、对刀仪、自动对刀装置,以减少对刀时间,提高对刀精度。

11.3 数控车削编程

11.3.1 常用数控系统简介

数控系统是数控机床的核心。为了充分发挥数控机床的高性能,必须为其选择合适的数控系统。因此,根据数控机床的功能和性能要求,配置不同的数控系统。系统不同,其指令代码也有差别,编程时应按所使用数控系统代码的编程规则进行。

FANUC(日本)、HAAS(美国)、SIEMENS(德国)、FAGOR(西班牙)等公司的数控系统及相关产品,在数控机床行业占据主要地位;中国数控产品以华中数控、航天数控为代表,也已将高性能数控系统产业化。本节应用 GSK(广州数控)980TA 车床数控系统进行数控车床的编程讲解。

GSK 980TA 具有以下技术特点:采用 16 位 CPU,应用 CPLD 完成硬件插补,实现高速微米级控制;液晶(LCD)中文显示,界面友好,操作方便;加减速可调,可配套步进驱动器或伺服驱动器;可变电子齿轮比,应用方便。

11.3.2 数控车削编程基础

1. 数控车床编程坐标系

编程坐标系也称为工件坐标系。数控车床利用 X 轴和 Z 轴建立编程坐标系。编程坐标系的原点一般选择在便于测量和对刀的基准位置,通常选择工件右端面或者左端面的中心,Z 轴跟主轴平行,X 轴跟主轴垂直,坐标轴的正方向根据刀具远离工件的方向来确定。数控车床刀架与主轴的位置关系分为前置刀架和后置刀架,在前置刀架数控车床和后置刀架数控车床编程时,X 轴的正方向是不一样的,如图 11-7 所示。

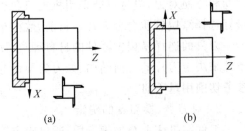

图 11-7 数控车床前置刀架和后置刀架坐标系
(a) 前置刀架;(b) 后置刀架

2．编程方法

（1）绝对和增量尺寸编程。作为指令轴移动量的方法，有绝对值指令和增量值指令之分。绝对值指令是用轴移动的终点位置坐标值进行编程的方法。增量值指令是用轴移动量直接编程的方法。

（2）直径编程。在数控车床加工中，工件坐标系原点通常设定在工件的对称轴上，并且X(U)值为直径量。

（3）小数点编程。数值可以带小数点输入，也可以不带小数点输入。对于表示距离、时间和速度单位的指令可以使用小数点，但受地址限制，小数点的位置是毫米或秒。本数控系统推荐使用带小数点编程，以避免意外情况。本数控系统允许带小数点的指令地址有 X、U、Z、W、R、F 等。

3．数控车床编程常用 G 指令

1）G50 指令

（1）设定工件坐标系

指令格式：G50 X(U)__ Z(W)__ ；

指令说明：X、Z 或 U、W 表示刀具起点相对于编程原点的位置坐标。

【举例】 如图 11-8 所示，用 G50 设定编程坐标系的原点，程序如下：

```
G50 X200. Z300. ;
```

注意：程序中使用该指令，应放在程序的第一段，用于建立工件坐标系，并且通常将坐标系原点设在主轴的轴线上，以方便编程。

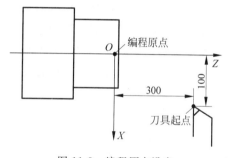

图 11-8　编程原点设定

（2）最高转速限制

指令格式：G50 S__ ；

如 G50 S1800；表示主轴转速不大于 1800r/min。执行此指令后，系统就把当前位置设为程序零点。

2）快速移动指令 G00

指令格式：G00 X(U)__ Z(W)__ ；

其中：X、Z——切削终点的绝对坐标值；U、W——切削终点的增量坐标值。

指令功能：X 轴、Z 轴同时从起点以各自的快速移动速度移动到终点。

指令说明：G00 为初态 G 指令，速度为机床厂设定。该指令无运动轨迹的要求。

【举例】 如图 11-9 所示，要求刀具快速从 A 点移动到 B 点，编程格式如下：

绝对值编程为：G00　X30.　Z5.；

增量值编程为：G00　U-20.　W-40.；

3）直线插补指令 G01

指令格式：G01 X(U)__ Z(W)__ F__ ；

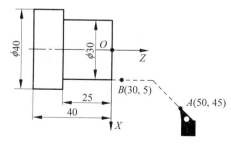

图 11-9　快速点定位

其中：X、Z——切削终点的绝对坐标值；U、W——切削终点的增量坐标值；F——进给速度。

　　该指令用于使刀架以给定的进给速度从当前点直线或斜线移动至目标点，即可使刀架沿 X 轴方向或 Z 轴方向作直线运动，也可以两轴联动方式在 X、Z 轴内作任意斜率的直线运动。应用场合：车削圆柱表面、圆锥表面、倒角、切槽（切断）。

　　【举例】　如图 11-10 所示，用 G01 指令进行编程。用绝对坐标程序如下：

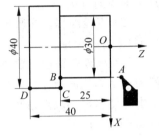

```
G01 X30. Z - 25. F100;        //A→B 点
G01   X40.;                   //B→C 点
G01   Z - 40.;                //C→D 点
```

也可用相对坐标进行编程。

图 11-10　直线插补

　　4）圆弧插补指令 G02/G03

　　该指令用于刀架作圆弧运动以切出圆弧轮廓。G02 为刀架沿顺时针方向作圆弧插补，G03 则为沿逆时针方向作圆弧插补。

　　指令格式：G02/G03 X(U)＿ Z(W)＿ R＿ F＿；
　　　　　　　或 G02/G03 X(U)＿ Z(W)＿ I＿ K＿ F＿；

其中：X、Z——切削终点的绝对坐标值；U、W——切削终点的增量坐标值；F——进给速度；R——圆弧半径，在数控车床编程中，圆弧半径只能为正值；I——圆弧圆心相对于圆弧起点在 X 轴的坐标增量值；K——圆弧圆心相对于圆弧起点在 Z 轴的坐标增量值；

　　指令说明：G02 和 G03 均为模态 G 指令。G02 用于顺时针圆弧插补，G03 用于逆时针圆弧插补。在前置刀架和后置刀架机床中，有关顺时针圆弧和逆时针圆弧的判断如图 11-11 所示。

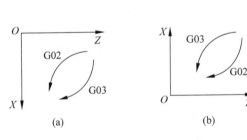

图 11-11　圆弧旋转方向判断

(a) 前置刀架；(b) 后置刀架

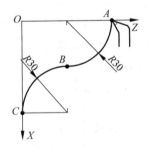

图 11-12　圆弧插补

　　【举例】　如图 11-12 所示，刀具当前在 A 点，插补到 C 点，用 G02、G03 指令进行编程，程序如下：

```
G03 X60. Z30. R30. F100;      //A→B 点
G02 X120. Z0. R30.;           //B→C 点
```

或者

```
G03 X60. Z30. I0. K - 30. F100;  //A→B 点
G02 X120. Z0. I60. K0.;          //B→C 点
```

需要说明的是,当圆弧位于多个象限时,该指令可连续执行;如果同时指定了 I、K 和 R,则 R 优先,I、K 值无效;进给速度 F 的方向为圆弧切线方向。

5）暂停指令 G04

指令格式：G04　P __；

　　　或者　G04　X __；

　　　或者　G04　U __；

其中：P——单位为毫秒；X——单位为秒；U——单位为秒。

指令功能：各轴运动停止,延时给定的时间后,再执行下一个程序段。G04 是非模态指令。

6）螺纹切削指令 G32

指令格式：G32 X(U) __ Z(W) __ F __；

　　　或 G32 X(U) __ Z(W) __ I __；

其中：F——加工公制螺纹,为主轴转一圈长轴的移动量,F 指令值执行后保持有效,直至再次执行给定螺纹螺距的 F 指令字；I——加工英制螺纹,为长轴方向每英寸螺纹的牙数,I 指令值执行后不保持,每次加工英制螺纹都必须输入 I 指令字。

起点和终点的 X 坐标值相同(不输入 X 或 U)时,进行圆柱螺纹切削。起点和终点的 X、Z 坐标值都不相同时,进行锥螺纹切削。起点和终点的 Z 坐标值相同(不输入 Z 或 W)时,进行端面螺纹切削。

【举例】　如图 11-13 所示,加工圆柱螺纹。程序如下：

G32 Z—40. F3.5；

或 G32 W—45. F3.5；

图 11-13 中的 δ_1 和 δ_2 分别表示由于伺服系统的滞后所造成在螺纹切入和切出时所形成的不完全螺纹部分。在这两个区域里,螺距是不均匀的,

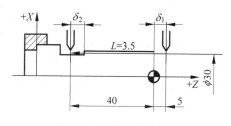

图 11-13　圆柱螺纹切削

因此在决定螺纹长度时必须加以考虑,一般应根据有关手册来计算 δ_1 和 δ_2,也可利用下式进行估算

$$\delta_1 = nL \times 3.605/1800$$

$$\delta_2 = nL/1800$$

式中：n——主轴转速,r/min；

　　　L——螺纹导程,mm。

这是一种简化算法,计算时假定螺纹公差为 0.01mm。

在切削螺纹前最好通过 CNC 屏幕演示切削过程,以便取得较好的工艺参数。另外,在切削螺纹过程中,不得改变主轴转速,否则将切出不规则螺纹。

7）固定循环指令

在数控车床上对外圆柱、内圆柱、端面、螺纹等表面进行粗加工时,刀具往往要多次反复地执行相同的动作,直至将工件切削到所要求的尺寸。于是在一个程序中可能会出现很多基本相同的程序段,造成程序冗长。为了简化编程,数控系统可以用一个程序段来设置刀具

作反复切削,即固定循环功能。

常用的固定循环有 3 个 G 指令:

G90——轴向切削固定循环;

G94——径向切削固定循环;

G92——螺纹切削循环;

下面对这三个固定循环的 G 指令进行详细介绍。

(1) 轴向切削固定循环指令 G90

可完成外圆、内圆及锥面粗加工的固定循环。

指令格式: G90　X(U)＿Z(W)＿F＿;　　　　圆柱面切削

　　　　　　G90　X(U)＿Z(W)＿R＿F＿;　　　圆锥面切削

其中: X(U)、Z(W)——刀具切削终点的坐标; R——切削起点和切削终点在 X 轴坐标值之差(半径值)。

G90 指令的刀具循环过程如图 11-14 所示:

① 刀具在 X 轴从起点 A 快速定位到切削起点 B;

② 从切削起点 B 直线插补到切削终点 C;

③ X 轴以进给速度退刀,返回到 X 轴绝对坐标与起点相同处;

④ Z 轴快速返回到起点,循环结束。

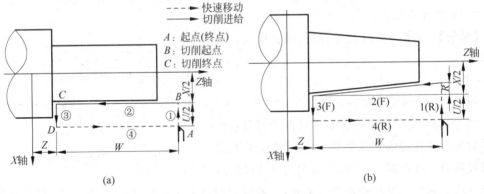

图 11-14　G90 刀具循环轨迹

(a) 加工圆柱表面;(b) 加工圆锥表面

【举例】　如图 11-15 所示,用 G90 指令编程,程序如下:

```
G00 X94. Z2.;              //循环起点
G90 X80. Z-49.8 F0.25;     //循环①
     X70.;                 //循环②
     X60.4;                //循环③
G00 X150. Z150.;           //取消循环
```

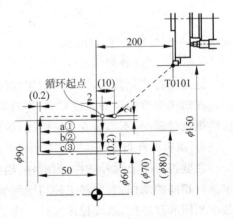

图 11-15　G90 循环轨迹

(2) 径向切削固定循环指令 G94

指令功能:用于加工工件直端面及锥端面切削的固定循环。G94 是模态指令。

指令格式：G94 X(U)＿ Z(W)＿ F ＿；   端面切削

　　　　　G94 X(U)＿ Z(W)＿ R＿ F ＿；   锥度端面切削

其中：X(U)、Z(W)——刀具切削终点的坐标；R——切削起点和切削终点在 Z 轴坐标值之差。

　　G94 指令的刀具循环过程如图 11-16 所示：

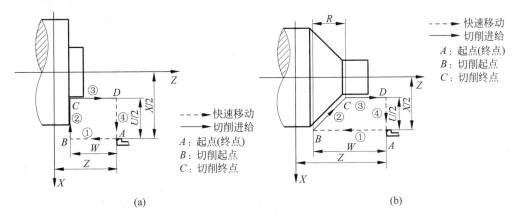

(a)　　　　　　　　　　　　　　　　(b)

图 11-16　G94 刀具循环轨迹

（a）端面切削；（b）锥度端面切削

　　① 刀具在从起点 A 快速定位到切削起点 B；

　　② 从切削起点 B 直线插补到切削终点 C；

　　③ Z 轴以进给速度退刀，返回到 Z 轴绝对坐标与起点相同处；

　　④ X 轴快速返回到起点，循环结束。

　　【举例】　如图 11-17 所示，用 G94 指令编程，程序如下：

```
G00 X84. Z2.;             //循环起点
G90 X30.4 Z - 5. F0.2;    //循环①
    Z - 10.;              //循环②
    Z - 14.8;             //循环③
G00 X150. Z150.;          //取消循环
```

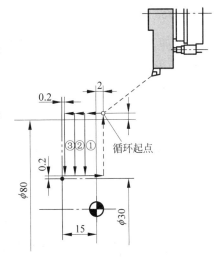

图 11-17　G94 循环轨迹

　　（3）螺纹切削循环指令 G92

　　指令功能：用于完成工件圆柱螺纹和锥螺纹的切削固定循环。

　　① 切削圆柱螺纹（见图 11-18）

　　指令格式：G92 X(U)＿ Z(W)＿ F ＿；   公制直螺纹切削循环

　　　　　　或 G92 X(U)＿ Z(W)＿ I ＿；   英制直螺纹切削循环

　　② 切削锥螺纹（见图 11-19）

　　指令格式：G92 X(U)＿ Z(W)＿ R ＿ F ＿； 公制锥螺纹切削循环

　　　　　　或 G92 X(U)＿ Z(W)＿ R ＿ I ＿； 英制锥螺纹切削循环

其中：X(U)、Z(W)——刀具切削终点的坐标；R——切削起点和切削终点在 X 轴坐标值之差（半径值）；F——公制螺纹导程；I——英制螺纹每英寸牙数。

其刀具循环过程类似于 G90 指令刀具的循环过程。

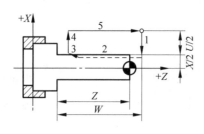

图 11-18　切削圆柱螺纹

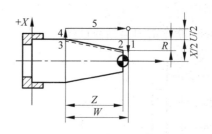

图 11-19　切削锥螺纹

【举例】　如图 11-20 所示，用 G92 指令编程，程序如下：

```
G00 X40. Z5.;
G92 X29.3 Z-42. F0.1;
    X28.8;
    X28.4;
    X28.1;
    X27.835;
G00 X150. Z150.;
```

关于加工螺纹时的每次切入深度及切入次数，可参考有关手册。

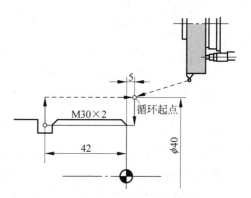

图 11-20　G92 循环轨迹

8）外圆、内圆粗车循环指令 G71

指令格式：

```
G71 U(Δd)__ R(e)__ F__ S__ T__;        第一部分
G71 P(ns)__ Q(nf)__ U(Δu)__ W(Δw)__;   第二部分
N(ns)…;
  ⋮                                    第三部分
N(nf)…;
```

其中：Δd——X 轴单次进刀量（半径值），mm；e——X 轴单次退刀量（半径值），mm；ns——精车轨迹的第一个程序段的程序段号；nf——精车轨迹的最后一个程序段的程序段号；Δu——X 轴的精加工余量，mm；Δw——Z 轴的精加工余量，mm。

G71 指令由三部分组成：

① 第一部分——给定粗加工时的进刀量、退刀量、切削速度、主轴转速和刀具功能等；

② 第二部分——给定定义精加工轨迹的程序段区间、预留的精加工余量；

③ 第三部分——定义精加工轨迹的若干个连续的程序段，执行 G71 时，这些程序段只是用于计算粗车的轨迹，实际并未被执行。

G71 指令的刀具循环过程如图 11-21 所示。

说明：此指令适用于非成形毛坯（棒料）的成形粗车。

系统根据精加工轨迹、精加工余量、进刀量、退刀量等数据自动计算粗加工路线，沿与

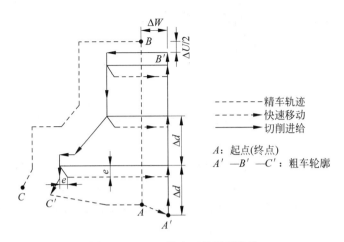

图 11-21　G71 指令刀具循环轨迹

Z 轴平行的方向切削,通过多次进刀→切削→退刀的切削循环完成工件的粗加工。G71 的起点和终点相同。

9) 精加工循环指令 G70

指令格式：G70 P(ns)__ Q(nf)__；

参数功能：刀具从起点位置沿着 ns～nf 程序段给出的精加工轨迹进行精加工。在 G71 进行粗加工结束后,用 G70 进行精加工。ns 和 nf 的含义跟 G71 中相同。

10) 进给功能设定指令 G98/G99

(1) 每分钟进给量指令 G98

指令格式：G98F __；

(2) 每转进给量指令 G99

指令格式：G99F __；

使用 G98 指令设定进给速度后,进给速度 F 后的数值为每分钟刀具的进给量,单位为 mm/min；若使用 G99 指令,则 F 后跟的数值为主轴每转一转刀具的进给量,单位为 mm/r。

G98(G99)指令只能被 G99(G98)指令来取消。机床通电时,默认值为 G98。

11) 主轴速度控制指令 G96/G97

(1) 主轴速度以固定转速设定指令 G97

指令格式：G97 S __；

该指令之后的程序段工作时,主轴转速为 S 后面值的恒转速,单位为 r/min。

(2) 主轴速度以固定线速度设定指令 G96

执行该指令之后的程序段时,主轴转速为 S 后面值的恒线速度,单位为 m/min。采用此功能,可保证当工件直径变化时,主轴的线速度不变,从而保证切削速度不变,提高了加工质量。

上述两条指令可互相取消。机床通电时,默认值为 G97。

4.其他指令

1) M 指令

(1) M00：程序暂停指令,重新按"循环启动"键后下一程序段开始继续执行。

（2）M03：主轴正转指令，用以启动主轴正转。

（3）M04：主轴反转指令，用以启动主轴反转。

（4）M05：主轴停止指令。

（5）M08：冷却泵启动指令。

（6）M09：冷却泵停止指令。

（7）M30：程序结束指令，程序结束并返回到本次加工的开始程序段。

2）T指令

数控车床进行零件加工时，通常需要多个工序、使用多把刀具，编写加工程序时各刀具的外形尺寸、安装位置通常是不确定的，在加工过程中有时需要重新安装刀具，刀具使用一段时间后也会因为磨损使刀尖的实际位置发生变化，如随时根据刀具与工件的相对位置来编写、修改加工程序，其工作将十分繁琐。

在本系统中，T指令具有刀具自动交换和刀具长度补偿两个作用，可控制4～8刀位的自动刀架在加工过程中实现换刀，并对刀具的实际位置差进行补偿（称为刀具长度补偿），见图11-22。使用刀具长度补偿功能，允许在编程时不考虑刀具的实际位置，只需在加工前通过对刀获得每把刀具的位置偏置数据（称为刀具偏置或刀偏），使用刀具加工前，先执行刀具长度补偿，即按刀具偏置对系统的坐标进行偏移，使刀尖的运动轨迹与编程轨迹一致。更换刀具后，只需要重新对刀、修改刀具偏置，不需要修改加工程序。如果因为刀具磨损导致加工尺寸出现偏差，可以直接根据尺寸偏差修改刀具偏置，以消除加工尺寸偏差。

指令格式：　T □□ □□ ；
　　　　　　　　　　　　　　　刀具偏置号（00～16，前导0不能省略）
　　　　　　　　　　　　　目标刀具号（00～08，前导0不能省略）

如：T0102，表示选择1号刀并执行2号刀偏。

该指令中，刀具偏置号可以和刀具号相同，也可以不同，即一把刀具可以对应多个偏置号。对应刀具偏置号为00时，系统无刀具补偿状态。在执行了刀具长度补偿后，执行T0□00（□指刀具号，为数字1～4或1～8），系统将按当前的刀具偏置反向偏移系统坐标，系统由已执行刀具长度补偿状态改变为未补偿状态，显示的刀具偏置号为00，此过程称为取消刀具长度补偿，又称取消刀补。

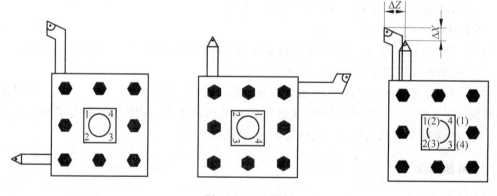

图11-22　T指令

上电时,T 指令显示的刀具号为掉电前的状态,刀具偏置号为 00。

在一个程序段中只能有一个 T 指令有效,在程序段中出现两个或两个以上的 T 指令时,最后一个 T 指令有效。

11.3.3 数控车削典型零件编程

【例题 1】 按 FANUC 数控系统,编写如图 11-23 所示轴类零件的加工程序。假设所使用的毛坯棒料为 $\phi42$,材料为 45 钢,刀具及切削用量见表 11-2。工件坐标系原点选择在工件右端面中心位置,点(100,100)为换刀点,参考程序见表 11-3。

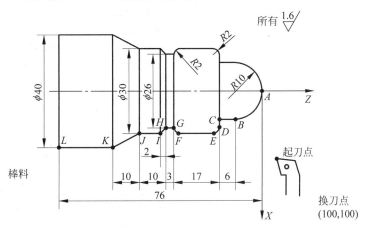

图 11-23　轴类零件图

表 11-2　刀具及切削用量表

刀具编号	刀具名称及规格	加工内容	主轴转速/(r/min)	进给速度 F/(mm/r)
1	外圆左偏粗加工车刀	端面	600	0.1
		粗加工		0.2
2	外圆左偏精加工车刀	精加工	1000	0.05
3	切断刀(刀宽 3mm)	切凹槽、切断	400	0.1

表 11-3　程序代码及说明

程　序	说　明
O0001;	程序号
T0101　S600　M03　G99;	换 1 号刀并执行 1 号刀偏,设定主轴转速和进给速度单位为 mm/r
G00　X45.　Z2. M08;	快速定位到起刀点,冷却泵开启
G94　X-1.　Z0.5　F0.1;	用 G94 固定循环车削端面(第一刀)
Z0.;	用 G94 固定循环车削端面(第二刀)
G71　U1.5　R0.5　F0.2;	设定粗车的进刀量、退刀量、进给速度
G71　P10　Q20　U0.5　W0.2;	设定精加工程序区间、预留加工余量
N10　G00　X0;	精加工程序开始,快速定位到 Z 轴上
G01　Z0　F0.05;	直线插补到 A 点
G03　X20.　Z-10.　R10.;	圆弧插补到 B 点
G01　W-6.;	直线插补到 C 点

续表

程　序	说　明
X26. ;	直线插补到 D 点
G03　X30.　W-2.　R2. ;	圆弧插补到 E 点
G01　W-28. ;	直线插补到 J 点
X40.　W-10. ;	直线插补到 K 点
N20　Z-79.5 ;	直线插补到 L 点左边 3.5mm 处，精加工轨迹结束
G00　X100.　Z100.　M05 ;	返回换刀点，主轴停止，准备换刀
T0202　S1000　M03 ;	换 2 号刀并执行 2 号刀偏，重新设定主轴转速
G00　X45.　Z2. ;	快速定位到起刀点
G70　P10　Q20 ;	用 G70 进行精加工
G00　X100.　Z100.　M05 ;	返回换刀点，主轴停止，准备换刀
T0303　S400　M03 ;	换 3 号刀并执行 3 号刀偏，重新设定主轴转速
G00　X42.　Z-36. ;	快速定位到 H 点下方，准备切削凹槽
G01　X26.　F0.1 ;	直线插补到 H 点
G00　X30. ;	快速退刀
G01　W-2. ;	直线插补到 I 点
G01　X26.　W2. ;	直线插补到 H 点，加工出 I→H 圆锥表面
G00　X30. ;	快速退刀
G01　W2. ;	往 Z 轴正方向直线插补 2mm，准备加工圆弧
G03　X26.　W-2.　R2. ;	圆弧插补到 G 点，加工 F→G 圆弧
G00　X45. ;	X 轴快速退刀
Z-79.5 ;	Z 轴快速定位到切断处下方
G01　X0.　F0.05 ;	直线插补到 X0.，完成工件的切断
G00　X100.　M09 ;	X 轴快速退刀，关闭切削液
G00　Z100.　M05 ;	Z 轴快速退刀，停止主轴
M30 ;	程序运行结束，光标返回程序开头
%	程序结束符

【例题 2】 按 GSK 980TA 系统，编写图 11-24 所示的零件加工程序。毛坯为 ϕ32mm 的棒料，材料为 45 钢，刀具及切削用量见表 11-4。工件坐标系原点为 O 点，A(100，100) 为换刀点，加工程序见表 11-5。

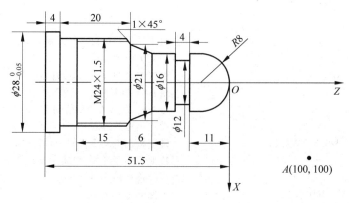

图 11-24　螺纹轴零件图

表 11-4 刀具及切削用量表

刀具编号	刀具规格	加工内容	切削速度 S	进给速度 F/(mm/r)	切削深度 a_p/mm
1	外圆左偏粗车刀	外轮廓粗加工	100m/min	0.2	≤3
2	外圆左偏精车刀	外轮廓精加工	150m/min	0.05	0.05~0.4
3	螺纹车刀	切削螺纹	600r/min		≤0.3
4	切槽(切断)刀(4mm)	切槽、切断	500r/min	0.05	

表 11-5 程序代码及说明

程 序	注 释
O3000;	程序名
N10 G50 S1600;	主轴转速限制在 1600r/min
N20 G96 S100 T0101 M03;	换第一把刀,线速度 100m/min,开主轴
N30 G99;	指定进给速度单位为 mm/r
N40 G0 X35. Z3.;	靠近工件
N50 G94 X-1. Z2. F0.2 M08;	端面切削,开冷却液,进给速度 0.2mm/r
N60 Z1.;	进给 1mm 车第二刀
N70 Z0;	进给 1mm 车第三刀
N80 G90 X28.2 Z-53.;	外径切削,粗车 ϕ28mm 外圆,留 0.2mm 余量
N90 X24.2 Z-47.5;	进给 4mm 车 ϕ24mm 外圆,留 0.2mm 余量
N100 X21.2 Z-27.5;	进给 3mm 车 ϕ21mm 外圆,留 0.2mm 余量
N110 X16.2 Z-21.5;	进给 5mm 车 ϕ16mm 外圆,留 0.2mm 余量
N120 G0 X30. Z-21.5;	定圆锥面切削循环起点
N130 G90 X21.2 W-6. R-2.5;	锥面切削循环
N140 G0 Z1.;	退刀
N150 X11.;	定圆弧插补起点
N160 G3 X16.5 Z-8. R10.;	粗车圆弧第一刀
N170 G2 X5. Z1. R9.;	粗车圆弧第二刀
N180 G0 X0 Z0.5;	定第三刀切削深度
N190 G3 X16.5 Z-8. R8.2;	粗车圆弧第三刀,留余量
N200 G0 X100. Z100. M05;	回换刀点,关主轴
N210 S150 T0202 M03;	换第二把刀,线速度 150m/min,开主轴
N220 G0 X0 Z0;	快速定位至精加工切削起点
N230 G3 X16. W-8. R8. F0.05;	精车圆弧,进给速度 0.05mm/r
N240 G1 W-10.5;	精车 ϕ16mm 外圆
N250 X21. W-6.;	精车圆锥面
N260 X22.;	纵向进给至倒角加工起点
N270 X23.8 W-1.;	切倒角
N280 W-14.;	精车 ϕ23.8mm 外圆
N290 X24.;	纵向进给至 ϕ24mm
N300 W-5.;	精车 ϕ24mm 外圆
N310 X27.975;	纵向进给至 ϕ27.975mm
N310 W-5.5;	精车 ϕ28mm 外圆
N310 G0 X100. W100. M05;	回换刀点,关主轴
N320 G97 S600 T0303 M03;	换第三把刀,主轴转速 600r/min
N330 G0 X28. Z-25.;	定螺纹切削起点,注意引入和引出长度
N340 G92 X23.5 Z-43.5 F1.5;	螺纹切削循环

续表

程　序	注　释
N350　　　X23.；	
N360　　　X22.5；	
N370　　　X22.376；	
N380 G0　X100. Z100. M05；	回换刀点,关主轴
N390　　　S500 T0404 M03；	换第四把刀,主轴转速 500r/min
N400 G0　X30. Z-15.；	定切槽起点
N410 G1　X12. F0.05；	切槽,进给速度 0.05mm/r
N420 G0　X32.；	退刀
N430　　　Z-56.；	定切断起点
N440 G1　X0；	切断
N450 M09；	关冷却液
N460 G0　X100. Z100. M05；	回换刀点,关主轴
N470 M030；	程序结束

11.4　GSK 980TA 系统操作说明

11.4.1　系统面板和操作方式介绍

1. GSK 980TA 系统面板介绍

数控车床系统常见的有华中数控、广州数控、德国 SIEMENS、日本 FANUC 等,这里以广州数控 GSK 980TA 为例进行介绍。GSK 980TA 系统操作面板及开关分布如图 11-25 所示,操作键盘及开关功能介绍见表 11-6。

图 11-25　GSK 980TA 操作面板及开关分布

表 11-6　GSK 980TA 系统操作键盘及开关功能介绍

状态指示

X、Z 向回零结束指示灯		快速指示灯	
单段运行指示灯		机床锁指示灯	
辅助功能锁指示灯		空运行指示灯	

编辑键盘

按　键	名　称	功 能 说 明
复位键	复位键	系统复位,进给、输出停止等
地址键	地址键	地址输入
双地址键		双地址键,反复按键,在两者间切换
数字键	数字键	数字、负号、小数点输入
输入键 IN	输入键	参数、补偿量等数据输入,启动通信输入
输出键 OUT	输出键	启动通信输出
存盘键 STO	存盘键	程序、参数、刀补数据保存
转换键 CHG	转换键	信息、显示的切换
取消键 CAN	取消键	消除输入行中的内容
插入 INS　修改 ALT　删除 DEL	编辑键	编辑时程序、字段等的插入、修改、删除
EOB 键	EOB 键	程序段结束符的输入

续表

编辑键盘

按　键	名　称	功 能 说 明
⬆ ⬇	光标移动键	控制光标移动
📄 📄	翻页键	同一显示界面下页面的切换

显示菜单

菜单键	备　注
位置 POS	进入位置界面,位置界面有相对坐标、绝对坐标、综合坐标、位置/程序四个界面
程序 PRG	进入程序界面,程序界面有程序、程序目录、MDI三个界面
刀补 OFT	进入刀偏界面,刀偏界面可显示刀补数据、宏变量
报警 ALM	进入报警界面,报警界面有外部信息、报警信息两个页面
设置 SET	进入设置界面、图形界面(可在两界面间切换),设置界面有代码设置、开关设置两页面,图形界面有图形参数、图形显示两页面
参数 PAR	进入参数界面,显示系统参数
诊断 DGN	进入诊断界面、机床面板(可在两界面间切换),诊断界面显示诊断信息及诊断参数,机床面板可进行机床软键盘操作

2. 操作方式介绍

1) 安全操作

GSK 980TA系统采用一级式菜单全屏操作,直观方便,提示信息全面。

(1) 系统上电

系统上电前,检查机床状态是否正常,然后打开机床总电源,按下 ▦ 电源开关按钮,系统上电,进入自检、初始化。若自检出现故障,则停留在准备未绪界面,如图11-26所示。按任意键可显示故障信息。

系统自检正常、初始化完成后,显示进入如图11-27所示界面。

(2) 超程防护

当X轴、Z轴行程出现超程时,系统停止运动并显示准备未绪报警。此时,按下 ▦ 按钮,手动将导轨调整到行程范围内。

(3) 紧急操作

在产品加工过程中,由于用户编程、操作以及产品故障等原因,可能会出现一些意想不到的情况,此时必须使系统立即停止工作。

图 11-26　机床状态显示异常

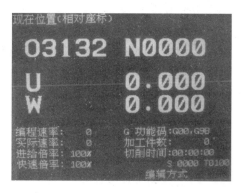

图 11-27　机床状态显示正常

① 复位

系统异常输出、坐标轴异常动作时，按 /// 键，使系统处于复位状态。此时，所有轴运动停止，M、S 功能输出无效，自动运行结束，模态功能、状态保持。

② 急停

机床运行过程中在危险或紧急情况下按 ◉ 按钮，系统即进入急停状态。此时机床移动立即停止，所有输出全部关闭。松开急停按钮解除急停报警，系统进入复位状态。

③ 进给保持

机床运行过程中可按 ⊡ 键使运行暂停。

特别注意：螺纹切削、循环指令运行中，此功能不能使运行立即停止。

④ 切断电源

机床运行过程中在危险或紧急情况下可立即切断机床电源，防止事故发生。

特别注意：切断电源后系统坐标与实际位置可能有较大偏差，必须进行重新对刀。

2）手动操作

按 ⊡ 键进入手动操作方式，手动操作方式下可进行手动进给、主轴控制等操作。

（1）坐标轴移动

① 手动进给

按下 -X 或 +X 键可使 X 轴向负方向或正方向进给，松开按键时轴运动停止，此时，可调整进给倍率改变进给的速度；按下 -Z 或 +Z 键可使 Z 轴向负方向或正方向进给，松开按键时轴运动停止，此时，可调整进给倍率改变切削进给的速度。

② 手动快速移动

当进行手动进给时，按下 ⌒ 键，使指示灯 ⌒ 亮，则进入手动快速移动状态。快速移动的方向同①，快速移动时的速度、时间常数、加减速方式与程序指令的 G00 定位时相同。当进行手动快速移动时，再按下 ⌒ 键，使指示灯 ⌒ 熄灭，快速移动无效，以手动速度进给。

③ 手动移动速度选择

手动进给切削时，按进给倍率键中的 ⇩、⇧ 键可分别向下、向上调整手动进给速率，共有 16 级。

手动快速移动时，按进给倍率键中的 ⇩、⇧ 键可分别向下、向上调整手动进给速率，进给倍率有 F0、25%、50%、100% 四挡。

④ 坐标值清零

按 [位置／POS] 键，进入相对坐标页面；按 [U] 键使页面中的 U 闪烁，再按 [取消／CAN] 键；按 [W] 键使页面中的 W 闪烁，再按 [取消／CAN] 键，可使相对坐标清零。

按 [位置／POS] 键，进入综合坐标页面；先按住 [取消／CAN] 键，再按 [X] 键，X 轴机床坐标被清零；同样，先按住 [取消／CAN] 键，再按 [Z] 键，则 Z 轴机床坐标被清零，即机床坐标清零。

（2）其他手动操作

① 主轴正转、反转、停止控制

手动操作方式下，按 [⟳] 键，主轴正转；手动操作方式下，按 [○] 键，主轴停止；手动操作方式下，按 [↺] 键，主轴反转。

② 冷却液控制

手动操作方式下，按 [≈] 键，冷却液开／关切换。

③ 润滑控制

手动操作方式下，按 [⚿] 键，机床润滑开／关切换。

④ 手动换刀

手动操作方式下，按 [⬡] 键，手动相对换刀（若当前为第 1 把刀具，按此键后，刀具换至第 2 把；若当前为第 4 把刀具，按此键后，刀具换至第 1 把）。

⑤ 主轴倍率的修调

自动运行中，当选择模拟电压输出控制主轴速度时，可修调主轴速度。按主轴倍率键中的 [⇑] 或 [⇓] 键，修调主轴倍率改变主轴速度，可实现主轴倍率 $50\%\sim120\%$ 共 8 级实时调节。

11.4.2 程序录入

在录入操作方式下，可进行参数的设置、指令字的输入以及指令字的执行。

1. 指令字的输入

选择 MDI 方式，进入程序页面，进行操作。例如：要输入 S200、M03，其操作步骤如下：

（1）按 [⊡] 键进入录入操作方式。

（2）按 [程序／PRG] 键进入 MDI 页面，如图 11-28 所示。

（3）依次按下地址键 [S]，数字键 [2]、[0]、[0] 及 [输入／IN] 键，地址键 [M]，数字键 [0]、[3] 及 [输入／IN] 键，页面显示如图 11-29 所示。

图 11-28 程序界面

图 11-29 S200、M03 指令录入

2. 指令字的执行

指令字输入后,按$\boxed{\text{↓}}$键执行 MDI 指令字。运行过程中可按$\boxed{\text{↶}}$、$\boxed{//}$键以及急停按钮使 MDI 指令字停止运行。

3. 数据修改

在录入方式、程序界面下,对输入的数据进行执行前,若字段输入过程中有错,可按复位键清除所有内容,再重新输入正确的数据;或者重新输入正确的部分取代错误内容。

11.4.3　程序编辑

在编辑操作方式下,可建立、选择、修改、删除程序,也可实现与 PC 的双向通信。

1. 程序的建立

1) 程序段号的生成

程序中,可编入程序段号,也可不编入程序段号,程序是按程序段编入的先后顺序执行的(调用时例外)。

当设置界面"自动序号"设置为 0 时,系统不自动生成程序段号,但在编辑时可以手动编入程序段号。

当设置界面"自动序号"设置为 1 时,系统自动生成程序段号,编辑时,按$\boxed{\text{EOB}}$键自动生成下一程序段的程序段号,程序段号的增量值由系统参数设置。

2) 程序内容的输入

① 按$\boxed{\text{Ⓩ}}$键,进入编辑操作方式。

② 按$\boxed{\substack{\text{程序}\\\text{PRG}}}$键进入程序页面,按$\boxed{\text{≣}}$或$\boxed{\text{≣}}$键选择程序显示页面。

③ 以建立 O0001 程序为例,依次按下地址键$\boxed{\text{O}}$,数字键$\boxed{\text{0}}$、$\boxed{\text{0}}$、$\boxed{\text{0}}$、$\boxed{\text{1}}$,按$\boxed{\substack{\text{插入}\\\text{H03}}}$键,页面显示如图 11-30 所示。

④ 程序内容编入时,先输入地址,再输入数字,然后按$\boxed{\text{EOB}}$键,完成程序段的输入。

⑤ 按步骤④的方法可完成程序其他程序段的输入,如图 11-31 所示。

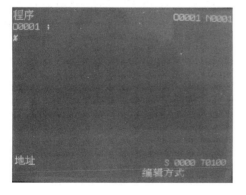

图 11-30　程序名输入

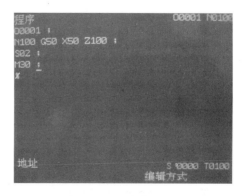

图 11-31　程序输入完成

3）指令字的检索

（1）扫描法

扫描法为光标逐个对指令字扫描。

按 ⬆ 或 ⬇ 键，光标逐个指令字向上或向下移动；若按住 ⬇ 不放，光标向下连续逐个指令字移动，按 ⬆ 键则与 ⬇ 键光标移动方向相反。

按 ▤ 键，显示程序上一页，光标位于上一页的开头；按 ▤ 键，显示程序下一页，光标位于下一页的开头；按住 ▤ 或 ▤ 键不放则连续翻页。

（2）检索法（指令字）

检索法（指令字）为从光标现在位置开始，向上或向下检索指定的指令字。

例如：光标当前所在位置为 N，如图 11-32 所示，现需将光标移至 S02 处。

依次按地址键 S，数字键 0、2；按 ⬇ 键向下检索，检索完成后光标处于地址 S02 下，如图 11-33 所示。如果按 ⬆ 键，向上检索，系统检索不到 S02 则将报警。

图 11-32　光标在 N100

图 11-33　光标在 S02

（3）检索法（地址）

检索法（地址）为从当前位置开始，向上或向下检索指定的地址。

例如：光标当前所在位置为 N，如图 11-32 所示，现需将光标移至 M 处。

按地址键 M，按 ⬇ 键，系统开始向下检索。检索完成后光标位于地址 M 下，如图 11-34 所示。如按 ⬆ 键，则向上检索，系统检索不到地址 M 则将报警。

（4）返回程序开头

在编辑操作方式、程序显示页面中，按 ∥ 键，光标回到程序开头。也可在编辑操作方式，进入程序显示页面，按地址键 O，再按 ⬆ 键。

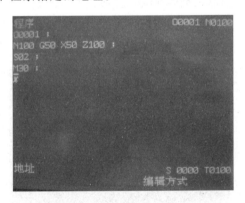

图 11-34　光标在 M30

4）指令字的插入

例如：在地址 X50 前插入 G01 指令。

使光标位于 X50 的前一个指令字处，如图 11-35 所示。

按地址键 $\boxed{G}$，数字键 $\boxed{0}$、$\boxed{1}$，按 $\boxed{\text{插入}_{\text{NS}}}$ 键，显示如图 11-36 所示。

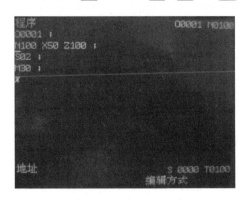

图 11-35　光标在 N100

图 11-36　插入指令 G01

5）指令字的删除

单指令字的删除，可将光标位于指令字处，按 $\boxed{\text{删除}_{\text{DEL}}}$ 键，则指令字被删除。多指令字的删除，从当前光标所在的指令字开始，删除到指定的程序段号或指令字。

例如：删除 G01 至 M30 间的指令字。

① 将光标移至指令字 G01 处；

② 输入 M30，按 $\boxed{\text{删除}_{\text{DEL}}}$ 键，G01 至 M30 间的指令字被删除。

6）指令字的修改

例如：将 T0200 修改为 M03。

将光标移动至 T0200 处，输入 M03，按 $\boxed{\text{修改}_{\text{ALT}}}$ 键。

2. 程序的删除

1）单个程序的删除

在编辑操作方式、程序显示页面，输入程序名，按 $\boxed{\text{删除}_{\text{DEL}}}$ 键，即可删除程序。

2）全部程序的删除

在编辑操作方式、程序显示页面，依次按下地址键 $\boxed{O}$，符号键 $\boxed{-}$，数字键 $\boxed{9}$、$\boxed{9}$、$\boxed{9}$、$\boxed{9}$，按 $\boxed{\text{删除}_{\text{DEL}}}$ 键，全部程序被删除。

3. 程序的选择

（1）检索法

选择编辑操作方式，按 $\boxed{\text{程序}_{\text{PRC}}}$ 键进入程序显示页面；输入程序名，按 $\boxed{\downarrow}$ 键，则显示检索到的程序（若程序不存在，系统则报警）。

（2）扫描法

选择编辑操作方式，按 $\boxed{\text{程序}_{\text{PRC}}}$ 键进入程序显示页面；按地址键 $\boxed{O}$，按 $\boxed{\downarrow}$ 键，显示下一个程序；重复按地址键 $\boxed{O}$，按 $\boxed{\downarrow}$ 键，逐个显示存入的程序。

4. 程序名的更改

选择编辑操作方式，按 $\boxed{\text{程序}_{\text{PRC}}}$ 键进入程序显示页面；按地址键 $\boxed{O}$，输入新程序名，按 $\boxed{\text{修改}_{\text{ALT}}}$

键,即改为新程序名。

11.4.4　程序校验

1. 图形参数设置

（1）按设置键进入图形界面,按 或 键进入图形参数显示页面,按 键,进入录入操作方式,显示页面如图 11-37 所示。

（2）按 或 键移动光标,对图形参数中"坐标选择""X 最大值""Z 最大值""X 最小值""Z 最小值"进行设置。

例如：对"X 最大值"进行参数设置。

按 或 键移动光标至参数"X 最大值"前(毛坯的实际尺寸为 ϕ42mm,输入的数值应大于 ϕ42mm,此时,设置为 50mm),依次按下 5 、 0 、 0 、 0 、 0 ,再按 键,设置后页面显示如图 11-38 所示。

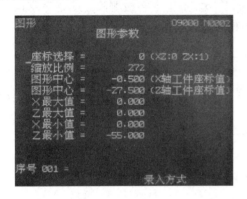

图 11-37　图形参数界面

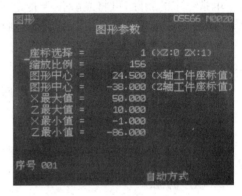

图 11-38　X、Z 参数设置后

（3）按上述方法,设置其他参数。实际应用中一般设置"X 最大值"(取大于毛坯直径 5～10mm)和"Z 最小值"(取大于零件总长 10～15mm)。

2. 程序校验

（1）按 或 键进入图形轨迹显示页面,按 键进入自动操作方式,按 、 、 键使状态指示区辅助功能灯 、机床锁住灯 和空运行指示灯 亮。

（2）依次按 、 、 自动运行程序,通过显示图形轨迹,检验程序是否正确。

11.3.3 节的例题 1 的程序校验图形如图 11-39 所示。

特别提示：程序校验前,必须取消所有刀具刀补,否则,显示界面无图形显示。

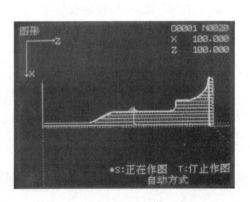

图 11-39　例题 1 程序检验界面

11.4.5 试切对刀

（1）选择第 1 把刀，使刀具沿工件端面切削。

（2）在 Z 轴不动情况下，沿 X 轴方向退刀。

（3）按 ⌑键进入偏置界面，按 ⇧ 或 ⇩ 键移动光标选择偏置号（该刀具对应的偏置号为 001），依次输入 Z 、 0 及 键，Z 向刀偏被设置为 0。

（4）使刀具沿工件轴向表面切削。

（5）在 X 轴不动情况下，沿 Z 轴方向退刀，并且停止主轴旋转。

（6）测量工件直径"d"（假定 $d=24mm$）。

（7）按 键进入录入操作方式、按 键进入 MDI 页面。

（8）按 ⌑键进入偏置界面，按 ⇧ 或 ⇩ 键移动光标选择偏置号（该刀具对应的偏置号为 001），依次输入 X 、 2 、 4 ，及 键，X 向刀偏被设置为 0。

（9）移动刀具至安全换刀位置。

（10）换第 2 把刀，重复以上步骤，直到所有刀具完成对刀为止。

第 12 章

数控铣削加工

12.1 数控铣床基础知识

12.1.1 数控铣床的类型

数控铣床是机床设备中应用非常广泛的加工机床,它可进行钻孔、镗孔、攻螺纹、轮廓铣削、平面铣削、平面型腔铣削及空间三维复杂形面的铣削加工。加工中心、柔性加工单元是在数控铣床的基础上产生和发展起来的,其主要加工方式也是数控铣削加工。数控铣床的分类主要有下列两种方式。

1. 按主轴与工作台的位置分类

按主轴与工作台的位置,数控铣床可分为:立式数控铣床、卧式数控铣床、立卧两用数控铣床三种。

(1) 立式数控铣床

立式数控铣床的主轴与工作台垂直,它在数量上一直占据数控铣床的大多数,应用范围也最广。从机床数控系统控制的坐标数量来看,目前三坐标数控立式铣床仍占大多数;一般可进行三坐标联动加工,但也有部分机床只能进行三个坐标中的任意两个坐标联动加工(常称为 2.5 坐标加工)。此外,还有机床主轴可以绕 X、Y、Z 坐标轴中的其中一个或两个轴作数控摆角运动的四坐标和五坐标数控立铣加工。

(2) 卧式数控铣床

卧式数控铣床的主轴与工作台平行,与通用卧式铣床相同,其主轴轴线平行于水平面。为了扩大加工范围和扩充功能,卧式数控铣床通常采用增加数控转盘或万能数控转盘来实现四或五坐标加工。这样,不但工件侧面上的连续回转轮廓可以加工出来,而且可以实现在一次安装中,通过转盘改变工位,进行"四面加工"。

(3) 立卧两用数控铣床

这类铣床的主轴可以进行转换,可在同一台数控铣床上进行立式加工和卧式加工,同时具备立、卧式铣床的功能。目前,这类数控铣床已不多见。

2. 按构造分类

数控铣床按构造可分为:工作台升降式数控铣床、主轴头升降式数控铣床、龙门式数控铣床三类。

（1）工作台升降式数控铣床

这类数控铣床采用工作台前后左右移动或升降来完成切削运动，而主轴是固定的，不能移动。小型数控铣床一般采用此种方式。

（2）主轴头升降式数控铣床

这类数控铣床采用工作台纵向和横向移动，且主轴沿垂向溜板上下移动。主轴头升降式数控铣床在精度保持、承载重量、系统构成等方面具有很多优点，已成为数控铣床的主流。

（3）龙门式数控铣床

这类数控铣床主轴可以在龙门架的横向与垂向溜板上移动，而龙门架则沿床身作纵向移动。大型数控铣床，因要考虑到扩大行程、缩小占地面积及刚性等技术上的问题，往往采用龙门架移动式。

数控铣削加工具有加工适应性强、生产率高、加工精度高等特点，广泛应用于形状复杂、加工精度要求较高的零件的中、小批量生产。

12.1.2　数控铣床的加工工艺范围

铣削加工是机械加工中最常用的加工方法之一，它主要包括平面铣削和轮廓铣削，也可以对零件进行钻、扩、铰、镗、锪加工及螺纹加工等。数控铣削主要适合于下列几类零件的加工。

1．平面类零件

平面类零件是指加工面平行或垂直于水平面，以及加工面与水平面的夹角为一定值的零件。这类加工面可展开为平面，如水平面、垂直面、斜面、台阶等。

图 12-1 所示的三个零件均为平面类零件。其中，曲线轮廓面 A 垂直于水平面，可采用圆柱立铣刀加工。凸台侧面 B 与水平面呈一定角度，这类加工面可以采用专用的角度成形铣刀来加工。对于斜面 C，当工件尺寸不大时，可用斜板垫平后加工；当工件尺寸很大，斜面坡度又较小时，也常用行切加工法加工，这时会在加工面上留下进刀时的刀锋残留痕迹，要用钳修方法加以清除。

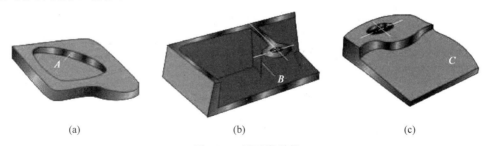

(a)   (b)   (c)

图 12-1　平面类零件

（a）轮廓面 A；（b）轮廓面 B；（c）轮廓面 C

2．直纹曲面类零件

直纹曲面类零件是指由直线依某种规律移动所产生的曲面类零件。图 12-2 所示零件的加工面就是一种直纹曲面，当直纹曲面从截面 A 至截面 B 变化时，其与水平面间的夹角

从 $3°10'$ 均匀变化为 $2°32'$；从截面 B 到截面 C 时，又均匀变化为 $1°20'$；最后到截面 D，斜角均匀变化为 $0°$。直纹曲面类零件的加工面不能展开为平面。工件表面与铣刀是线接触。这类零件也可在三坐标数控铣床上采用行切加工法实现近似加工。

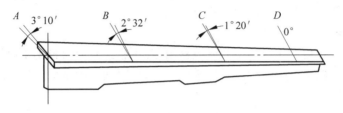

图 12-2   直纹曲面

3．立体曲面类零件

加工面为空间曲面的零件称为立体曲面类零件。这类零件的加工面不能展成平面，一般使用球头铣刀切削，加工面与铣刀始终为点接触。若采用其他刀具加工，则易发生干涉而铣伤邻近表面。加工立体曲面类零件一般使用三坐标数控铣床，采用以下两种加工方法。

（1）行切加工法

采用三坐标数控铣床进行 2.5 坐标控制加工，即行切加工法。如图 12-3 所示，球头铣刀沿 XY 平面的曲线进行直线插补加工，当一段曲线加工完后，沿 X 方向进给 $\triangle X$ 再加工相邻的另一曲线，如此依次用平面曲线来逼近整个曲面。相邻两曲线间的距离 $\triangle X$ 应根据表面粗糙度的要求及球头铣刀的半径选取。球头铣刀的球半径应尽可能选得大一些，以增加刀具刚度，提高散热性，降低表面粗糙度值。加工凹圆弧时的铣刀球头半径必须小于被加工曲面的最小曲率半径。

（2）三坐标联动加工

采用三坐标数控铣床三轴联动加工，即进行空间直线插补。如半球形，可用行切加工法加工，也可用三坐标联动的方法加工。这时，数控铣床用 X、Y、Z 三坐标联动的空间直线插补，实现球面加工，如图 12-4 所示。

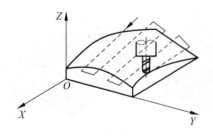

图 12-3   行切加工法

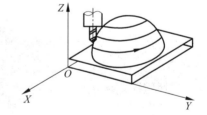

图 12-4   三坐标联动加工

12.1.3   数控铣床的组成

数控铣床的基本组成见图 12-5，它由床身、立柱、主轴箱、工作台、滑鞍、滚珠丝杠、伺服电机、伺服装置、数控系统等组成。

床身用于支撑和连接机床各部件。主轴箱用于安装主轴。主轴下端的锥孔用于安装铣

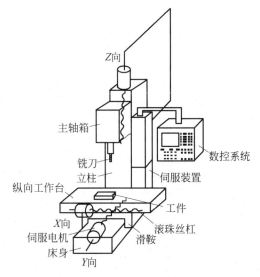

图 12-5　数控铣床结构图

刀。当主轴箱内的主轴电机驱动主轴旋转时,铣刀能够切削工件。主轴箱还可沿立柱上的导轨在 Z 向移动,使刀具上升或下降。工作台用于安装工件或夹具。工作台可沿滑鞍上的导轨在 X 向移动,滑鞍可沿床身上的导轨在 Y 向移动,从而实现工件在 X 和 Y 向的移动。无论是 X、Y 向,还是 Z 向的移动都是靠伺服电机驱动滚珠丝杠来实现。伺服装置用于驱动伺服电机。控制器用于输入零件加工程序和控制机床工作状态。控制电源用于向伺服装置和控制器供电。

12.1.4　数控铣床的工作原理

应根据零件形状、尺寸、精度和表面粗糙度等技术要求制定加工工艺,选择加工参数。通过手工编程或利用 CAM 软件自动编程,将编好的加工程序输入控制器。控制器对加工程序处理后,向伺服装置传送指令,伺服装置向伺服电机发出控制信号。主轴电机使刀具旋转,X、Y 和 Z 向的伺服电机控制刀具和工件按一定的轨迹相对运动,从而实现工件的切削加工。

12.1.5　数控铣床加工的特点

(1) 能够降低工人的劳动强度。
(2) 用数控铣床加工零件,精度稳定,具有较好的互换性。
(3) 数控铣床尤其适合加工形状比较复杂的零件,如各种模具等。
(4) 数控铣床自动化程度很高,生产率高,适合加工中、小批量的零件。

12.2　FANUC Series 0i-MD 数控系统操作说明

目前常见的数控系统有 FANUC、SIEMENS、FAGOR、华中数控系统、北京航天数控等,本节以 FANUC Series 0i-MD 系统为例进行介绍说明。

12.2.1　FANUC 0i 数控系统操作

系统操作键盘在视窗的右上角,其左侧为显示屏,右侧是编程面板,如图 12-6 所示。

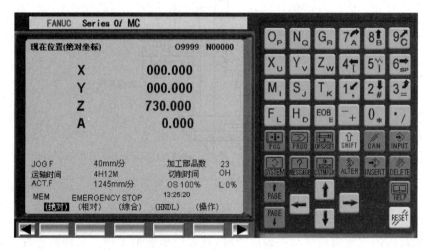

图 12-6　FANUC 0i 面板

按键介绍如下:

1) 数字/字母键

数字/字母键用于输入数据到输入区域(见图 12-7),系统自动判别取字母还是取数字。

字母和数字键通过 ⬚ 键切换输入,如:O/P,7/A。

图 12-7　数字/字母键

2) 编辑键

编辑键位于数字/字母键右下方,对各键的名称及功能说明如下:

(1) ⬚ 替换键,用输入的数据替换光标所在的数据。

(2) ⬚ 删除键,删除光标所在的数据、指令,或者删除一个程序或者删除全部程序。

(3) ⬚ 插入键,把输入区中的数据插入到当前光标之后的位置。

(4) ⬚ 取消键,消除输入区内的数据。

(5) ⬚ 回车换行键,结束一行程序的输入并且换行。

(6) ⬚ 上档键。

(7) ⬚ 输入键,把输入区内的数据输入参数页面。

3) 功能键

功能键位于数字/字母键左下方,对各键的名称和功能说明如下:

(1) ⬚ 程序显示与编辑页面。

(2) ⬚ 位置显示页面,位置显示有三种方式,用 PAGE 按钮选择。

(3) ⬚ 参数输入页面,此页面可进行坐标系设置与刀具补偿参数设置。

(4) ⬚ 系统参数页面。

（5）■信息页面，如"报警"。

（6）■图形参数设置页面。

（7）■系统帮助页面。

（8）■复位键。

4）翻页按钮

■向上翻页，■向下翻页。

5）光标移动

■向上移动光标，■向下移动光标；■向左移动光标，■向右移动光标。

12.2.2　机床操作面板

机床操作面板位于窗口的右下侧，如图 12-8 所示，主要用于控制机床运行状态。操作面板由模式选择按钮、运行控制开关等多个部分组成，每一部分的详细说明如下。

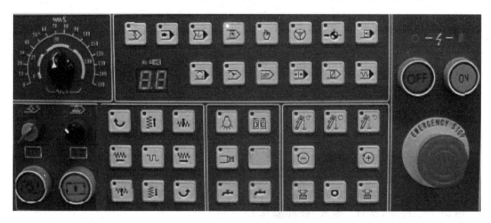

图 12-8　FANUC 0i-MD 铣床操作面板

（1）■编辑模式。

（2）■自动加工模式。

（3）■用 232 电缆线连接 PC 和数控机床，选择程序传输加工。

（4）■手动数据输入。

（5）■手动模式，手动连续移动机床。

（6）■手轮模式移动机床。

（7）■回参考点。

（8）■单步执行开关，每按一次程序启动执行一条程序指令。

（9）■程序停。自动方式下，遇 M00 程序停止。

（10）■程序重启动。由于刀具破损等原因自动停止后，程序可以从指定的程序段重新启动。

（11）■机床 Z 轴锁定开关，按此键锁机床 Z 轴。

（12）■机床 X、Y 轴锁定开关，按此键锁机床 X、Y 轴。

（13）■程序段跳读。自动方式按下此键，跳过程序段开头带有"/"程序。

（14）机床空运行。按下此键，各轴以固定的速度运动。

（15）机床空运行手动移动机床各轴按钮。

（16）机床主轴手动控制开关。

（17）进给率（F）调节旋钮。

（18）程序编辑锁定开关，置于""位置，可编辑或修改程序。

（19）进给保持开关。

（20）系统开启和关闭开关。

（21）程序运行控制开关。

（22）程序运行开始。模式选择旋钮在"AUTO"和"MDI"位置时按下有效，其余时间按下无效。

（23）程序运行停止，在程序运行中，按下此按钮停止程序运行。

（24）紧急停止开关，按下此按钮机床所有运动都将停止。

12.2.3　手动操作数控机床

1．通过操作面板手工输入 NC 程序

（1）置模式开关在"EDIT"，按键。

（2）按键，进入程序页面。

（3）输入"O××××"程序名（输入的程序名不可以与已有程序名重复）。

（4）按键，开始程序输入。

（5）按键，换行后再继续输入。

2．编辑 NC 程序（删除、插入、替换操作）

（1）模式置于"EDIT"。

（2）选择。

（3）输入被编辑的 NC 程序名，如"O1234"，按或即可编辑。

（4）移动光标。光标移动有以下两种方法：

① 按或翻页，按移动光标；

② 用搜索一个指定的代码的方法移动光标。

（5）输入数据。用单击数字/字母键，数据被输入到输入域。键用于删除输入域内的数据。

（6）删除、插入、替代操作为：按键，删除光标所在的代码；按键，把输入区的内容插入到光标所在代码后面；按键，把输入区的内容替代为光标所在的代码。

3．删除一个程序

（1）选择模式在。

（2）按键，输入要删除的程序名。

（3）按键，删除该程序。

4．试运行程序

试运行程序时，机床和刀具不切削零件，仅运行程序，所以运行程序前必须锁住全部坐标轴。其中，按 ⊘ 是锁住 Z 轴，按 ⊞ 是锁住 X、Y 轴。同时按一下 ⬛ 键，试运行程序以最快速度运行，但要注意，在加工时千万不要按 ⬛ 键。

（1）调出运行程序。

（2）置在 ⊃ 模式，按 ⬛ 键，进入图形仿真页面。

（3）按程序启动按钮 ⬤ 。

5．启动程序加工零件

（1）选择一个程序。

（2）置模式在 ⊃ 位置。

（3）按程序启动按钮 ⬤ 。

6．移动机床各轴

1）手动操作移动机床各轴

（1）按 ⬛ 键，置于手动操作模式。

（2）选择各轴按下相应键，机床各轴移动，松开后停止移动。

（3）同时按 ⬛ 键，各轴快速移动。

2）手轮移动机床各轴

这种方法用于微量调整，在实际生产中，使用手轮可以让操作者容易控制和观察机床移动。

（1）按下 ⬛ 键，置于手轮操作模式。

（2）通过手轮上旋钮选择相应各轴，旋转手轮上旋柄移动各轴。

7．MDI 手动数据输入

（1）按 ⬛ 键，切换到"MDI"模式。

（2）按 ⬛ 键，输入程序，如"G54 G90 G00 X50；"。

（3）按 ⬛ 键，程序被输入。

（4）按程序启动按钮 ⬤ 。

8．输入刀具补偿参数

（1）按 ⬛ 键，进入参数设定页面，按"刀偏"对应的软菜单键。

（2）用 ← 和 → 键选择长度补偿 H 或半径补偿 D。

（3）用 ↑ 和 ↓ 键选择补偿参数编号。

（4）按 ⬛ 键，把输入的补偿值输入到所指定的位置。

12.3　数控铣削加工工艺

12.3.1　数控铣削的工艺性分析

数控铣削加工工艺性分析是编程前的重要工艺准备工作之一。根据加工实践,数控铣削加工工艺分析所要解决的主要问题为选择并确定数控铣削加工的部位及工序内容。在选择数控铣削加工内容时,应充分发挥数控铣床的优势和关键作用。常见的数控铣削加工内容有:

(1) 工件上的曲线轮廓,特别是由数学表达式给出的非圆曲线与列表曲线等曲线轮廓,如图 12-9 所示的正弦曲线。

(2) 已给出数学模型的空间曲面,如图 12-10 所示的球面。

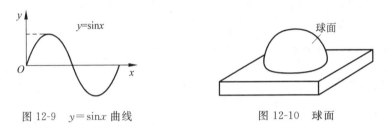

图 12-9　$y=\sin x$ 曲线　　　　　　图 12-10　球面

(3) 形状复杂、尺寸繁多、划线与检测困难的部位。

(4) 用通用铣床加工时难以观察、测量和控制进给的内、外凹槽。

(5) 以尺寸协调的高精度孔和面。

(6) 能在一次安装中顺带铣出来的简单表面或形状。

(7) 用数控铣削方式加工后,能成倍提高生产率、大大减轻劳动强度的一般加工内容。

12.3.2　零件图样的工艺性分析

根据数控铣削加工的特点,对零件图样进行工艺性分析时,应主要分析与考虑以下一些问题。

1. 零件图样尺寸的正确标注

由于加工程序是以准确的坐标点来编制的,因此,各图形几何元素间的相互关系(如相切、相交、垂直和平行等)应明确,各种几何元素的条件要充分,应无引起矛盾的多余尺寸或者影响工序安排的封闭尺寸等。例如,零件在用同一把铣刀、同一个刀具半径补偿值编程加工时,由于零件轮廓各处尺寸公差带不同,如在图 12-11 中,就很难同时保证各处尺寸在尺寸公差范围内。这时一般采取的方法是:兼顾各处尺寸公差,在编程计算时,改变轮廓尺寸并移动公差带,改为对称公差,采用同一把铣刀和同一个刀具半径补偿值加工。对图 12-11 中括号内的尺寸,其公差带均作了相应改变,计算与编程时应用括号内尺寸来进行。

2. 统一内壁圆弧的尺寸

加工轮廓上内壁圆弧的尺寸往往限制刀具的尺寸。

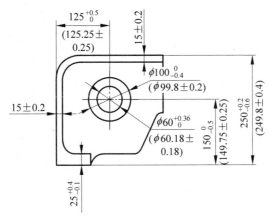

图 12-11　零件尺寸公差带的调整

（1）内壁转接圆弧半径 R

如图 12-12 所示,当工件的被加工轮廓高度 H 较小,内壁转接圆弧半径 R 较大时,则可采用刀具切削刃长度 L 较小、直径 D 较大的铣刀加工。这样,底面 A 的走刀次数较少,表面质量较好,工艺性较好。反之,图 12-13 所示的铣削工艺性则较差。通常,当 $R<0.2H$ 时,则属工艺性较差。

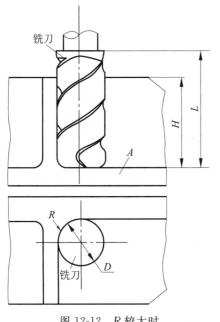

图 12-12　R 较大时

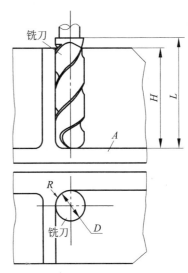

图 12-13　R 较小时

（2）内壁与底面转接圆弧半径 r

图 12-14 中,铣刀直径 D 一定时,工件的内壁与底面转接圆弧半径 r 越小,铣刀与铣削平面接触的最大直径 $d=D-2r$ 也越大,铣刀端刃铣削平面的面积越大,则加工平面的能力越强,铣削工艺性越好。反之,工艺性越差,如图 12-15 所示。

当底面铣削面积大,转接圆弧半径 r 也较大时,只能先用一把 r 较小的铣刀加工,再用符合要求 r 的刀具加工,分两次完成切削。

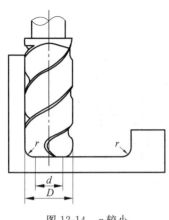
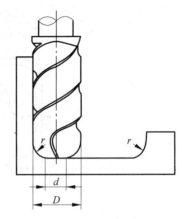

图 12-14   r 较小   图 12-15   r 较大

总之,一个零件上内壁转接圆弧半径尺寸的大小和一致性,影响着加工能力、加工质量和换刀次数等。因此,转接圆弧半径尺寸大小要力求合理,半径尺寸尽可能一致,至少要力求半径尺寸分组靠拢,以改善铣削工艺性。

12.3.3   保证基准统一的原则

有些工件需要在铣削完一面后,再重新安装铣削另一面。由于数控铣削时,不能使用通用铣床加工时常用的试切法来接刀,因此,最好采用统一基准定位。

12.3.4   分析零件的变形情况

铣削工件在加工时的变形会影响加工质量。这时,可采用常规方法如粗、精加工分开及对称去余量法等,也可采用热处理的方法,如对钢件进行调质处理,对铸铝件进行退火处理等。加工薄板时,切削力及薄板的弹性退让极易产生切削面的振动,使薄板厚度尺寸公差和表面粗糙度难以保证,这时,应考虑合适的工件装夹方式。

总之,加工工艺取决于产品零件的结构形状、尺寸和技术要求等。表 12-1 给出了改进零件结构、提高工艺性的一些实例。

表 12-1   改进零件结构提高工艺性

提高工艺性方法	结构		结 果
	改进前	改进后	
	铣 加 工		
改进内壁形状	$R_2 < \left(\frac{1}{6} \sim \frac{1}{5}\right)H$　R_1	$R_2 > \left(\frac{1}{6} \sim \frac{1}{5}\right)H$　R_1	可采用较高刚性刀具

续表

提高工艺性方法	结　　构		结　　果
	改进前	改进后	
统一圆弧尺寸			减少刀具数和更换刀具次数，减少辅助时间
选择合适的圆弧半径 R 和 r			提高生产效率
用两面对称结构			减少编程时间，简化编程
合理改进凸台分布			减少加工劳动量
改进结构形状			减少加工劳动量
			减少加工劳动量

续表

提高工艺性方法	结　构		结　果
	改进前	改进后	
改进尺寸比例	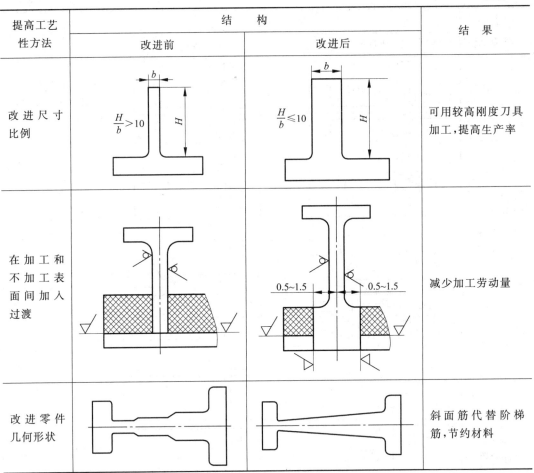		可用较高刚度刀具加工,提高生产率
在加工和不加工表面间加入过渡			减少加工劳动量
改进零件几何形状			斜面筋代替阶梯筋,节约材料

12.3.5　零件的加工路线

1. 铣削轮廓表面

在铣削轮廓表面时一般采用立铣刀侧面刃口进行切削。对于二维轮廓加工,通常采用的加工路线为:

(1) 从起刀点下刀到下刀点;

(2) 沿切向切入工件;

(3) 轮廓切削;

(4) 刀具向上抬刀,退离工件;

(5) 返回起刀点。

2. 顺铣和逆铣对加工的影响

在铣削加工中,采用顺铣还是逆铣方式是影响加工表面粗糙度的重要因素之一。逆铣时切削力 F 的水平分力 F_x 的方向与进给运动 v_f 方向相反;顺铣时切削力 F 的水平分力 F_x 的方向与进给运动 v_f 的方向相同。铣削方式的选择应视零件图样的加工要求,工件材料的性质、特点以及机床、刀具等条件综合考虑。通常,由于数控机床传动采用滚珠丝杠结构,其进给传动间隙很小,顺铣的工艺性优于逆铣。

图 12-16(a)所示为采用顺铣切削方式精铣外轮廓,图 12-16(b)所示为采用逆铣切削方式精铣型腔轮廓,图 12-16(c)所示为顺、逆铣时的切削区域。

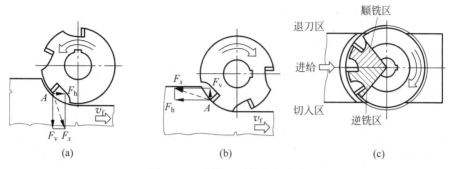

图 12-16　顺铣和逆铣切削方式
(a) 顺铣;(b) 逆铣;(c) 切入和退刀区

同时,为了降低表面粗糙度值,提高刀具耐用度,对铝镁合金、钛合金和耐热合金等材料,应尽量采用顺铣加工。但如果零件毛坯为黑色金属锻件或铸件,表皮硬而且余量一般较大,这时采用逆铣较为合理。

12.4　数控铣削程序编程

数控铣削编程方法与数控车削编程方法有很大区别,尤其是固定循环。本节以立式数控铣床为基础,介绍数控铣床程序编制的基本方法。CY-KX850 立式数控铣床所配置的是 FANUC Series 0i-MD 数控系统。该系统的主要特点是:轴控制功能强,基本可控制轴数为 X、Y、Z 三轴,扩展后可联动控制轴数为四轴;编程代码通用性强,编程方便,可靠性高。

12.4.1　数控编程的概念及步骤

1. 数控编程的概念

所谓数控编程是根据被加工零件的图纸和工艺要求,用所使用的数控系统的数控语言,来描述加工轨迹及其辅助动作的过程。

2. 数控编程的步骤

数控编程的一般内容和步骤如图 12-17 所示。

(1) 分析零件图纸

分析零件的材料、形状、尺寸、精度及毛坯形状和热处理要求,确定零件是否适宜在数控机床上加工,适宜在哪台数控机床上加工,确定在某台数控机床上加工零件的那些工序或表面。

(2) 工艺处理阶段

工艺处理的主要任务为确定零件的加工工艺过程,包括:加工方法(采用的工夹具、装夹定位方法)、加工路线(对刀点、走刀路线)、加工用量(主轴转速、进给速度、切削宽度和深度)。

（3）数学处理阶段

根据零件图纸和确定的加工路线，计算出走刀轨迹和每个程序段所需数据（刀位数据），计算要满足精度要求。需确定的坐标点包括：

① 基点坐标：零件轮廓相邻几何元素的交点和切点的坐标。

② 节点坐标：对非圆曲线，需要用小直线段和圆弧段逼近，轮廓相邻逼近线段的交点和切点的坐标。

（4）编写程序单

根据计算出的走刀轨迹数据和确定的切削用量，结合数控系统的加工指令和程序段格式，逐段编写零件加工程序。

（5）程序校验和首件试加工

编写的程序由于种种原因，会有错误和不合理的地方，必须经校验和试加工合格，才能进入正式加工。录入程序后，应在数控机床的 CRT 上仿真显示走刀轨迹或模拟刀具和工件的切削过程；然后进行试切削；只有经过试切削，才知道加工精度是否满足要求。

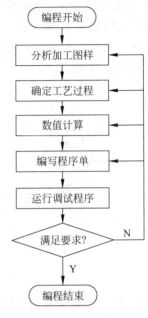

图 12-17　编程的内容和步骤

12.4.2　数控铣程序的一般格式

每一个程序都是由程序号、程序内容和程序结束三部分组成。程序内容则由若干程序段组成，程序段由若干程序字组成，每个程序字又由地址符和带符号或不带符号的数值组成。程序字是程序指令中的最小有效单位。

1. 程序结构

一段完整的程序，其结构主要包括：①程序开始符、结束符；②程序名；③程序主体；④程序结束指令。具体举例如下：

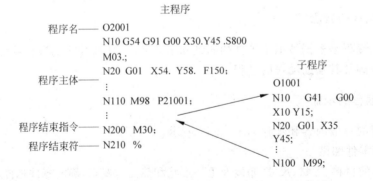

2. 程序段

零件加工程序由程序段组成，一个程序段表示一个完整的加工工步和动作，每个程序段又由若干个数据字组成。每个字是控制系统的具体指令，它由表示地址的英文字母、特殊文字和数字集合而成。

3. 常用地址符及其含义

常用地址符的功能、含义及数据范围见表12-2。

表 12-2　地址符的功能、含义及数据范围一览表

功　能	地　址	含　义
程序号	O；ISO/；EIA	表示程序名代号(1～9999)
程序段号	N	表示程序段代号(1～9999)
准备功能	G	确定移动方式等准备功能
坐标字	X、Y、Z、A、C	坐标轴移动指令(±99 999.999mm)
	R	圆弧半径(±99 999.999mm)
	I,J,K	圆弧圆心坐标(±99 999.999mm)
进给功能	F	表示进给速度(1～1000mm/min)
主轴功能	S	表示主轴转速(0～9999r/min)
刀具功能	T	表示刀具号(0～99)
偏置号	D、H	表示补偿值地址(1～400)
辅助功能	M	冷却液开、关控制等辅助功能(0～99)
暂停	P、X	表示暂停时间(0～99 999.999s)
子程序号及子程序调用次数	P、L	子程序的标定及子程序重复调用次数设定(1～9999)
宏程序变量	P、Q、R	变量代号

4. 常用 G、M 指令功能及含义

常用 G、M 指令说明及其功能、性质见表12-3。

表 12-3　常用的 G、M 功能指令一览表

共段组	指令组	指令字	功　能	模态	初态	破坏模态	备　注
01	011	G92	设置绝对坐标系		√		
	012	G00	快速点定位	√	√		
		G01	直线插补	√			
		G02	顺圆插补	√			
		G03	逆圆插补	√			
		G60	Z、Y、X、A 返回上段起点			√	
		G26	X、Y、Z 回程序起点			√	
		G27	X 回程序起点			√	
		G28	Y 回程序起点			√	
		G29	Z 回程序起点			√	
		G30	A 回程序起点				
		G81	钻孔循环	√			
		G84	刚性攻螺纹循环	√			
	013	G11	镜像设置	√			
		G12	镜像取消	√	√		
	014	G61	回 G25 指令设定点				
		G25	设置 G61 的定点				
	015	G38	径向伸长或缩短刀具半径				与 G00 或 G01 联用

共段组	指令组	指令字	功 能	模态	初态	破坏模态	备 注
02	02	G17	选 XY 平面	√	√		
		G18	选 ZX 平面	√			
		G19	选 YZ 平面	√			
03	03	G90	指定绝对坐标编程	√	√		
		G91	指定增量坐标编程	√			
04	04	G36	比例缩放	√			
		G37	比例缩放取消	√	√		
05	05	G40	取消刀具半径补偿	√	√		
		G41	刀具在工件左侧补偿	√			
		G42	刀具在工件右侧补偿				
06	06	G43	刀具长度加补偿长	√			
		G44	刀具长度减补偿长	√			
		G49	取消刀具长度补偿	√	√		
07	07	G45	加一个刀具半径进给				
		G46	减一个刀具半径进给				
		G47	加双倍刀具半径进给				
		G48	减双倍刀具半径进给				
08	08	M03	主轴顺转启动	√			
		M04	主轴逆转启动	√			
		M05	关主轴	√	√		
09	09	M08	开冷却液	√			
		M09	关冷落液	√	√		
10	100	M13	自定义输入检测+24V				伺服报警
		M14	自定义输入 0V				
11	110	M23	自定义开	√	√		
		M22	自定义关	√			
		M55	自定义开	√	√		
		M54	自定义关	√			
12	120	G22	程序循环开始				
		G80	程序循环结束				
		M02	程序运行结束			√	
		M20	回起点,重复运行			√	
		M30	程序结束			√	
	121	M97	无条件程序转移				
		M98	无条件程序调用				
	122	M99	子程序结束返回(子程序用)				
13	13	M00	程序运行暂停				
14	14	G04	程序延时				
15	15	G66	铣端面线形宏定义				和 G01、G02、G03 联用
16	16	G67	铣端面循环步进宏定义				和 G01 联用

12.4.3　数控铣基本编程方法

1. 设置加工坐标系指令 G92

指令格式：G92 X __ Y __ Z __；

G92 指令是将加工原点设定在相对于刀具起始点的某一空间点上,若程序格式为

G92 X a Y b Z c;

则将加工原点设定到距刀具起始点距离为 $X=-a,Y=-b,Z=-c$ 的位置上。

【举例】　G92 X20 Y10 Z10；

确立的加工原点在距离刀具起始点 $X=-20,Y=-10,Z=-10$ 的位置上,如图 12-18 所示。

2. 选择机床坐标系 G53

指令格式：G53 G90 X __ Y __ Z __；

G53 指令使刀具快速定位到机床坐标系中的指定位置上,式中 X、Y、Z 后的值为机床坐标系中的坐标值,其尺寸均为负值。

【举例】　G53 G90 X-100 Y-100 Z-20；

执行后刀具在机床坐标系中的位置如图 12-19 所示。

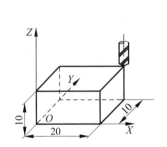

图 12-18　G92 设置加工坐标系

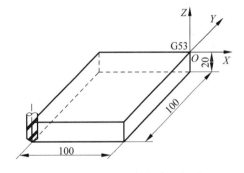

图 12-19　G53 选择机床坐标系

3. 选择 1～6 号加工坐标系 G54～G59

指令格式：G54 G90 G00（G01）X __ Y __ Z __（F __）；

G54～G59 指令可以分别用来选择相应的加工坐标系。该指令执行后,所有坐标值指定的坐标尺寸都是选定的工件加工坐标系中的位置。1～6 号工件加工坐标系是通过 CRT/MDI 方式设置的。

【举例】　在图 12-20 中,用 CRT/MDI 在参数设置方式下设置了两个加工坐标系：

G54: X-50　Y-50　Z-10
G55: X-100　Y-100　Z-20

这时,建立了原点在 O' 的 G54 加工坐标系和原点在 O'' 的 G55 加工坐标系。若执行下述程

序段：

```
N10  G53  G90  X0   Y0  Z0;
N20  G54  G90  G01  X50  Y0  Z0  F100;
N30  G55  G90  G01  X100 Y0  Z0  F100;
```

则刀尖点的运动轨迹如图 12-20 中 OAB 所示。

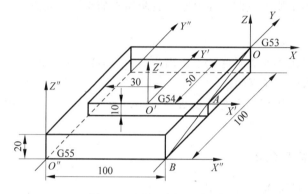

图 12-20　设置加工坐标系

4. 编程方式指令 G90/G91

G90/G91 指令用来指明坐标字中用的是绝对编程或增量编程，其中：

① G90 为绝对坐标指令，表示程序段中的编程尺寸是按绝对坐标给定的；

② G91 为相对坐标指令，表示程序段中的编程尺寸是按相对坐标给定的。

【举例】　图 12-21 中，刀具由 A 到 B 分别用 G90/G91 指令编写为

```
G90  G01  X30  Y37;
G91  G01  X20  Y25;
```

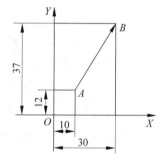

图 12-21　G90/G91 指令

5. 坐标平面选择指令

坐标平面选择指令是用来选择圆弧插补的平面和刀具补偿平面的，其中：

① G17 表示选择 XY 平面；

② G18 表示选择 ZX 平面；

③ G19 表示选择 YZ 平面。

6. 快速点定位指令

指令格式：G00 X __ Y __ Z __ ；

其中：X、Y、Z——快速点定位的终点坐标值。

【举例】　图 12-22 中，从 A 点到 B 点快速移动的程序段为

```
G90 G00 X20 Y30;
```

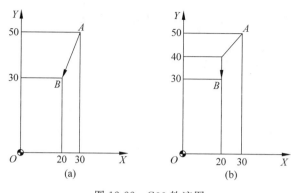

图 12-22　G00 轨迹图

(a) 同时到达终点；(b) 单向移动到达终点

7．直线插补指令

直线插补指令用来产生按指定进给速度 F 实现的空间直线运动。

指令格式：G01 X ＿ Y ＿ Z ＿ F ＿；

其中：X、Y、Z——直线插补的终点坐标值。

【举例】　实现图 12-23 中从 A 点到 B 点的直线插补运动，其程序段为：

① 绝对方式编程 G90 G01 X10 Y10 F100；

② 增量方式编程 G91 G01 X-10 Y-20 F100；

8．圆弧插补指令

G02 指令为按指定进给速度的顺时针圆弧插补；G03 指令为按指定进给速度的逆时针圆弧插补。圆弧顺、逆方向的判别方法为：沿着不在圆弧平面内的坐标轴，由正方向向负方向看，顺时针方向为 G02，逆时针方向为 G03，如图 12-24(a)所示。

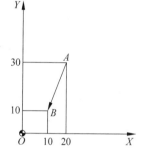

图 12-23　直线插补运动

指令格式：G02/03 X ＿ Y ＿(Z ＿)R ＿ F ＿；或 G02/03 X ＿ Y ＿(Z ＿)I ＿ J ＿ (K ＿)F ＿；

其中：X、Y、Z——圆弧插补的终点坐标值；R——指定圆弧半径，当圆弧的圆心角小于等于 180°时，R 值为正，当圆弧的圆心角大于 180°时，R 值为负；I、J、K——圆弧起点到圆心的增量坐标，如图 12-24(b)所示，与 G90/G91 无关，加工整圆必须用此方法编程。

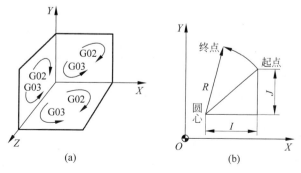

图 12-24　圆弧插补运动

【举例】 实现如图 12-25 中箭头所示的圆弧插补运动。

（1）R 编程方式

```
N10  G91 G02 X30. Y0. R15. S100  F200 M03;
N20  G03 X20. Y20. R20.;
  ⋮
```

（2）圆心增量编程方式

```
N10  G91 G02 X30. Y0. I15. J0 S100  F200 M03;
N20  G03 X20. Y20. I0. J20.;
  ⋮
```

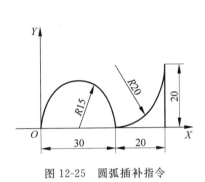

图 12-25　圆弧插补指令

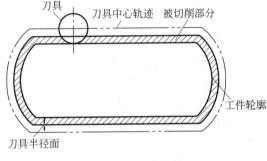

图 12-26　刀具半径补偿

9. 刀具半径补偿指令 G41/G42/G40

在零件轮廓铣削加工时，由于刀具半径尺寸影响，刀具的中心轨迹与零件轮廓往往不一致。为了避免计算刀具中心轨迹，直接按零件图样上的轮廓尺寸编程，数控系统提供了刀具半径补偿功能，如图 12-26 所示。其中：

① G41 为左偏刀具半径补偿，定义为假设工件不动，沿刀具运动方向向前看，刀具在零件左侧的刀具半径补偿。

② G42 为右偏刀具半径补偿，定义为假设工件不动，沿刀具运动方向向前看，刀具在零件右侧的刀具半径补偿。

③ G40 为撤销补偿指令。

指令格式：G00/G01 G41/G42 X ＿ Y ＿ D ＿；　//建立补偿程序段
　　　　　　⋮　　　　　　　　　　　　　　//轮廓切削程序段
　　　　　G00/G01 G40 X ＿ Y ＿；　　　　//补偿撤销程序段

【举例】 加工如图 12-27 所示的零件，工件坐标系原点 (X, Y) 见图，Z 向刀初始距离工件上表面 5mm 处，工件切削深度为 4mm，采用 ϕ10mm 立铣刀，主轴转速 $S = 800\text{r/min}$，进给速度 $F = 300\text{mm/min}$。按要求完成该零件加工程序编制。

```
O0001
N10 G54 G91 G00 G41 X20.0 Y10.0 D01 S800 M03; 建立刀补,刀补号为 01
N20 G01 Z-9. F200;
N30    Y40.0;
```

```
N40      X30.0;
N50      Y-30.0;
N60      X-40.0;
N70      Z9.;
N80      G00 G40 X-10.0 Y-20.0;解除刀补
N90      M30;程序结束
N100     %
```

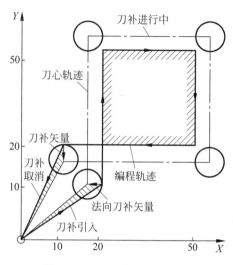

图 12-27　刀具半径补偿应用

10. 刀具长度补偿指令 G43/G44/G49

指令格式：G43 H __；加一个刀具长度补偿参数值

　　　　　G44 H __；减一个刀具长度补偿参数值

　　　　　G49；取消刀具长度补偿

其中：H——刀具偏置号

刀具长度补偿是在 Z 轴上加或减用 H 功能调用的刀具长度补偿参数值,调用号为 H01～ H16。参数中的补偿数据以未进行补偿时的刀具位置作为起点。

11. 坐标系旋转功能 G68/G69

该指令可使编程图形按照指定旋转中心及旋转方向旋转一定的角度。G68 指令用于开始坐标系旋转,G69 用于撤销旋转功能。

指令格式：G68 X __ Y __ R __；

　　　　　　⋮

　　　　　G69；

其中：X、Y——旋转中心的坐标值(可以是 X、Y、Z 中的任意两个,它们由当前平面选择指令 G17,G18,G19 中的一个确定),当 X、Y 省略时,G68 指令认为当前的位置即为旋转中心;

　　　R——旋转角度,逆时针旋转定义为正方向,顺时针旋转定义为负方向;

12．比例及镜像功能

比例及镜像功能可使原编程尺寸按指定比例缩小或放大，也可让图形按指定规律产生镜像变换，其中：

① G51 为比例编程指令；

② G50 为撤销比例编程指令。

（1）各轴按相同比例编程

指令格式：G51 X ＿ Y ＿ Z ＿ P ＿；

其中：X、Y、Z——比例中心坐标（绝对方式）；

　　　P——比例系数。

（2）各轴以不同比例编程

各个轴可以按不同比例来缩小或放大，当给定的比例系数为－1 时，可获得镜像加工功能。

指令格式：G51 X ＿ Y ＿ Z ＿ I ＿ J ＿ K ＿；

其中：X、Y、Z——比例中心坐标；

　　　I、J、K——对应 X、Y、Z 轴的比例系数。

13．子程序调用指令 M98

编程时，为了简化程序的编制，当一个工件上有相同的加工内容时，常用调子程序的方法进行编程。调用子程序的程序叫作主程序。子程序的编号与一般程序基本相同，只是程序结束字为 M99，表示子程序结束，并返回到调用子程序的主程序中。

指令格式：M98 P ＿；

其中：P——表示子程序调用情况。P 后共有 8 位数字，前四位为调用次数，省略时为调用一次；后四位为所调用的子程序号。

14．延时指令 G04

该指令可使刀具作短暂的无进给光整加工，一般用于镗平面、钻孔等场合。

指令格式：G04　X ＿(P ＿)；

其中：X、P——暂停时间。

12.4.4　固定循环功能

数控铣床(加工中心)配备的固定循环功能主要用于孔加工，包括钻孔、镗孔、攻螺纹等。使用一个程序段就可以完成一个孔加工的全部动作。如果孔加工动作无需变更，则程序中所有的模态数据可以不写，从而大大简化编程。

1．固定循环的动作组成

1）FANUC Series 0i-MD 固定循环功能

因数控系统的不同，固定循环的代码及其指令格式有很大区别，下面主要介绍 FANUC Series 0i-MD 数控系统的固定循环，常用的铣削固定循环见表 12-4。

表 12-4 固定循环功能表

G 指令	加工动作(−Z 向)	在孔底部的动作	回退动作(−Z 向)	用 途
G73	间歇进给		快速进给	高速钻深孔
G74	切削进给(主轴反转)	主轴正转	切削进给	反转攻螺纹
G76	切削进给	主轴定向停止	快速进给	精镗循环
G80				取消固定循环
G81	切削进给		快速进给	定点钻循环
G82	切削进给	暂停	快速进给	锪孔
G83	间歇进给		快速进给	钻深孔
G84	切削进给(主轴正转)	主轴反转	切削进给	攻螺纹
G85	切削进给		切削进给	镗循环
G86	切削进给	主轴停止	切削进给	镗循环
G87	切削进给	主轴停止	手动或快速	反镗循环
G88	切削进给	暂停、主轴停止	手动或快速	镗循环
G89	切削进给	暂停	切削进给	镗循环

2）固定循环动作

以立式数控机床加工为例,固定循环通常可分解为 6 个动作,如图 12-28 所示：

（1）X 和 Y 轴快速定位到孔中心的位置上。

（2）快速运行到靠近孔上方的安全高度平面（R 平面）。

（3）钻、镗孔（工进）。

（4）在孔底做需要的动作。

（5）退回到安全平面高度（R 点）。

（6）快速退回到初始点位置。

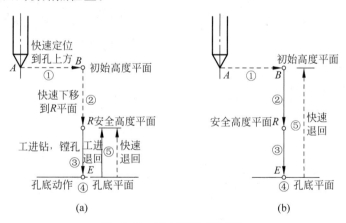

图 12-28　固定循环动作分解

(a) G99 指令；(b) G98 指令

2. 固定循环指令

指令格式：G90(G91)G99(G98)G73(∼G89) X＿ Y＿ Z＿ R＿ Q＿ P＿ F＿ K＿;

其中：G73∼G89——孔加工方式指令,对应的固定循环功能见表 12-4;

　　　G98——返回初始平面;

G99——返回 R 点平面；

X、Y——加工起点到孔位的距离(G91)或孔位坐标(G90)；

R——初始点到 R 点的距离(G91)或 R 点的坐标(G90)；

Z——R 点到孔底的距离(G91)或孔底坐标(G90)；

Q——每次进给深度(G73/G83)；

P——刀具在孔底的暂停时间；

F——切削进给速度；

K——固定循环的次数。

3. G73～G89 指令的循环方式说明

(1) G73 指令用于高速深孔钻削。如图 12-29(a)所示，每次背吃刀量为 q(用增量表示，在指令中给定)，退刀量为 d，由 NC 系统内部通过参数设定。G73 指令在钻孔时为间歇进给，有利于断屑、排屑，适用于深孔加工。

(2) G74 指令用于左旋攻螺纹。如图 12-29(b)所示，执行过程中，主轴在 R 平面处开始反转直至孔底，到达后主轴自动转为正转，返回。

(3) G76 指令用于精镗。如图 12-29(c)所示，加工到孔底时，主轴准停在定向位置上；然后，使刀头沿孔径向离开已加工内孔表面后抬刀退出，这样可以高精度、高效率地完成孔加工，退刀时不损伤已加工表面。刀具的横向偏移量由地址 Q 来给定，Q 总是正值，移动方向由系统参数设定。

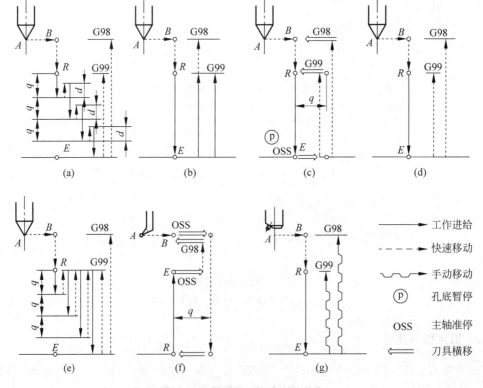

图 12-29　各种钻镗固定循环图解

(a) G73；(b) G74；(c) G76；(d) G81；(e) G83；(f) G87；(g) G88

（4）G81 指令用于一般钻孔循环，用于定点钻，如图 12-29（d）所示。

（5）G82 指令可用于钻孔、镗孔。动作过程和 G81 类似，但该指令将使刀具在孔底暂停，暂停时间由 P 指定。孔底暂停可确保孔底平整，常用于做锪孔、沉头台阶孔。

（6）G83 指令用于深孔钻削。如图 12-29（e）所示，q、d 与 G73 相同，G83 和 G73 的区别是：G83 指令在每次进刀 q 深度后都返回安全平面 R 高度处，再下去作第二次进给，这样更有利于钻深孔时的排屑。

（7）G84 指令用于右旋攻螺纹。G84 指令和 G74 指令中的主轴转向相反，其他和 G74 相同。

（8）G85 指令用于镗孔。G85 指令的动作过程和 G81 类似，但 G85 进刀和退刀时都为工进速度，且回退时主轴照样旋转。

（9）G86 指令用于镗孔。G86 指令的动作过程和 G81 类似，但 G86 进刀到孔底后将使主轴停转，然后快速退回安全平面 R 或初始平面。由于退刀前没有让刀动作，快速回退时可能划伤已加工表面，因此只用于粗镗。

（10）G87 指令用于反向镗孔。如图 12-29（f）所示，执行时，X、Y 轴定位后，主轴准停，刀具以反刀尖的方向偏移，并快速下行到孔底（此即其 R 平面高度）。在孔底处，顺时针启动主轴，刀具按原偏移量摆回加工位置，在 Z 轴方向上一直向上加工到孔终点（此即其孔底平面高度）。在这个位置上，主轴再次准停后刀具又进行反刀尖偏移，然后向孔的上方移出，返回原点后刀具按原偏移量摆正，主轴正转，继续执行下一程序段。

（11）G88 指令用于镗孔。如图 12-29（g）所示，加工到孔底后暂停，主轴停止转动，自动转换为手动状态，用手动将刀具从孔中退出到返回点平面后，主轴正转，再转入下一个程序段自动加工。

（12）G89 指令用于镗孔。此指令与 G86 相同，但在孔底有暂停。

在使用固定循环指令前，必须使用 M03 或 M04 指令启动主轴。在程序格式段中，X、Y、Z 或 R 指令数据应至少有一个才能进行孔的加工。在使用带控制主轴回转的固定循环（如 G74、G84、G86 等）中，如果连续加工的孔间距较小，或初始平面到 R 平面的距离比较短时，会出现进入孔正式加工前，主轴转速还没有达到正常转速的情况，影响加工效果。因此，遇到这种情况，应在各孔加工动作间插入 G04 指令，以获得时间，让主轴能恢复到正常转速。

12.4.5　数控铣削加工综合举例

【例题 1】　加工如图 12-30 所示的平面凸轮，对凸轮的数控铣削进行工艺分析及程序编制。

1. 工艺分析

从图 12-30 要求看出，凸轮曲线分别由几段圆弧组成，$\phi 30$ 孔为设计基准，其余表面包括 $4 \times \phi 13 H7$ 孔均已加工。故取 $\phi 30$ 孔和一个端面作为主要定位面，在连接孔 $\phi 13$ 的一个孔内增加削边销，在端面上用螺母垫圈压紧。因为孔是设计和定位的基准，所以对刀点选在孔中心线与端面的交点上，这样很容易确定刀具中心与零件的相对位置。

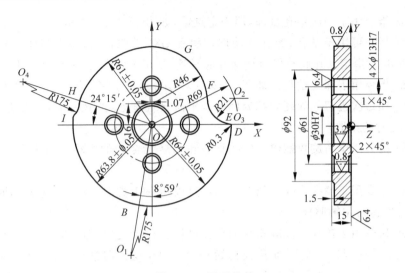

图 12-30　平面凸轮

2．加工调整

加工坐标系在 X 和 Y 方向上的位置设在工作台中间，在 G53 坐标系中取 $X=-400$，$Y=-100$。Z 坐标可以按刀具长度和夹具、零件高度决定，如选用 $\phi20$ 的立铣刀，零件上端面为 Z 向坐标零点，该点在 G53 坐标系中的位置为 $Z=-80$ 处，将上述三个数值设置到 G54 加工坐标系中。加工工序卡如表 12-5 所示。

表 12-5　数控加工工序卡

数控加工工序卡	零件图号	零件名称	文件编号	第　页
	NC　01	凸轮		
	工序号	工序名称		材料
	50	铣周边轮廓		45
	加工车间	设备型号		
		CY-KX850		
	主程序名	子程序名		加工原点
	O0304			G54
	刀具半径补偿	刀具长度补偿		
	D01＝10	0		

续表

工步号	工步内容	工　装		
1	数控铣周边轮廓	夹具	刀具	
		定心夹具	立铣刀 $\phi20$	
		更改标记	更改单号	更改者/日期
工艺员		校对	审定	批准

3. 数学处理

该凸轮加工轮廓由数段圆弧组成,因而只要计算出基点坐标,就可编制程序。在加工坐标系中,各点的坐标计算如下。

(1) BC 弧的中心 O_1 点

$$X = -(175 + 63.8)\sin8°59' = -37.28$$
$$Y = -(175 + 63.8)\cos8°59' = -235.86$$

(2) EF 弧的中心 O_2 点

$$\begin{cases} X^2 + Y^2 = 69^2 \\ (X - 64)^2 + Y^2 = 21^2 \end{cases}$$

解之得

$$X = 65.75, \quad Y = 20.93$$

(3) HI 弧的中心 O_4 点

$$X = -(175 + 61)\cos24°15' = -215.18$$
$$Y = (175 + 61)\sin24°15' = 96.93$$

(4) DE 弧的中心 O_5 点

$$\begin{cases} X^2 + Y^2 = 63.7^2 \\ (X - 65.75)^2 + (Y - 20.93)^2 = 21.30^2 \end{cases}$$

解之得

$$X = 63.70, \quad Y = -0.27$$

(5) B 点

$$\begin{cases} X = -63.8\sin8°59' = -9.96 \\ Y = -63.8\cos8°59' = -63.02 \end{cases}$$

(6) C 点

$$\begin{cases} X^2 + Y^2 = 64^2 \\ (X + 37.28)^2 + (Y + 235.86)^2 = 175^2 \end{cases}$$

解之得

$$X = -5.57, \quad Y = -63.76$$

（7）D 点

$$\begin{cases} (X - 63.70)^2 + (Y + 0.27)^2 = 0.3^2 \\ X^2 + Y^2 = 64^2 \end{cases}$$

解之得

$$X = 63.99, \quad Y = -0.28$$

（8）E 点

$$\begin{cases} (X - 63.7)^2 + (Y + 0.27)^2 = 0.3^2 \\ (X - 65.75)^2 + (Y - 20.93)^2 = 21^2 \end{cases}$$

解之得

$$X = 63.72, \quad Y = 0.03$$

（9）F 点

$$\begin{cases} (X + 1.07)^2 + (Y - 16)^2 = 46^2 \\ (X - 65.75)^2 + (Y - 20.93)^2 = 21^2 \end{cases}$$

解之得

$$X = 44.79, \quad Y = 19.60$$

（10）G 点

$$\begin{cases} (X + 1.07)^2 + (Y - 16)^2 = 46^2 \\ X^2 + Y^2 = 61^2 \end{cases}$$

解之得

$$X = 14.79, \quad Y = 59.18$$

（11）H 点

$$X = -61\cos 24°15' = -55.62$$
$$Y = 61\sin 24°15' = 25.05$$

（12）I 点

$$\begin{cases} X^2 + Y^2 = 63.80^2 \\ (X + 215.18)^2 + (Y - 96.93)^2 = 175^2 \end{cases}$$

解之得

$$X = -63.02, \quad Y = 9.97$$

根据上面的数值计算,可画出凸轮加工走刀路线图,见表12-6。

表 12-6　数控加工走刀路线图

数控加工走刀路线图	零件图号	NC01	工序号		工步号		程序号	O100
机床型号	XK5032	程序段号	N10～N170	加工内容	铣周边轮廓		共 1 页	第　页

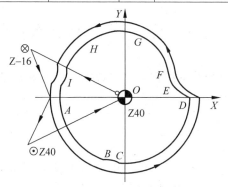

编程				
校对				
审批				

符号	⊙	⊗	◐	•→	→	↵	○---	∿•	⇄
含义	抬刀	下刀	编程原点	起刀点	走刀方向	走刀线相交	爬斜坡	铰孔	行切

4. 编写加工程序

参数设置：D01＝10；

设置加工坐标系原点 G54：$X=-400$, $Y=-100$, $Z=-80$。

凸轮加工的程序及程序说明如下：

```
N10 G54 X0 Y0 Z40.;                    //进入加工坐标系
N20 G90 G00 G17 X-73.8. Y20.;          //由起刀点到加工开始点
N30 G00 Z0;                            //下刀至零件上表面
N40 G01 Z-16. F200.;                   //下刀至零件下表面以下 1mm
N50 G42 G01 X-63.8 Y10. F80. D01;      //开始刀具半径补偿
N60 G01 X-63.8 Y0;                     //切入零件至 A 点
N70 G03 X-9.96 Y-63.02 R63.8;          //切削 AB
N80 G02 X-5.57 Y-63.76 R175;           //切削 BC
N90 G03 X63.99 Y-0.28 R64;             //切削 CD
N100 G03 X63.72 Y0.03 R0.3;            //切削 DE
N110 G02 X44.79 Y19.6 R21;             //切削 EF
N120 G03 X14.79 Y59.18 R46;            //切削 FG
N130 G03 X-55.26 Y25.05 R61;           //切削 GH
N140 G02 X-63.02 Y9.97 R175;           //切削 HI
N150 G03 X-63.80 Y0 R63.8;             //切削 IA
```

```
N160 G01 X-63.80 Y-10;          //切削零件
N170 G01 G40 X-73.8 Y-20;       //取消刀具补偿
N180 G00 Z40;                   //Z向抬刀
N190 G00 X0 Y0;                 //返回加工坐标系原点
N200 M30;                       //结束
    %
```

12.5　加工中心程序编制

加工中心所用加工程序的基本编程方法与数控铣床是相同的,最大的区别在于加工中心需要换刀程序。

12.5.1　加工中心的特点

加工中心是典型的集高新技术于一体的机械加工设备,它的发展代表了一个国家设计和制造业的水平,在国内外企业界受到高度重视。加工中心以成为现代机床发展的主流方向,与普通机床相比,它具有以下几个突出特点:

(1) 具有刀库和自动换刀装置,能通过程序和手动控制自动换刀,在一次装夹中完成铣、镗、钻、扩、铰、攻螺纹等加工,工序高度集中。

(2) 加工中心通常具有多个进给轴(三个以上),其至多个主轴。联动的轴数较多,因此能够自动完成多个平面和多个角度位置的加工,实现复杂零件的高精度定位和精确加工。

(3) 加工中心上如果带有自动交换台,就可实现在一个工件加工的同时在另一个工作台上完成其他工件的装夹,从而大大缩短了辅助时间,提高了加工效率。

12.5.2　加工中心的主要加工对象

加工中心适用于复杂、工序多、精度要求高、需用多种类型普通机床和繁多刀具、工装,经过多次装夹和调整才能完成加工的零件。其主要加工对象有以下五种。

1. 箱体类零件

箱体类零件是指具有一个以上孔系,内部有一定型腔,在长、宽、高方向有一定比例的零件。这类零件主要应用在机械、汽车、飞机等行业。

2. 复杂曲面

在航空航天、汽车、船舶、国防等领域的产品中,复杂曲面类占有较大的比重。如叶轮、螺旋桨、各种曲面成形模具等复杂曲面采用普通机械加工方法是很难胜任甚至无法完成的,此类零件适宜利用加工中心加工。

3. 异形件

异形件是外形不规则的零件,大多需要点、线、面多工位混合加工,如支架、基座、样板、靠模等。

4. 盘、套、板类零件

带有键槽、径向孔或端面有分布的孔系、曲面的盘套或轴类零件,以及具有较多孔加工的板类零件,适宜采用加工中心加工。

5. 特殊加工

利用加工中心可以完成一些特殊的工艺内容,例如在金属表面刻字、刻线、刻图案等。

12.5.3　加工中心的指令与代码

加工中心除具有直线插补和圆弧插补功能外,还具有各种加工固定循环、加工过程图形显示与编程、人机对话、故障自诊等功能。因此,加工中心配置的数控系统通常档次较高,功能强大。不同的加工中心的数控系统,其代码指令差别很大,特别是一些扩展功能和选择功能,使用前要详细阅读相关数控系统的指令代码。

1. 换刀指令

(1)刀具选择 T 指令

刀具选择是指把刀库上指令了刀号的刀具转到换刀的位置,为下次换刀做好准备。这一动作的实现是通过选刀指令——T 功能指令实现的。T 指令后跟的两位数字,是将要更换的刀具地址号。

(2)自动换刀指令 M06

不同的数控系统,其换刀程序是不同的,通常选刀和换刀分开进行,换刀动作必须在主轴停转条件下进行。换刀完毕起动主轴后,方可执行下面程序段的加工动作;选刀动作可与机床的加工动作重合起来。常用的换刀程序可采用以下两种编程。

① 方法一:

N60 G28 Z0 T02 M06;

② 方法二:N30 G01 Z30 T02;

$$\vdots$$

N90 G28 Z0 M06;

N100 G01 Z ＿ T03;

多数加工中心都规定了换刀点位置,即定距离换刀,一般立式加工中心规定换刀位置在机床 Z 轴零点。采用方法一换刀时,Z 轴返回参考点的同时,刀库进行选刀,然后进行换刀,若 Z 轴的回零时间小于选刀时间,则换刀占用的时间较长;方法二为提前选刀,回零后立即换刀,这种方法较好。

2. 回参考点操作指令的编程

指令格式:G28 X ＿ Z ＿ T0000;　　经指令中间点再自动返回参考点(见图 12-31)

　　　　　G29 X ＿ Z ＿;　　　　　从参考点经中间点返回指令点

算法:G90 G28 X xb Z zb T0000;

或 G91 G28 X(xb－xa)Z(zb－za)T0000;

G90 G29 X xc Z zc；

或 G91 G29 X(xc－xb) Z(zc－zb)

执行 G28 指令时,各轴先以 G00 的速度快移到程序指令的中间点位置,然后自动返回参考点。到达参考点后,相应坐标方向的指示灯亮。执行 G29 指令时,各轴先以 G00 的速度快移到由前段 G28 指令定义的中间点位置,然后再向程序指令的目标点快速定位。

说明:(1) 使用 G28 指令前,要求机床在通电后必须(手动)返回过一次参考点。

(2) 使用 G28 指令时,必须预先取消刀补量(用 T0000),否则会发生不正确的动作。

(3) G28、G29 指令均属非模态指令,只在本程序段内有效。

(4) G28、G29 指令时,从中间点到参考点的移动量不需计算。

G29 指令一般在 G28 后出现,其应用习惯通常为:在换刀程序前先执行 G28 指令回参考点(换刀点),执行换刀程序后,再用 G29 指令往新的目标点移动。

【举例】 加工路径如图 12-32 所示,程序为:

绝对编程		增量(相对)编程
G90 G28 X70.0 Z130.0；	A→B→R	G91 G28 X40.0 Z100.0；
T0202；	换刀	T0202；
G29 X30.0 Z180.0；	R→B→C	G29 X－80.0 Z50.0；

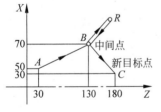

图 12-32　回参考点编程图例

对于没有参考点设定功能的机床,在需要换刀时,应先用 G00 快速移到远离工件的某一坐标处(注意不要超程);再在 M00 程序指令下,用手工旋动刀架进行换刀(旋动前应松动刀架锁紧手柄,转位后则锁紧手柄);然后,按“循环启动”或 F10 功能键,继续运行下一段带刀补功能 T 代码的程序,实施刀补。

12.5.4　常用指令编程

(1) 常用指令

加工中心常用指令与铣削加工的编程规则基本相同。但要注意的是,加工中心可以实现三轴以上的联动,故可实现空间插补。

(2) 其他功能

除常用指令外,其他功能(如固定循环、子程序等)均与铣削加工的编程格式与规则相似。

12.5.5　加工中心编程要点

(1) 进行合理的工艺分析,安排加工工序。

(2) 根据批量等情况,决定采用自动换刀还是手动换刀。

（3）自动换刀要留出足够的换刀空间（固定换刀点、参考点）。

（4）为提高机床利用率，尽量采用刀具机外预调，并将测量尺寸填写到刀具卡片上，以便操作者在运行程序前及时修改刀具补偿参数。

（5）尽量把不同工序内容的程序，分别做成子程序，主程序内容主要是完成换刀及子程序调用，以便程序调试和调整。

（6）尽可能地利用机床数控系统本身提供的镜像、旋转、固定循环及宏指令编程处理功能，简化程序量。

（7）若要重复使用程序，注意第 1 把刀的编程处理。若第 1 把刀直接装在主轴上（刀号要设置），程序开始可以不换刀，在程序结束时要有换刀程序段，把第 1 把刀换到主轴上。若主轴上先不装刀，在程序的开头就需要换刀程序段，使主轴上装刀，后面程序同前。

12.5.6　编程实例

【例题 2】　零件图如图 12-33 所示。分别用 $\phi40$ 的端面铣刀铣上表面，用 $\phi20$ 的立铣刀铣四个侧面和 A、B 面，用 $\phi6$ 的钻头钻 6 个小孔，$\phi14$ 的钻头钻中间的两个大孔。

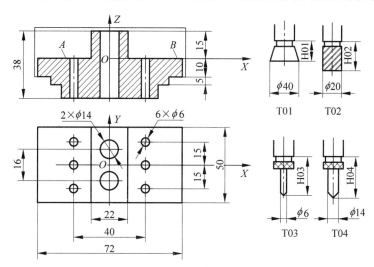

图 12-33　实例零件 1

用加工中心加工零件，编程如下：

```
G92 X0 Y0 Z100.0;                    //设定工件坐标系,设 T01 已经装好
G90 G00 G43 Z20.0 H01;               //Z 向下刀到离毛坯上表面一定距离处
S300 M03;                            //启动主轴
G00 X60.0 Y15.0;                     //移刀到毛坯右侧外部
G01 Z15.0 F100;                      //工进下刀到欲加工上表面高度处
     X-60.0;                         //加工到左侧(左右移动)
     Y-15.0;                         //移到 Y=-15 上
     X60.0 T02;                      //往回加工到右侧,同时刀库预先选刀 T02
G49 Z20.0 M19;                       //上表面加工完成,抬刀,主轴准停
G28 Z100.0;
G28 X0 Y0 M06;                       //返回参考点,自动换刀
```

```
        G29 X60.0 Y25.0 Z100.0 S200 M03;          //从参考点回到铣四侧的起始位置,启动主轴
        G00 G43 Z-12.0 H02;                        //下刀到 Z = -12 高度处
            G01 G42 X36.0 D02 F80;                 //刀径补偿引入,铣四侧开始
            X-36.0 T03;                            //铣后侧面,同时选刀 T03
            Y-25.0;                                //铣左侧面
            X36.0;                                 //铣前侧面
            Y30.0;                                 //铣右侧面
            G00 G40 Y40.0;                         //刀补取消,引出
            Z0;                                    //抬刀至 A、B 面高度
            G01 Y-40.0 F80;                        //工进铣削 B 面开始(前后移动)
            X21.0;
                ⋮
        Y40.0;
            X-21.0;
            Y-40.0;
            X-36.0;
            Y40.0;
        G49 Z20.0 M19;
        G28 Z100.0;
        G91 G28 X0 Y0 M06;
        G90 G29 X20.0 Y30.0 Z100.0;
            G00 G43 Z3.0 H03 S630 M03;
            M98 P120 L3;
            G00 Z20.0;
            X-20.0 Y30.0;
            Z3.0;
            M98 P0120 L3;
                ⋮
        G49 Z20.0 M19;
        G28 Z100.0 T04;
        G91 G28 X0 Y0 M06;
        G90 G29 X0 Y24.0 Z100.0;
            G00 G43 Z20.0 H04 S450 M03;
            M98 P0130 L2;
        G49 G28 Z0.0 T01 M19;
        G91 G28 X0 Y0 M06;
        G90 G00 X0 Y0 Z100.0;
        M30;                                       //程序结束
        O0120                                      //子程序 -- φ6 小孔
        G91 G00 Y-15.0;
        G01 Z-25.0 F10;
        G00 Z25.0;
        G90 M99;                                   //子程序返回


        %130                                       //子程序 -- φ14 孔
        G91 G00 Y-16.0;
        G01 Z-48.0 F15;
        G00 Z48.0;
        M99;                                       //子程序返回
```

【例题 3】　使用刀具长度补偿功能和固定循环功能加工如图 12-34 所示零件上的 12 个孔。

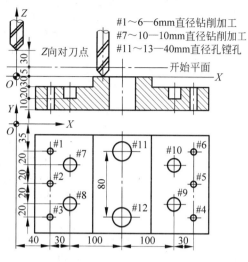

图 12-34　实例零件 2

（1）分析零件图样，进行工艺处理

该零件孔加工中，有通孔、盲孔，需钻、扩和镗加工，故选择钻头 T01、扩孔刀 T02 和镗刀 T03，加工坐标系 Z 向原点在零件上表面处。由于有三种孔径尺寸的加工，按照先小孔后大孔加工的原则，确定加工路线为：从编程原点开始，先加工 6 个 $\phi 6$ 的孔，再加工 4 个 $\phi 10$ 的孔，最后加工 2 个 $\phi 40$ 的孔。T01、T02 的主轴转数 $S=600 \mathrm{r/min}$，进给速度 $F=120 \mathrm{mm/min}$；T03 主轴转数 $S=300 \mathrm{r/min}$，进给速度 $F=50 \mathrm{mm/min}$。

（2）加工调整

T01、T02 和 T03 的刀具补偿号分别为 H01、H02 和 H03。对刀时，以 T01 刀为基准，以零件上表面为 Z 向零点，则 H01 中刀具长度补偿值设置为零，该点在 G53 坐标系中的位置为 Z-35。对 T02，因其刀具长度与 T01 相比为 $140-150=-10 \mathrm{mm}$，即缩短了 10mm，所以将 H02 的补偿值设为 -10。对 T03 同样计算，H03 的补偿值设置为 -50。根据零件的装夹尺寸，参数设置：H01$=0$，H02$=-10$，H03$=-50$；设置加工原点 G54：$X=-600$，$Y=-80$，$Z=-35$。

（3）数学处理

在多孔加工时，为了简化程序，采用固定循环指令。这时的数学处理主要是按固定循环指令格式的要求，确定孔位坐标、快进尺寸和工作进给尺寸值等。固定循环中的开始平面为 $Z=5$，R 点平面定为零件孔口表面 $+Z$ 向 3mm 处。

（4）编写零件加工程序

```
O0310                              //程序名
N10 G54 G90 G00 X0 Y0 Z30;         //进入加工坐标系
N20 T01 M06;                       //换用 T01 号刀具
N30 G43 G00 Z5 H01;                //T01 号刀具长度补偿
N40 S600 M03;                      //主轴起动
N50 G99 G81 X40 Y-35 Z-63 R-27 F120;   //加工♯1 孔(回 R 平面)
N60 Y-75;                          //加工♯2 孔(回 R 平面)
```

N70 G98 Y－115;   //加工♯3孔(回起始平面)

N80 G99 X300;   //加工♯4孔(回R平面)

N90 Y－75;   //加工♯5孔(回R平面)

N100 G98 Y－35;   //加工♯6孔(回起始平面)

N110 G49 Z20;   //Z向抬刀,撤销刀补

N120 G00 X500 Y0;   //回换刀点

N130 T02 M06;   //换用 T02 号刀

N140 G43 Z5 H02;   //刀具长度补偿

N150 S600 M03;   //主轴起动

N160 G99 G81 X70 Y－55 Z－50 R－27 F120;   //加工♯7孔(回R平面)

N170 G98 Y－95;   //加工♯8孔(回起始平面)

N180 G99 X270;   //加工♯9孔(回R平面)

N190 G98 Y－55;   //加工♯10孔(回起始平面)

N200 G49 Z20;   //Z向抬刀,撤销刀补

N210 G00 X500 Y0;   //回换刀点 T220 M98 P9000

N220 T03 M06;   //换用 T03 号刀具

N230 G43 Z5 H03;   //T03 号刀具长度补偿

N240 S300 M03;   //主轴起动

N250 G76 G99 X170 Y－35 Z－65 R3 F50;   //加工♯11孔(回R平面)

N260 G98 Y－115;   //加工♯12孔(回起始平面)

N270 G49 Z30;   //撤销刀补

N280 M30;   //程序停

第13章

特种加工

随着科学技术的发展,高强度、高韧性、高硬度、高脆性、耐高温和磁性等材料的不断涌现,以及零件形状微型化和复杂化,使得传统的机械加工方法难以胜任。特种加工正是在此形势下应运而生。

特种加工是 20 世纪 40—60 年代发展起来的一种新型工艺。所谓特种加工,就是直接利用电能、电化学能、声能、光能等能量形式进行加工的方法。特种加工主要包括电火花加工、高能束加工、超声波加工、电化学加工和快速成形等多种方法。在机械、电子、仪表、国防、航天及轻工等制造部门,特种加工已成为不可缺少的加工方法。

13.1 电火花加工

13.1.1 电火花加工概述

1. 电火花加工起源

电火花加工中的电蚀现象早在 19 世纪末就被人们发现,如插头、开关启闭时产生的电火花对接触表面会产生损害。20 世纪早期苏联的拉扎林科在研究开关触点遭受火花放电腐蚀损坏的现象和原因时,发现电火花的瞬时高温会使局部金属熔化、气化而被蚀除掉,从而开创和发明了电火花加工方法,并于 1943 年利用电蚀原理研制出世界上第一台实用化的电火花加工装置,才真正将电蚀现象运用到实际生产加工中。中国在 20 世纪 50 年代初期开始研究电火花设备,并于 60 年代初研制出第一台靠模仿形电火花线切割机床。

2. 电火花加工概念

电火花加工是一种利用电能和热能进行加工的新工艺,俗称放电加工。电火花加工与一般切削加工的区别在于,电火花加工时工具与工件并不接触,而是靠工具与工件间不断产生的脉冲性火花放电,利用放电时产生局部、瞬时的高温把金属材料逐步蚀除下来。由于在放电过程中有可见火花产生,故称电火花加工。

3. 电火花加工原理

电火花加工是利用处于一定介质中的工具电极和工件电极之间火花放电时的电腐蚀现

象对材料进行加工的方法。要产生火花放电应具备一定的条件,如合适的放电间隙、一定的放电延续时间和加工过程必须在具有绝缘性能的介质中进行等。电火花加工原理示意图如图 13-1 所示。

当工件与工具两电极间电压加到直流 100V 左右,极间某一间隙最小处或绝缘强度最低处介质被击穿引起电离并产生火花放电,产生瞬时高温蚀除工件表面形成小凹坑。然后经过一段时间间隔,排除电蚀产物和介质恢复绝缘,再在两极间加电……如此连续地重复放电,工具电极不断地向工件进给,就可将工具的形状复制在工件上,加工出所需要的零件。

根据工件所接极性的不同,电火花加工分为正极性接法和负极性接法。正极性接法为工件接正极,工具接负极,如图 13-2(a)所示;反之,如果工件接负极,工具接正极,则称之为负极性接法,如图 13-2(b)所示。

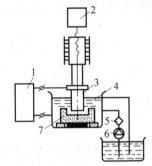

图 13-1　电火花加工原理图
1—脉冲电源;2—自动进给调整装置;
3—工具电极;4—工作液池;
5—过滤器;6—工作液泵;7—工件

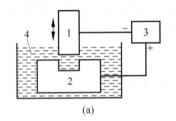 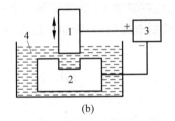

(a)　　　　　　(b)

图 13-2　电火花极性示意图
(a)正极性接法;(b)负极性接法
1—工具电极;2—工件;3—脉冲电源;4—工作介质

4. 电火花加工分类

电火花加工工艺及机床设备的类型较多,但按工艺过程中工具与工件相对运动的特点和用途来分,大致可以分为七大类:电火花成形加工、电火花线切割加工、电火花高速小孔加工、电火花磨削和镗磨、电火花同步共轭回转加工、电火花铣削加工、电火花表面强化及刻字。前六类属于电火花成形、尺寸加工,是用于改变零件形状或尺寸的加工方法;后者则属于表面加工方法,用于改善或改变零件表面性质。其中应用最广、数量较多的是电火花成形加工和电火花线切割加工。

13.1.2　电火花成形加工

电火花成形加工属电火花加工的一种,它是利用成形电极对工件进行火花放电,从而"镜像"出所需的形状。其成形电极主要采用铜、石墨和钢等导电材料制造。

1. 电火花成形加工机床构造

电火花成形加工机床主要由机床主体部分、机床控制部分和工作液循环系统组成,如图 13-3 所示。

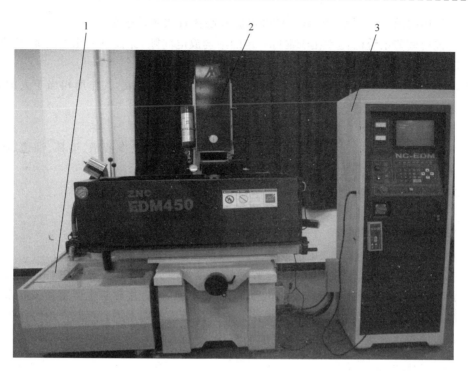

图 13-3　电火花成形加工机床
1—工作液循环系统；2—机床主体；3—机床控制柜

1）机床主体部分

机床主体部分包括主轴头、立柱、工作台及床身等部分。

主轴头是电火花成形机床中最关键的部件之一，是自动调节系统的执行机构。它由伺服进给机构、导向和防扭机构、辅助机构三部分组成。它控制工件与工具电极之间的放电间隙。

主轴头的好坏直接影响加工工艺指标，如生产率、几何精度、表面粗糙度等。主轴头必须具备以下条件：具有足够的精度和刚度，能承受一定的负载，结构简单，传动链短，传动间隙小，热变形小等。

立柱和床身是机床的主要结构件，要有足够的刚度。床身工作台面与立柱导轨面间有一定的垂直度要求，并要有较好的精度保持性，这要求导轨应具有较好的耐磨性和充分消除材料内应力的能力。

工作台主要用来支撑和装夹工件，它分为上溜板和下溜板。在操作过程中，通过转动横、纵向手轮来改变工件与工具的相对位置。工作台可分为普通工作台和精密工作台。目前国内已应用精密滚珠丝杠、滚动直线导轨和高性能伺服电机等结构，以满足精密模具加工的要求。

2）机床控制部分

机床控制部分由脉冲电源、自动进给调节系统、控制主机等组成。

脉冲电源的作用是将工频交流电流转换成一定频率的单向脉冲电流，以供给火花放电间隙所需要的能量。脉冲电源对电火花加工的生产率、表面质量、加工速度、加工稳定性以及成形电极损耗率等技术指标影响很大，是成形加工中非常重要的控制部分。目前电火成形加工常用的脉冲电源是 RC 线路脉冲电源和晶体管式脉冲电源。

自动进给调节系统的任务在于维持一定的平均放电间隙,保证电火花机正常、稳定地进行,以获取较好的加工效果。

控制主机主要由装有 EDM 软件系统的计算机和显示器组成,其作用相当于人的大脑,控制机床的整个加工过程。

3)工作液循环系统

工作液循环系统包括工作液箱、电机、液压泵、过滤装置、工作液槽、油杯、油道、阀门和测量仪表等。工作液循环方式分冲油式和抽油式两种。

工作液的主要作用如下:

(1)加速极间介质的冷却和消电离过程,提高蚀除速度;

(2)加剧放电时的流体动力过程,以利于蚀除材料的抛出;

(3)压缩放电通道,提高放电的能量密度,提高蚀除效果。

当前,中国电火花成形加工所用的工作液主要是煤油。但在加工过程中,由于电蚀产物的颗粒很小,当其存在于放电间隙中时,使加工状态不稳定,直接影响生产率和表面粗糙度。为了解决这类问题,常采用介质过滤的方法。介质过滤器曾用木屑、黄砂、面纱等作为介质,现已被纸过滤器代替。

2. 电火花成形加工特点

电火花加工与一般的切削加工方法有所不同,其优点主要体现在:

(1)加工过程中,工件与工具不相互接触,不存在宏观作用力,因此电火花加工不受工件材料的物理和力学性能的限制;

(2)电火花加工是利用热效应来"腐蚀"金属,但加工周边材料受热影响小,属于局部放热现象;

(3)电火花加工表面由很多小弧坑组成,有利于冷却介质的进入;

(4)易于实现自动化。

但是电火花加工也有其自身的局限性,主要包括:

(1)电火花加工属于电加工,主要加工导电材料,只有在特定条件下才能加工半导体和绝缘体材料;

(2)电火花加工效率较低;

(3)电火花加工必须要工具电极,而且随着加工的进程,电极存在一定的损耗;

(4)加工过程必须在工作液(煤油)中进行,存在安全隐患。

3. 电火花成形加工机床型号

电火花成形加工机床型号及其说明如图 13-4 所示。

4. 电火花成形加工的范围

电火花成形加工属于非接触、无宏观作用力的加工方法,完全适合各种高熔点、高硬

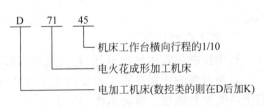

图 13-4 电火花成形加工机床型号

度、高强度、高脆性和高纯度材料的加工,其加工范围主要包括:

(1) 加工任何难加工的导电材料,可以实现软的工具加工硬脆材料,甚至一些超硬材料;

(2) 适用于复杂表面形状的加工,如复杂型腔模具的加工;

(3) 适合薄壁、低刚度、微细孔、异形孔和深小孔等有特殊要求零件的加工。

13.1.3　电火花线切割加工

电火花线切割加工是在电火花成形加工基础上发展起来的一种新的工艺形式,是用线状电极靠火花放电对工件进行切割,故称为电火花线切割,简称线切割。

1. 基本原理

电火花线切割加工的基本原理是利用移动的细金属导线(钼丝或铜丝)作电极,对工件进行脉冲火花放电,切割成形,其示意图如图 13-5 所示。

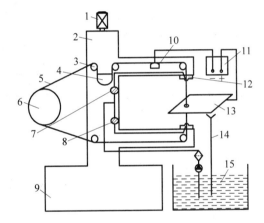

图 13-5　电火花线切割机床示意图

1—升降电机;2—线架;3—导轮;4—恒张力装置;5—钼丝;6—储丝筒;

7,8—工作液控制阀;9—床身;10—进电块;11—脉冲电源;

12—导向器;13—工件;14—工作液回流道;15—工作液箱

工件 13 与脉冲电源 11 正极相连,电极丝(钼丝)5 经导轮 3 穿过工件预先钻好的小孔,并与脉冲电源的负极相连,储丝电机带动储丝筒 6 转动,从而使电极丝上下往复运动,工作液泵将配备好的工作液经过滤器净化后,喷射到电极丝与工件的加工区内。当电极丝与工件间的间隙达到 0.01~0.2mm 时,两者间产生火花放电,产生的局部高温(最高温度可达 10000℃以上),"腐蚀"工件,完成切割过程。在这个加工过程中,工件接高频脉冲电源的正极,钼丝接高频脉冲电源的负极,称为正极性接法。

2. 加工特点

电火花线切割与电火花成形加工同属电火花加工,因此,电火花线切割加工方法具有一定的共性,又有其特性。

电火花加工的共性包括：

（1）电火花线切割和成形加工过程中，没有宏观作用力，因此在加工中不受材料硬度、刚度等的限制；

（2）电火花线切割加工电压、电流波形与成形加工基本相似，都存在多种形式的放电状态，如开路、正常火花放电、短路等。

电火花线切割加工的特性为：

（1）由于电极丝非常细小，因此能加工窄缝、小孔和各种复杂形状工件；

（2）电火花线切割采用正极性接法，所用脉冲宽度较窄，能获得较高的加工精度，所以电火花线切割属于中、精加工；

（3）采用水基乳化液作为工作液，而非煤油，因此安全程度高，同时降低了加工成本；

（4）加工对象主要是平面形状，当机床加上能使电极丝作相应倾斜运动的功能后，也可加工锥面和异形体，但是不能加工盲孔；

（5）不需要制造成形电极，用简单的电极丝即可对工件进行加工。

3．机床结构

电火花线切割机床主要由三部分组成，分别是机床的主体、脉冲电源和控制部分，如图 13-6 所示。

1）机床主体部分

机床主体是电火花线切割的主要部分，由运丝机构、丝架、工作台、床身和工作液循环系统组成。

（1）运丝机构

运丝机构主要用来带动电极丝按一定的线速度运动，一般由动力电机、储丝筒、走丝溜板和导轮等几部分组成。运丝结构的电极丝借助行程开关和挡铁作往复循环运动。

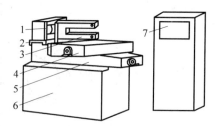

图 13-6　快速走丝线切割机床结构图

1—储丝筒；2—走丝溜板；3—丝架；
4—上工作台；5—下工作台；6—床身；
7—脉冲电源及微机控制柜

（2）丝架

丝架主要对运动着的电极丝起支撑作用，并保持电极丝与工作台面呈一定的几何角度。常用的丝架有固定式、升降式和偏移式三种类型。

（3）工作台

工作台起装夹工件的作用，主要由上下工作台、手轮、丝杠螺母副和齿轮变速机构等四部分组成。控制器控制步进电机将动力通过齿轮变速机构传递给丝杠螺母副，再由丝杠螺母副控制拖板做 x、y 方向运动，从而获得指定的工件加工轨迹。

（4）床身

床身是整个机床的支撑部分，主要起固定机床、安装和保护其他机构的作用。大部分床身采用箱式结构设计。

（5）工作液循环系统

工作液循环系统是线切割机床的重要组成部分，它的好坏直接影响加工质量和加工效率。工作液循环系统一般由工作液箱体、工作液泵、过滤器、流量控制阀、进液管和回液管等组成。工作液一般是由皂化油或乳化膏和水以一定的比例配制而成。

2）脉冲电源

电火花线切割脉冲电源又称高频电源，是电火花线切割机床的重要组成部分。主要由主振电路、脉宽调节电路、间隔调节电路、功率放大电路和整流电源等组成。

3）控制器

电火花线切割控制器是电火花线切割机床的重要组成部分，它控制着 x、y 方向工作台的运动及锥度切割装置的 u、v 坐标的移动，并合成工件切割轨迹。目前大部分控制器已实现了数字控制或微机控制。

4．机床型号

电火花线切割机床的型号很多，主要分高速走丝线切割机和低速走丝线切割机，国内现有的线切割机大多为高速走丝线切割机，进口线切割机一般为低速走丝线切割机。中国电火花线切割机床的型号编制是根据 JB 1838—1976《金属切削机床型号编制方法》进行编制的。机床型号由汉语拼音和阿拉伯数字组成，代表机床的类别、特征和基本参数。图 13-7 中以 DK7740 为例，介绍线切割机床的型号。

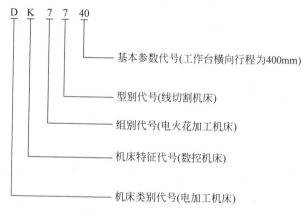

图 13-7　线切割机床的型号

5．主要用途

线切割加工为新产品试制、精密零件加工及模具制造开辟了一条新的工艺途径，主要用途如下：

（1）加工模具。电火花线切割加工适用于加工各种形状的冲模，调整不同的间隙补偿量，只需一次编程就可以切割凸模、凸模固定板、凹模及卸料板等。模具配合间隙、加工精度通常都达到要求。此外，还可加工挤压模、粉末冶金模等通常带锥度的模具。

（2）加工电火花成形加工电极。一般穿孔加工用的电极以及带锥度型腔加工用的电极，以及铜钨、银钨合金之类的电极材料，用线切割加工特别经济，同时也适用于加工微细复杂形状的电极。

（3）加工高硬度材料。由于线切割主要是利用热能进行加工，在切割过程中工件与工具没有相互接触，没有相互作用力，所以可以加工一些高硬度材料。

（4）加工贵重金属。线切割是通过线状电极的"切割"完成加工过程的，线状电极的直径很小(通常为 0.13～0.18mm),所以切割的缝隙也很小,这便于节约材料,可用来加工一些贵重金属材料。

(5) 加工试验品。在试制新产品时,用线切割在坯料上直接割出零件,如试制切割特殊微电机硅钢片定转子铁心,由于不需另行制造模具,可大大缩短制造周期,降低成本。

6．线切割加工程序的编制

1) 坐标系

(1) 标准坐标系(绝对坐标系)

遵循右手笛卡儿坐标系,如图 13-8 所示。绝对坐标系只有一个坐标原点。

(2) 增量坐标系(相对坐标系)

增量坐标系的坐标值是相对于前一位置来计算的。在手工编程中常采用相对坐标系,这样可以避免误差的累积。

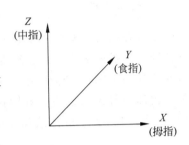

图 13-8　右手笛卡儿坐标系

2) 线切割手工编程方法

线切割手工编程方法多样,主要有 3B、4B、5B、ISO 等,下文将详细介绍 3B 法。3B 编程格式如下:

BXBYBJG Z

各个字母的含义具体介绍如下。

(1) B 间隔符号

将 X、Y、J 三项数值分开来,以免执行命令时混淆。

(2) X、Y 坐标值

① 加工直线时,坐标原点移至加工起点,X、Y 是终点相对于起点的绝对坐标值。

② 加工圆弧时,坐标原点移至圆心,X、Y 是圆弧起点相对于圆心的绝对坐标值。

(3) G 计数方向

有 GX 和 GY 两种,它的选取可按加工直线或圆弧终点坐标值的绝对值大小来选取。

① 直线计数方向

加工直线时,终点靠近哪条轴,计数方向则取该轴,若与坐标轴成 45°,则任取一个方向均可。

通常利用投影法判断终点靠近哪条轴,投影法的判断方法如图 13-9 所示。

② 圆弧计数方向

加工圆弧时,终点靠近哪条轴,则计数方向取另一轴(这与直线计数方向相反),若终点与两轴成 45°,取 X、Y 均可,如图 13-10 所示。

(4) J 计数长度

① 直线计数长度

取被加工的直线在计数方向坐标轴上的投影绝对值,两投影相同时任取一个即可,如图 13-11 所示。

② 圆弧计数长度

取被加工的曲线在计数方向坐标轴上投影的绝对值总和,两投影相同时任取一个即可,如图 13-12 所示。

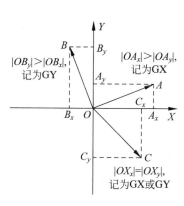

图 13-9　直线计数方向

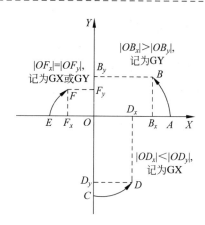

图 13-10　圆弧计数方向

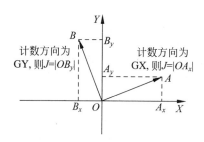

图 13-11　直线计数长度

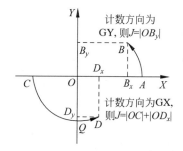

图 13-12　圆弧计数长度

（5）Z 加工指令

加工指令可分为 12 种，用来传达机床的命令，分为直线和圆弧两大类。直线加工指令有 L1～L4；圆弧加工指令又可分为两类，顺圆加工指令有 SR1～SR4，逆圆加工指令有 NR1～NR4。

① 直线加工指令

一般直线加工指令为 L1，如图 13-13 所示。当线落在坐标轴上的特殊情况时，如图 13-14 所示。

② 圆加工指令

（a）顺圆加工指令

起点在第一象限的所有顺圆曲线加工指令为 SR1，如图 13-15 所示。同理有 SR2～SR4。

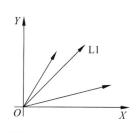

图 13-13　直线加工指令

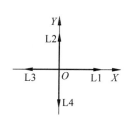

图 13-14　特殊直线加工指令

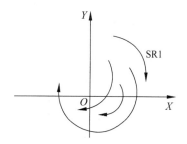

图 13-15　顺圆加工指令

（b）逆圆加工指令

起点在第一象限的所有逆圆曲线加工指令为 NR1，如图 13-16 所示。同理有 NR2～NR4。

（c）圆弧加工指令特例

圆弧曲线起点在轴上的特殊情况，如图 13-17 所示。

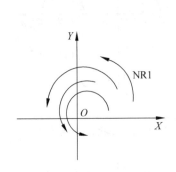

图 13-16　逆圆加工指令

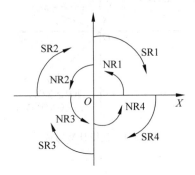

图 13-17　圆弧加工指令特例

注意：工件图样上各交点的 X、Y、J、G、Z 诸项都确定后，即可按加工路线依次排序形成程序单。这里 X、Y 的单位为微米，坐标值符号不用写，全为正，因为可以利用加工指令 Z 来确定最终的符号。

3）举例

加工零件如图 13-18 所示。

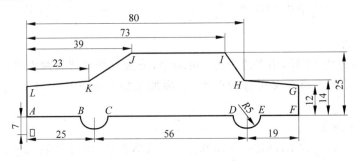

图 13-18　零件

程序为：

```
B0B7000B7000GYL2；              //引入、引出线 OA
B20000B0B20000GXL1；            //AB
B5000B0B10000GYNR3；            //弧 BC
B46000B0B46000GXL1；            //CD
B5000B0B10000GYNR3；            //DE
B13000B0B13000GXL1；            //EF
B0B12000B12000GYL2；            //FG
B20000B2000B20000GXL2；         //GH
B7000B11000B11000GYL2；         //HI
B34000B0B34000GXL3；            //IJ
B16000B11000B16000GXL3；        //JK
```

```
B23000B2000B23000GXL3;          //KL
B0B12000B12000GYL4;             //LA
B0B7000B7000GYL4;               //OA
MJ;                             //结束符
```

4）编程中的补偿法

（1）有公差尺寸的编程计算法

对于有公差尺寸的编程，一般采用中差尺寸编程。大量统计表明，加工后的实际尺寸大部分是在公差带的中值附近，因此对标注有公差的尺寸，应采用中差尺寸编程，计算公式如下：

$$中差尺寸＝基本尺寸＋（上偏差＋下偏差）/2$$

（2）间隙补偿问题

由于加工中程序的执行是以电极丝中心为轨迹来计算的，而电极丝的中心轨迹与零件的实际轮廓并不重合，把钼丝中心到工件表面的距离补偿称为间隙补偿。补偿方法分为编程补偿和自动补偿。

① 编程补偿：按钼丝轨迹进行编程，把间隙补偿考虑进去。

② 自动补偿：按零件实际轮廓轨迹进行编程，然后把需要补偿的量告诉数控系统，进行自动补偿。

间隙补偿值用 f 表示，如图 13-19 所示，计算公式如下：

$$f = \frac{d}{2} + \delta = \frac{0.18}{2} + 0.01 = 0.1$$

式中：d——钼丝直径，mm；

δ——放电间隙，mm。

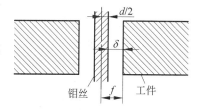

图 13-19　间隙补偿

13.2　高能束加工

激光束、电子束和离子束加工统称为高能束加工，它们是以高能量密度束流为能源与材料作用，从而实现材料去除、连接、生长和改性。高能束流加工具有独特的技术优势，被誉为21 世纪先进制造技术之一，受到越来越多的重视，应用领域不断扩大。

13.2.1　激光束加工

1. 原理和特点

激光加工是将激光束通过透镜聚焦后照射到工件表面，通过激光的高能量实现对工件的切割、熔化及表面改性的加工方法。图 13-20 所示为武汉逸飞多功能激光加工机床。

激光加工的特点如下：

（1）激光束的能量密度非常高，可达 $10^5 \sim 10^{13}\,\text{W/cm}^2$，由此产生的高温可以加工任何金属和非金属材料。但需要注意的是，对于表面光洁或透明的材料，为了减少光的反射作用，必须事先进行色化或打毛处理，以提高加工中光能到热能的转化率。

图 13-20　武汉逸飞多功能激光加工机床

（2）激光通过聚焦可以形成微米级光斑，加工功率的大小易于调节，配以数控系统，可以实现复杂形状的精密微细加工。

（3）激光具有光的特性，可实现对玻璃等透明材料的内部雕刻，也可通过真空管的玻璃在其内部进行焊接。

（4）激光加工无明显机械力，也不存在工具的损耗问题。

（5）激光加工速度快，热影响区小，适合加工高熔点、高硬度、特种材料，且易保证加工质量。

（6）激光加工的平均加工精度可达 0.01mm，最高加工精度可达 0.001mm，表面粗糙度值可达 $0.4 \sim 0.1 \mu m$。

（7）激光加工要特别注意安全。对于加工中产生的金属蒸气及火花等飞溅物，要采取措施及时抽走。操作者必须戴防护眼镜。

（8）由于加工方法先进，可改进现有产品的结构和材料。

2. 主要用途

（1）激光焊接

激光焊接是利用激光束的热使工件接头处加热到熔化状态，冷却后连接在一起。激光焊接在航空航天、机械制造及电子和微电子工业方面得到了广泛的应用。激光焊接过程如图 13-21 所示，焊接实例见图 13-22。

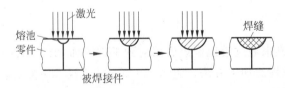

图 13-21　激光焊接过程

（2）激光切割

激光切割所需的功率密度和激光焊接大致相同。激光可以切割金属材料，如钢板、钛

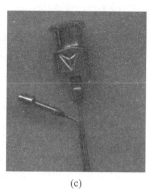

（a）　　　　　　　　（b）　　　　　　　　（c）

图 13-22　激光焊接加工实例
（a）激光焊接手机外壳；（b）焊接钢管；（c）焊接针管

板；也可以切割非金属材料，如半导体硅片、石英、陶瓷、塑料以及木材等材料；还能透过玻璃真空管切割其内的钨丝，这是任何常规切削方法都不能做到的。激光切割机工作原理示意如图 13-23 所示，激光切割实例见图 13-24。

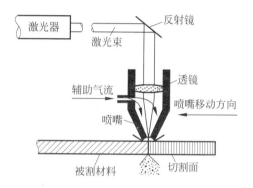

图 13-23　激光切割机工作原理示意图

图 13-24　激光切割加工实例

（3）激光打孔

激光打孔时的功率密度一般为 $10^7 \sim 10^8 \, \text{W/cm}^2$，目前已应用于机械的燃料喷嘴、飞机机翼、发动机燃烧室、涡轮叶片、化学纤维喷丝板、宝石轴承、印刷电路板、过滤器、金刚石拉丝模、硬质合金、不锈钢等金属和非金属材料小孔、窄缝的微细加工。另外，激光打孔已成功地用于集成电路陶瓷衬套和手术针的小孔加工。图 13-25 所示为激光打孔实例。

（4）激光表面处理

激光表面处理工艺主要有激光表面淬火、激光表面合金化等。

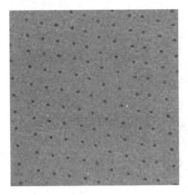

图 13-25　不同材料上小孔、异形孔激光加工实例

表面淬火的功率密度为 $10^3 \sim 10^5 \mathrm{W/cm^2}$。激光表面淬火是利用激光束扫描材料表面，使金属表层材料产生相变甚至熔化，随着激光束离开工件表面，工件表面的热量迅速向内部传递而形成极高的冷却速度，使表面硬化，从而提高零件表面的耐磨性、耐腐蚀性和疲劳强度。激光淬火可实现对球墨铸铁凸轮轴的凸轮、齿轮齿形、中碳钢，甚至低碳钢的表面淬火。激光表面淬火的淬火层深度一般为 $0.7 \sim 1.1 \mathrm{mm}$。

激光表面合金化是利用激光束的扫描照射作用，将一种或多种合金元素与工件表面快速熔凝，从而改变工件表面层的化学成分，形成具有特殊性能的合金化层。往熔化区加入合金元素的方法很多，包括工件表面电镀、真空蒸镀、预置粉末层、放置厚膜、离子注入、喷粉、送丝和施加反应气体等。

13.2.2　电子束加工

1. 原理和特点

电子束的加工过程是一个热效应过程。在真空条件下，质量大约为 $9 \times 10^{-29} \mathrm{kg}$、直径不足 $6 \times 10^{-12} \mathrm{mm}$ 的电子通过聚焦形成电子束，能量密度达到 $10^6 \sim 10^9 \mathrm{W/cm^2}$，高速（光速的 $60\% \sim 70\%$）撞击工件表面，在几分之一微秒的极短时间内，产生的热量来不及传导扩散就将其能量绝大部分转化为热能，使被撞击的工件表面瞬时局部温度到达几千摄氏度以上，从而引起工件材料局部熔化或气化。其加工原理示意图如图 13-26 所示。

电子束加工的特点如下：

（1）束斑极小。当电流为 $1 \sim 10 \mathrm{mA}$ 时，能聚焦到 $10 \sim 100 \mu\mathrm{m}$；电流为 $1 \mathrm{nA}$ 时，能聚焦到 $0.1 \mu\mathrm{m}$，加工面积小，是一种精密微细的加工方法。

（2）能量密度极高。由于电子束的能量密度极高，可达到 $10^6 \sim 10^9 \mathrm{W/cm^2}$，使被撞击的材料获得大量能量，发生高温熔化、气化。而且电子束去除材料

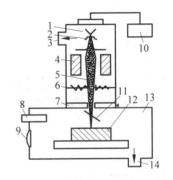

图 13-26　电子束加工原理示意图
1—电子枪；2—强度控制阀；3—抽气口；
4—聚焦系统；5—电子束；
6—束流位置控制阀；7—截止阀；
8—观察系统；9—窗口；10—加速电压；
11—反射镜；12—工件；13—工作台；
14—抽气口

属于非接触式加工,工件不受机械作用力,不易产生宏观应力和变形,适合加工各种深孔和窄缝。

（3）生产率极高。电子束能量密度高,能量利用率高,加工效率极高。

（4）易于实现自动化。电子束加工过程中,可通过磁场和电场对电子束强度、位置、聚焦等进行直接控制,使整个过程易于实现自动化。

（5）污染极少。电子束加工过程全部在真空中进行,产生的污染极少,而且被加工工件不易被氧化。

（6）成本高。电子束加工需要整套专门设备和真空系统,成本较高,因此在实际应用中受到一定的限制。

2. 主要用途

通过控制电子束能量密度的大小和能量注入时间,可将电子束加工分为热处理、焊接、打孔、刻蚀等方法。

（1）热处理

当电子束能量密度较小,只使材料局部加热而不熔化,即可进行电子束热处理。电子束热处理加热速度和冷却速度很快,相变过程时间极短,因而能获得超细晶粒组织,使工件获得常规热处理难以达到的硬度。如果在电子束热处理过程中控制加热温度,熔化某些新添加的熔点较低的元素,可在金属表面形成一层很薄的新合金层,从而获得理想的力学物理性能。

（2）焊接

当电子束能量密度达到一定程度,撞击工件表面,使材料局部熔化,可进行电子束焊接。电子束焊接是电子束加工技术中发展最快、应用最广的工艺。

（3）打孔

提高电子束能量密度,使材料熔化、气化,便可进行打孔加工。电子束打孔的优点包括:能加工各种孔,包括异形孔、斜孔、锥孔和弯孔等;加工效率高;加工范围广;加工质量好,无毛刺。电子束打孔已被广泛应用于航空、核工业以及电子等工业,如喷气发动机的叶片及其他零部件的冷却孔、涡轮发动机燃烧室头部及燃气涡轮、化纤喷丝头和电子电路印刷板等。

（4）光刻

利用较低能量密度的电子束照射高分子材料,由入射电子与高分子相撞击,使分子链被切断或重新聚合而引起分子量的变化,称为电子束曝光。将此方法与其他工艺并用,即可在材料表面进行光刻加工。

13.2.3　离子束加工

1. 原理和特点

离子束加工与电子束加工基本类似,也是在真空条件下进行,其原理是将氩气、氮气、氙气等惰性气体通过离子源产生离子束,经过加速、聚焦后高速撞击工件表面,实现去除材料的加工。其加工原理与电子束加工非常类似,但也存在一定的差异,具体见表 13-1。

表 13-1　电子束与离子束加工的区别

加工方法	能量束	加工能量来源	加工原理	电荷
电子束加工	电子束	热能	熔化、气化	负电
离子束加工	离子束	动能	原子撞击	正电

离子束加工的特点如下：

（1）加工精度高。离子束加工通过离子光学系统进行聚焦扫描，使离子束的聚焦光斑直径在几纳米以内，并可通过调节束流密度和能量大小等，实现高精密加工。

（2）加工污染少。由于离子束加工是在真空条件下进行的，污染少，特别适合加工各种易氧化金属、合金材料和高纯度半导体等材料。

（3）加工应力、变形小。离子束加工是靠离子撞击材料表面的原子来实现的，虽然离子束高速撞击工件，但这只是一种粒子间的微观作用，宏观作用力非常小，以至于可以忽略，而且加工过程没有热变形。因此离子束加工应力和热变形极小，适合加工各种低刚度零件。

（4）加工成本高。离子束加工需要专门真空设备，机床造价高，加工成本高，在应用上受到一定的限制。

2．主要用途

离子束加工按其所利用的物理效应和达到目的的不同，可分为以下四类。

（1）离子刻蚀

离子刻蚀是用能量为 $0.5\sim5$ keV 的氩离子轰击工件，将工件表面的原子逐个剥离，其实质是一种原子尺度的切削加工，所以也称为离子铣削。离子刻蚀可用于陀螺仪空气轴承和动压马达上的沟槽的加工，其分辨率高，精度、重复一致性好；离子束刻蚀也可用于刻蚀高精度图形，如集成电路、光电器件和光集成器件等微电子学器件；可应用于太阳能电池表面具有非反射纹理表面加工；还可应用于减薄材料，制作穿透式电子显微镜试片。

（2）离子溅射沉积

离子溅射沉积也是采用能量为 $0.5\sim5$ keV 的氩离子轰击靶材，离子将靶材原子击出，沉积在靶材附近的工件上，使工件表面镀上一层薄膜。离子束溅射沉积可应用于各种材料的薄膜和膜系的加工，包括金属、合金、化合物、氧化物和半导体材料；也可合成氧化物、氮化物和碳化物等，用于研制和批量生产多种声、光、电、磁和超导薄膜材料，并在制造纳米薄膜器件领域具有技术优势。

（3）离子镀

离子镀也称离子溅射辅助沉积，是用 $0.5\sim5$ keV 的氩离子轰击靶材的同时也轰击工件表面，使薄膜材料与工件基材间结合力增强，也可以在离子镀同时，将靶材高温蒸发。离子镀可应用于镀制润滑膜、耐热膜、耐蚀膜、耐磨膜、装饰膜和电气膜等。

（4）离子注入

离子注入是采用 $5\sim500$ keV 能量的离子束，直接轰击被加工材料。由于离子束能量相当大，离子直接注入工件后固溶，成为工件基体材料的一部分，达到改变材料性质的目的。该工艺可使离子数目得到精确控制，可注入任何材料。其应用还在进一步研究，目前得到应用的主要有：半导体改变或制造 P-N 结；金属表面改性,提高润滑性、耐热性、耐蚀性、耐磨性；制造光波导等。

13.3 快速成形制造技术

快速成形制造技术也称快速原型技术,起源可追溯到 20 世纪 80 年代,由美国 3D System 公司设计并生产出了第一台快速成形机。快速成形技术堪称制造领域人类思维的一次飞跃,实现了人们梦寐以求的集设计与制造于一体的目标。从成形机理上来说,传统的"去除"加工法是通过由重到轻、由大到小,逐步去除工件毛坯上的多余原材料来实现加工,而快速成形制造则是采用相反的"层层累加"加工法,即用一层一层的薄层逐层累加来实现工件成形。快速成形制造技术集成了多门学科,如计算机技术、控制技术、材料科学、光学和机加工等诸多工程领域的先进成果,解决了传统加工方法中复杂零件的快速制造难题,能自动、快速、准确地将设计转化为一定功能的产品原型或直接制造零件。中国第一台快速成形机出现于 1993 年,由清华大学推出的"M220 多功能试验平台",它可完成 SSM 分层实体制造、SL 立体光刻、SLS 选区激光烧结和冷冻成形等快速成形加工。

快速成形技术经过二十多年的发展,使得其成形工艺增加至数十种之多。其中典型的工艺有熔融堆积成形(fusecl deposition modeling,FDM)、选择性激光烧结(selective laser sintering,SLS)、分层实体制造(laminated object manufacturing,LOM)、立体光刻(stereolithography apparatus,SLA)和三维印刷(three-dimension printing,3DP)等。本节将以北京殷华公司 FPRINTA 为例介绍熔融沉积制造技术。

13.3.1 原理与特点

熔融沉积制造技术是将计算机上制作的零件三维模型进行分层处理,得到各层截面的二维轮廓信息,按照这些轮廓信息自动生成加工路径,由成形头在控制系统的控制下,现实分层固化,形成各个截面轮廓薄片,并逐步顺序叠加成三维坯件,其原理如图 13-27 所示。熔融沉积制造常用材料是具有热塑性的丝状材料,如 ABS、尼龙等。为成形方便,可将其分为主材料和支撑材料两种,主材料又称为成形材料。

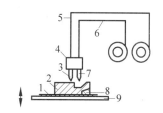

图 13-27 熔融沉积制造技术原理图

1—基底支撑；2—打印模型；3—主喷嘴；
4—喷头；5—成形材料；6—支撑材料；
7—副喷嘴；8—支撑体；9—工作台

熔融沉积制造技术的特点如下：

(1) 可以制造任意复杂的三维几何实体。由于采用分层堆积成形的原理,将复杂的三维模型简化为二维模型的叠加,从而实现对任意复杂形状零件的加工。

(2) 快速性。从 CAD 设计到原型零件制成一般只需几个小时至几十个小时,速度比传统的成形方法快得多。

(3) 高度柔性。仅需改变 CAD 模型,重新调整和设置参数,即可生产出不同形状的零件模型。

13.3.2 典型设备

北京殷华 FPRINTA 快速成形机硬件设备(见图 13-28)主要包括系统外壳、主框架、XY 扫描运动系统、升降工作台系统、喷头、送丝机构及成形室七部分。FPRINTA 型快速成形机控制系统原理框图如图 13-29 所示。

图 13-28　北京殷华 FPRINTA 快速成形机

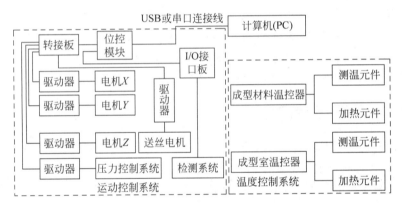

图 13-29　FPRINTA 型快速成形机控制系统原理框图

控制系统由运动控制系统和温度控制系统两部分组成。在系统中,X、Y、Z 轴的运动以及喷头和送丝机构的动作均由 PC 通过数控卡来控制。

XY 扫描系统由步进电机、导轨、同步齿形带组成。在 PC 的控制下,由同步齿形带带动,扫描系统可沿导轨作 X、Y 轴向扫描运动。

升降工作台由步进电机、丝杠、光杠、台架组成。电机 Z 受 PC 控制信号控制,可带动工作台作上下运动(Z 轴向运动)。

喷头由主副喷嘴、步进电机和传动部件构成。喷头的主副喷嘴的吐丝状态受 PC 控制。当某一喷嘴需要吐丝时,步进电机和传动部件以及送丝机构受到控制信号的控制,共同作用将丝料持续不断地送入喷头加热熔化,然后通过喷嘴挤出。

送丝机构通过送丝管和喷头连接,成形材料由料盘送入送丝机构,然后由送丝机构的一对滚轮送入送丝管,最终送入喷头中。如发现有喷头不吐丝的情况,通过查看储料盘中有没有材料,即可判断是否喷头发生堵塞。

成形室内的加热系统由加热元件、测温器和风扇组成。加热元件和风扇故障都会导致成形室温度过低。

13.3.3　主要用途

快速成形制造技术出现二十多年来,由于其独特的优越性和特点,已广泛地应用于多学科多领域,诸如机械、电子、航空航天、汽车、家电制造业,以及医疗、建筑和考古等。快速成形制造技术在这些行业中的应用主要有以下几个方面。

（1）设计实验

使用快速成形技术快速制作产品的物理模型,以验证设计人员的构思,发现产品设计中存在的问题。使用传统的方法制作原型意味着从绘图到工装、模具设计和制造,一般至少历时数月,经历多次返工和修改。采用快速成形技术则可省大量时间和费用。

（2）可制造性、可装配性检验

快速成形技术是一种面向装配和制造设计的配套技术,使用快速成形技术制作的原型可直接进行装配检验、干涉检查,对于开发结构复杂的新产品（如汽车、飞机、卫星、导弹等）来说,事先验证零件的可制造性、零件之间的相互关系以及部件的可装配性尤为重要。

（3）功能验证

快速成形技术制作的原型装配后,还可以模拟产品真实工作情况,进行一些功能试验,如运动分析、应力分析、流体和空气动力学分析等,从而迅速完善产品的结构和性能,改善相应的工艺及完成所需工模具的设计。

设计人员根据快速成形得到的试件原型对产品的设计方案进行试验分析、性能评价,借此缩短产品的开发周期、降低费用。典型的应用案例有:美国汽车制造商克莱斯勒(Chrysler)采用 SLA 制作的车体原型进行空气动力学试验,取得了较好的试验效果,不仅节约了新车型的开发费用,而且也极大地缩短了新车型投放市场的时间。

（4）非功能性样品制作

在新产品正式投产之前或按照订单制造时,需要制作产品的展览样品或摄制产品样本照片,采用快速成形是理想的方法。当客户询问产品情况时,能够提供物理原型无疑会加深客户对产品的印象。

（5）快速制模技术

经过发展,快速成形技术早已突破了其最初意义上的"原型"概念,向着快速零件、快速工具等方向发展。传统的模具制造方法周期长、成本高,设计上的任何失误反映到模具上都会造成不可挽回的损失,从而促使了快速成形制模技术的发展。

13.4　其他特种加工方法

13.4.1　超声波加工

振动产生声波,声波具有不同的频率。人耳能听到的声波频率范围在 20Hz～20kHz;声波频率低于 20Hz 时,称为次声波;当声波频率超过 20kHz 时,称为超声波。超声波已广泛地应用在机械、化工、钢铁冶炼、农业、医疗、除尘、水下通信、浮选、沉淀、军事等各方面。在机械工业应用中,利用超声波加工方法,不仅能加工硬质合金等硬脆的导电材料,也可以加工玻璃、陶瓷、宝石、金刚石等硬脆非金属、非导电材料。另外,利用超声波原理制成的设备,还可以用于清洗、焊接和探伤等。

1. 超声波加工的原理

图 13-30 所示为超声波加工原理图,在工件 2 和工具 1 间加入磨料悬浮液 3,由超声波发生器 7 产生超声振荡波,经换能器 6 转换成超声机械小振动,通过变幅杆 4、5 将振幅放大后继续传递给工具,引起工具端面作超声频机械振动,使悬浮液中的磨粒不断地撞击加工表面,把硬而脆的被加工材料局部破坏而撞击下来。在工件表面瞬间正负交替的正压冲击波和负压空化作用下强化了加工过程。因此,超声波加工实质上是磨料的机械冲击与超声波冲击及空化作用的综合结果,其中磨粒的机械冲击是主要作用。

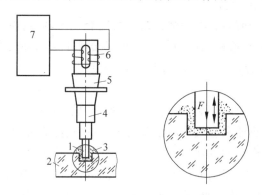

图 13-30　超声波加工原理图
1—工具;2—工件;3—磨料悬浮液;
4,5—变幅杆;6—换能器;7—超声波发生器

2. 超声波加工的特点

(1) 超声波加工不受材料是否导电限制,材料适应范围广,适宜加工各种硬脆材料。超声波加工主要依赖于磨粒对材料的高频率、微局部的撞击而去除材料,故对于电火花加工和电解加工几乎无能为力的不导电硬脆材料,如玻璃、陶瓷、人造宝石和金刚石等,均适合采用超声波加工。对于半导体材料锗和硅、导电材料如硬质合金钢、淬火钢等也可实现加工。

(2) 工具可用较软材料进行制作,比较容易制作出各种复杂形状的工具。

(3) 由于工具多样、形状也可以很复杂,更换容易,灵活性大,所以超声波加工机床结构可以做得很简单,使用维护也方便。

(4) 由于管状工具金刚石磨料烧结难以保障形状精度,工具焊接时难以保证位置精度,故对于旋转超声波加工,工具的旋转精度比较难以保证。

(5) 超声波加工工具对工件的作用力和热影响力较小,加工表面光洁,也不会发生烧伤、变形、残余应力等缺陷,故可以加工薄壁、细条、窄缝以及低刚度的零件。

(6) 超声波加工精度、光洁度、速度均较高,加工精度可达 0.01~0.02mm,表面粗糙度 Ra 值为 $0.1~0.8\mu m$。

3．超声波加工的应用

（1）超声波成形加工（型孔、型腔加工）

超声波可用于加工硬脆材料型孔、型腔、套料、雕刻等。超声波雕刻作品如图 13-31 所示。用于圆孔加工时，一般孔径范围在 0.1～90mm，加工深度可达 100mm 以上。一些导电材料的模具加工，可以先经过电加工后，再用超声波研磨抛光以减小表面粗糙度，提高表面质量。由其可见，相对来说，超声加工型腔、型孔的精度较高、表面质量较好。

图 13-31　超声波雕刻作品

（2）超声波切割加工

超声波可用于切割硬脆的半导体等材料诸（如锗、硅等）。相对于普通机械切割，超声波切割的效率、精度均较高。所用刀具为薄钢片等材料的成组刀片。

（3）超声波复合加工

在一些通常的加工过程中，可同时将超声振动引入到被加工区域内，这种将超声加工与传统单一的加工工艺组合起来的加工模式，称为超声复合加工。从超声复合加工的应用来看，可分为：超声频机械振动与其他机械作用过程相复合；超声机械振动与其他性质的作用过程相复合。超声引入的目的都是为了强化原加工过程，使得这些加工的速度明显提高，且加工质量得到不同程度的改善，达到低耗高效。

（4）超声波焊接

把超声振动施加到叠合在一起的两个物体上，两个物体间会因高频振动而摩擦生热并在一定压力下因塑性流动而形成原子结合或原子扩散而实现焊接的工艺模式，称为超声波焊接。超声波焊接的优点是材料不经融化、无明火产生、热应力小，结合强度高，材料变形小，无污染，焊接前后不需清理焊接表面，焊接时间极短。焊接材料包括铝制品、塑料、尼龙、陶瓷等。

（5）超声波清洗

利用超声波在液体中产生高频的、剧烈的交变冲击波和空化作用，使被清洗工件表面的污渍遭到破坏并脱落下来从而得到净化目的的原理工艺模式，称为超声波清洗。超声波的振动无孔不入，因此超声波清洗具有其他清洗方法难以比拟的优势，比如可以清洗具有窄缝、S 形弯曲孔等结构存在的形状复杂的零件，批量清洗体积较小的零件等。现已广泛应用于机械、电子、医疗器械等的零件设备的清洗。

13.4.2　电化学加工

电化学加工是基于电化学作用原理而去除材料(电化学阳极溶解)或增加材料(电化学阴极沉积)的加工技术。早在 19 世纪 30 年代,英国科学家法拉第就提出了有关电化学反应的相关原理,并创建了法拉第定律,奠定了电化学学科和相关工程技术的理论基础。但直到 20 世纪 30 年代,才逐渐出现电解抛光和电镀。1958 年美国阿诺卡特公司首先研制出世界上第一台电解加工机床,用于叶片加工。此后,日本和西方各国相继研究和生产了多种电解加工机床,使这一工艺得到日益广泛的应用。中国电解加工工艺始于 20 世纪 60 年代初,首先用于航空工业中加工叶片、兵器工业加工大炮膛线,后来推广到其他民用工业,如汽车、拖拉机制造业加工锻模、汽轮机制造业加工整体叶轮,还用于花键、异形孔的加工。

电化学加工按其作用原理可分为三大类:阳极电解蚀除、阴极电镀沉积和复合加工。

1．电解加工

电解加工是继电火花加工之后发展较快、应用较广泛的一项新工艺。目前在枪炮、航空发动机、火箭、汽车、采矿机械等方面得到广泛应用,并已成为现代制造不可缺少的一种工艺方法。

1) 电解加工的原理

电解加工是利用金属在外电场作用下的高速局部阳极溶解过程,实现金属成形加工的一种工艺方法,其加工原理如图 13-32 所示。为了实现电化学加工,还必须满足以下条件:

(1) 工件阳极和工具阴极间应保持一定的加工间隙,一般为 0.1~1mm,且阴极对阳极作相对运动。

(2) 电解液从加工间隙中不断高速(6~30m/s)流过,带走反应中产生的大量金属溶解产物和气体以及热,同时流动的电解液还具有减轻极化的作用。

(3) 工件阳极和工具阴极分别和直流电源(一般为 10~24V)连接,通过两极加工间隙的电流密度高达 $10\sim10^2 A/cm^2$。

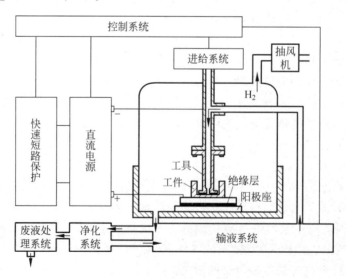

图 13-32　电解加工原理图

2）电解加工的特点

电解加工工艺与一般的机制工艺相比较,具有以下特点:

(1) 能同时进行三维的加工,一次加工出形状复杂的型面、型腔、异形孔。

(2) 由于加工中工件与刀具(阴极)不接触,不会产生切削力和切削热,不生成毛刺。

(3) 与材料的机械性能(如硬度、韧性、强度)无关,因此可加工一般机制工艺难以加工的高硬度、高韧性、高强度材料,如硬质合金、淬火钢、耐热合金、钛合金,但与材料的电化学性质、化学性质、金相组织密切相关。

(4) 加工效率较高,在保证足够大的加工面积和加工电流情况下,加工效率可超过切削加工,且加工效率不直接受加工精度和表面粗糙度的限制。

(5) 电化学加工具有稳定性不好控制、不适合单件小批量生产、设备投资大、产生环境污染等缺点。

3）电解加工的应用

电解加工经过近几十年的发展,其应用得到了很大进展,逐渐在各种型孔、模具型面、叶片、膛线、花键孔、深孔、异形零件、抛光等方面获得广泛应用。

(1) 型孔加工

在生产中经常碰到一些形状复杂、尺寸较小的四方、六方、半圆、椭圆等形状的通孔和盲孔,利用传统机械切削加工难以完成,甚至无法完成,而电解加工可以加工各种形状的型孔,并能保证较高的加工质量和加工效率。

(2) 模具型面加工

自 20 世纪 70 年代起,电解加工在模具制造业各个领域开始应用。它在模具型面加工中具有生产率高、加工成本低、模具寿命高、重复精度好等优点。常见的模具型面如锻模、玻璃模、压铸模、冷镦模、橡胶模、注塑模等。

(3) 叶片型面加工

叶片是航空发动机制造中最关键的零件,采用传统切削加工难度很大,目前采用的电解加工具有加工效率高、生产周期短、手工劳动量小等特点,得到广泛应用。

(4) 抛光

利用金属表面微观凸点在特定电解液中和适当电流密度下,让阳极表面溶解的一种电解加工方法,称为电解抛光。抛光的表面不会产生变质层,无附加应力;能加工各种机械抛光难以实现的零件;抛光时间短,而且可以多件同时抛光,生产效率高。

(5) 膛线加工

枪、炮膛线是中国在工业生产中首次采用电解加工的实例。与传统的膛线加工工艺相比,电解加工具有质量高、效率高、经济效果好的优点。经过生产实践的考验,目前膛线加工工艺已经定型,成为枪、炮制造中的重要工艺技术。

2.电铸加工

1）基本原理

电铸加工原理是利用金属离子在电解液中发生电化学反应,实现在工件上的金属沉积,原理示意图如图 13-33 所示。以导电的原模 8 作阴极,用于电铸的金属作阳极 2,将其金属盐溶液作电铸液。在直流电的作用下,电铸液中的金属离子在阴极还原成金属,沉积于原模表面；阳极金属则原子失去电子成为离子，为电铸液源源不断地补充金属离子，以保持电铸液中金属离子的质量分数不变。如此循环下去，直至阴极原模电铸层达到要求后，断开电源，电铸过程结束。

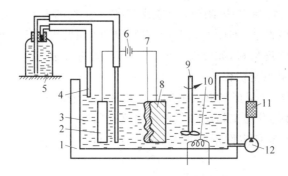

图 13-33　电铸加工原理示意图

1—电铸槽；2—阳极；3—电铸液；4—玻璃管；5—蒸馏水；6—电源；
7—沉积层；8—原模；9—搅拌装置；10—加热装置；11—过滤器；12—供液泵

2）加工特点

（1）复制能力强

电铸是采用沉积法成形，各种复杂形状的型面和微细纹路，均能准确、高精度地复制出来。还可以加工用机械加工难以成形，甚至无法成形的型腔。

（2）加工质量高

电铸件与母模的形状吻合程度很高，只要母模制造精确，电铸件的精度就能满足要求，其表面粗糙度 Ra 值小于等于 $0.1\mu m$，且由同一原模生产的电铸产品一致性好。

（3）制造多种功能构件

简单改变加工工艺，即可获得由不同材料组成的多层、镶嵌、中空等制品。通过改变电铸条件、电铸液组成，可使工件具有其他工艺方法难以获得理化性质，如高硬度、高韧性等。

（4）不足

电铸件的制造周期较长，如电铸镍，通常需数天时间；电铸层较薄，常为 $4\sim 8mm$，且厚度不易均匀；电铸件有较大的内应力，需经适当热处理。

3）应用范围

（1）形状复杂、精度高的空心零件的制作，如波导管；

（2）复制精细的表面轮廓，如光盘模具的制造，艺术品制造，纸币、邮票的印刷板等；

（3）表面粗糙度标准样板、反光镜、喷嘴和电加工电极等特殊零件的制作；

（4）注塑用的模具、厚度极小的薄壁零件的制作。

参 考 文 献

[1] 张明远. 金属工艺学实习教材[M]. 北京：高等教育出版社，2003.

[2] 林江. 机械制造基础[M]. 北京：机械工业出版社，2007.

[3] 朱江峰，肖元福. 金工实训教程[M]. 北京：清华大学出版社，2004.

[4] 樊新民. 热处理工艺与实践[M]. 北京：机械工业出版社，2012.

[5] 朱世范. 机械工程训练[M]. 哈尔滨：哈尔滨工程大学出版社，2003.

[6] 周伯伟. 金工实习[M]. 南京：南京大学出版社，2006.

[7] 董丽华. 金工实习实训教程[M]. 北京：电子工业出版社，2006.

[8] 郗安民. 金工实习[M]. 北京：清华大学出版社，2009.

[9] 范培耕. 金属材料工程实习实训教程[M]. 北京：冶金工业出版社，2011.

[10] 韩国明. 焊接工艺理论与技术[M]. 北京：机械工业出版社，2007.

[11] 程绪贤. 金属的焊接与切割[M]. 东营：石油大学出版社，1995.

[12] 雷玉成，于治水. 焊接成形技术[M]. 北京：化学工业出版社，2004.

[13] 北京机械工程学会，铸造专业学会. 铸造技术数据手册[M]. 北京：机械工业出版社，1996.

[14] 铸造工程师手册组. 铸造工程师手册[M]. 北京：机械工业出版社，2003.

[15] 高忠民. 实用电焊技术[M]. 北京：金盾出版社，2003.

[16] 杜则裕. 焊接科学基础[M]. 北京：机械工业出版社，2012.

[17] 文九巴. 机械工程材料[M]. 北京：机械工业出版社，2002.

[18] 邵红红，纪嘉明. 热处理工[M]. 北京：化学工业出版社，2004.

[19] 于永泗，齐民. 机械工程材料[M]. 大连：大连理工大学出版社，2010.

[20] 李占君，苏华礼. 机械工程材料[M]. 吉林：吉林大学出版社，2013.

[21] 樊东黎，徐跃明，佟晓辉. 热处理工程师手册[M]. 2版. 北京：机械工业出版社，2005.

[22] 广州数控设备有限公司. GSK980TA 车床数控系统产品说明书第七版，2005.

[23] FANUC Series 0i-MODEL D/FANUC Series 0i Mate-MODEL D 车床系统/加工中心系统通用用户手册.

[24] 廖维奇，王杰，刘建伟. 金工实习[M]. 北京：国防工业出版社，2006.

[25] 廖凯，韦绍杰. 机械工程实训[M]. 北京：科学出版社，2013.

[26] 郭永环，姜银方. 金工实习[M]. 北京：北京大学出版社，2006.

[27] 郑晓，陈仪先. 金属工艺学实习教材[M]. 北京：北京航空航天大学出版社，2005.

[28] 严绍华，张学政. 金属工艺学实习[M]. 北京：清华大学出版社，2006.

[29] 夏德荣，贺锡生. 金工实习[M]. 南京：东南大学出版社，1999.

[30] 王瑞芳. 金工实习[M]. 北京：机械工业出版社，2001.

[31] 邓文英. 金属工艺学[M]. 北京：高等教育出版社，2005.

[32] 陈小坼. 金工实习[M]. 武汉：武汉工业大学出版社，1996.

[33] 周济，周艳红. 数控加工技术[M]. 北京：国防工业出版社，2002.

[34] 张学政，李家枢. 金属工艺学实习教材[M]. 北京：高等教育出版社，2003.

[35] 刘建伟，吕汝金，魏德强. 特种加工训练[M]. 北京：清华大学出版社，2013.

工程材料基础训练报告

一、根据图示填写各部分的名称

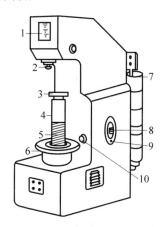

1—_____ ; 2—_____ ; 3—_____ ;
4—_____ ; 5—_____ ; 6—_____ ;
7—_____ ; 8—_____ ; 9—_____ ;
10—_____ 。

二、填空题

1. 按化学成分、结合键的特点,可将工程材料分为_____、_____和_____三大类。

2. 工程材料按照用途可分为两大类,即_____和_____。

3. 工程材料按照应用领域还可分为_____、_____、_____和_____等多种类别。

4. 硬度是指材料抵抗比它更硬的物体压入其表面的能力,即受压时_____的能力。

5. 目前生产中主要采用的硬度试验方法主要有_____、_____和_____等。

6. 塑料的种类很多,按性能可分为_____和_____两大类。

7. 未来世界将是_____、_____和_____三足鼎立的时代,它们构成了固体材料的三大支柱。

8. 复合材料是由_____物理、化学性质不同的物质,经_____的材料。

三、简答题

1. 常见工程材料可以分为哪几类? 工程材料在工业发展中的地位如何?

2. 金属材料的力学性能和工艺性能包括哪些？常见金属材料分为哪几类？

3. 常见钢铁材料有哪些？分别有什么用途？

4. 非金属材料包括哪些？常见铝合金的牌号有哪些？

5. 什么是陶瓷材料？常见的应用场合有哪些？

铸造训练报告

一、根据图示填写各部分的名称

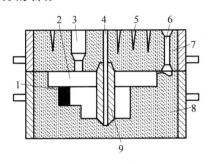

1—＿＿＿＿＿＿＿＿＿＿＿＿＿; 2—＿＿＿＿＿＿＿＿＿＿＿＿＿; 3—＿＿＿＿＿＿＿＿＿＿＿＿＿;

4—＿＿＿＿＿＿＿＿＿＿＿＿＿; 5—＿＿＿＿＿＿＿＿＿＿＿＿＿; 6—＿＿＿＿＿＿＿＿＿＿＿＿＿;

7—＿＿＿＿＿＿＿＿＿＿＿＿＿; 8—＿＿＿＿＿＿＿＿＿＿＿＿＿; 9—＿＿＿＿＿＿＿＿＿＿＿＿＿。

二、填空题

1. 铸造的工艺方法很多，一般分为＿＿＿＿＿＿＿＿和＿＿＿＿＿＿＿＿两大类。

2. 凡不同于砂型铸造的所有铸造方法，统称为＿＿＿＿＿＿＿＿，如＿＿＿＿＿＿＿＿、＿＿＿＿＿＿＿＿、

＿＿＿＿＿＿＿＿和＿＿＿＿＿＿＿＿等。

3. 质量合格的砂型应达到：＿＿＿＿＿＿＿＿，＿＿＿＿＿＿＿＿，＿＿＿＿＿＿＿＿，浇注系统位置开设合理。

4. 浇注时型芯被金属液冲刷和包围，因此要求型芯要有更好的＿＿＿＿＿＿＿＿、＿＿＿＿＿＿＿＿、

＿＿＿＿＿＿＿＿和＿＿＿＿＿＿＿＿。

5. 浇注系统主要由＿＿＿＿＿＿＿＿、＿＿＿＿＿＿＿＿、＿＿＿＿＿＿＿＿和＿＿＿＿＿＿＿＿组成。

6. 金属型铸造的主要特点如下：

（1）＿＿＿＿＿＿＿＿＿＿＿＿＿＿＿＿＿＿＿＿＿＿＿＿＿＿＿＿；

（2）＿＿＿＿＿＿＿＿＿＿＿＿＿＿＿＿＿＿＿＿＿＿＿＿＿＿＿＿；

（3）＿＿＿＿＿＿＿＿＿＿＿＿＿＿＿＿＿＿＿＿＿＿＿＿＿＿＿＿。

7. 冲天炉由＿＿＿＿＿＿＿＿、＿＿＿＿＿＿＿＿、＿＿＿＿＿＿＿＿和＿＿＿＿＿＿＿＿等部分组成。

8. 黏土砂根据在合箱和浇注时的砂型烘干，可分为＿＿＿＿＿＿＿＿、＿＿＿＿＿＿＿＿和＿＿＿＿＿＿＿＿。

三、简答题

1. 铸造的定义是什么？它由哪些工序组成？

2. 铸型由哪几部分组成？各自的作用是什么？

3. 和零件结构相比,模样结构上有什么特点？

4. 常用的特种铸造有哪几种？各有什么优缺点？适合用于何种铸件？

锻压训练报告

一、根据图示填写各部分的名称

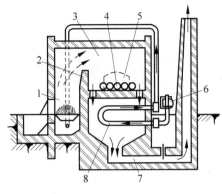

1—_____；   2—_____；   3—_____；

4—_____；   5—_____；   6—_____；

7—_____；   8—_____。

二、填空题

1. 锻造成形与切削加工成形相比,有两个基本特点：_____；

_____。

2. 锻造生产的一般工艺过程为：_____、_____、_____、_____、_____。

3. 一般加热规范包括以下内容：_____、_____、_____和_____等。

4. 加热时间一般应是_____、_____、_____三段时间的总和。

5. 胎模的主要类型有_____、_____、_____三种。

6. 冲模的种类繁多,按其结构和工作特点不同,可分为_____、_____和_____

三种。

7. 镦粗通常用来生产盘类毛坯,如_____、_____等。

8. 按所用的设备不同,模锻可分为：_____、_____及_____等。

三、简答题

1. 锻造前加热坯料的作用是什么？中碳钢在锻造温度范围内坯料的颜色如何变化？

5

2. 氧化、脱碳、过热、过烧的实质是什么？它们对锻件的质量有什么影响？应如何防止？

3. 锻件锻造后有哪几种冷却方式？各自的适用范围是什么？

4. 根据你在实习中观察和操作的经验，试总结拔长、镦粗和冲孔等基本工序的操作要点。

5. 板料冲压和锻造这两种工艺方法的异同点是什么？

6. 冲孔和落料有何异同？

7. 冲模由哪几部分组成？各部分的作用是什么？

焊接训练报告

一、根据图示填写各部分的名称

1—_____；　2—_____；　3—_____；

4—_____；　5—_____；　6—_____；

7—_____；　8—_____；　9—_____；

10—_____。

二、填空题

1. 焊条的选用原则有_____、_____、_____、_____等。

2. _____引弧虽比较容易，但这种方法使用不当时，会擦伤焊件表面。为尽量减少焊件表面的损伤，应在_____处擦划，划擦长度以_____为宜。

3. 运条包括控制_____、_____、_____和_____。

4. 为不影响焊缝成形，保证接头处焊接质量，更换焊条的动作_____，并在接头弧坑前约_____处起弧，然后移到_____进行焊接。

5. 在实际生产中，由于_____和_____的限制，焊缝在空间的位置除平焊外，还有_____、_____、_____。

6. 碳化焰的产生是当氧气与乙炔的混合比小于_____时，部分乙炔未曾燃烧，焰心较长，呈蓝白色，火焰温度最高达_____。

7. 通过使用无损检测方法，能发现材料或工件内部和表面所存在的缺陷，能测量工件的_____和_____，能测定材料或工件的_____、_____、_____和_____等。

8. 电子束焊的特点有_____、_____、_____。

9. 等离子弧焊是在_____的基础上发展起来的一种焊接方法。

10. 等离子弧既可用于焊接，又可用于_____、_____及_____，在工业中得到了广泛应用。

三、简答题

1. 焊条电弧焊机有哪些？请说明在实习中所用的焊机型号和主要技术参数？

2. 焊条由哪几部分组成? 各部分的作用是什么?

3. 引弧、收弧各有几种? 焊接操作中如何正确使用?

4. 吸射式焊炬和吸射式割炬在结构上有什么不同?

5. 常见的焊缝缺陷有哪些? 说明其形成原因。

金属热处理训练报告

一、填空题

1. 退火主要目的是降低_____,改善其_____,细化_____,均匀组织及消除毛坯在成形(锻造、铸造、焊接)过程中所造成的_____,为后续的机械加工和热处理做好准备。

2. 钢的_____与_____是热处理工艺中最重要、也是用途最广的工序。淬火可以大幅度提高钢的_____。

3. 淬火的目的是为了得到_____,因此淬火冷却速度必须_____临界冷却速度。

4. 回火是将淬火后的钢重新加热到_____以下某一温度范围(大大低于退火、正火和淬火时的加热温度),保温后在_____、_____或_____中冷却的热处理工艺。

5. 常用的表面热处理方法有_____和_____两种。

6. 常用的渗碳方法有_____、_____和_____。

7. 在真空中进行的热处理称为_____,它包括_____、_____、_____和_____等。

8. 高温形变热处理是将钢加热到稳定的_____,进行_____,然后立即_____和_____。

9. 热处理设备可分为主要设备和辅助设备两大类。主要设备包括热_____、_____、_____、_____等。辅助设备包括_____、_____、_____和_____等。

10. 在金属热处理过程中,由于受到_____、_____、_____等多种因素的影响,会出现过热、欠热、晶粒粗大等常见缺陷,为材料的使用埋下隐患。

二、简答题

1. 什么是热处理?常用的热处理方法有哪些?

2. 什么是退火?什么是正火?两者的特点和用途有什么不同?

3. 钢在淬火后为什么要进行回火？三种类型回火的用途有什么不同？汽车发动机缸盖螺钉要采用哪种回火？为什么？

4. 简述感应淬火的目的、特点及其应用范围。

5. 电阻炉的基本工作原理是什么？

车削加工训练报告

一、根据图示填写车床各部分的名称

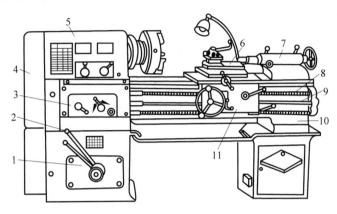

图 1 车床示意图

1—_____；   2—_____；   3—_____；

4—_____；   5—_____；   6—_____；

7—_____；   8—_____；   9—_____；

10—_____；   11—_____。

二、填空题

1. 你实习使用的车床型号为_____，能加工工件的最大直径为_____，主轴的最低转速为_____，最高转速为_____，共有_____种转速。

2. 机床的切削运动包括_____和_____，车床上工件的旋转运动属于_____，刀具的纵向（或横向）运动属于_____运动。

3. 切削用量是指_____、_____和_____；它们的单位分别是_____、_____和_____。

*4. 三爪卡盘通常用来夹持_____和_____工件，四爪卡盘最适合夹持_____工件，花盘用来夹持_____工件。^①

5. 为了_____和_____，常在零件表面滚花。

*6. 车螺纹时，为了获得准确的螺距，必须用_____带动刀架进给，要使工件转一周，刀具移动的距离等于工件_____。

7. 车床的加工范围包括_____。

8. 在通常情况下，车削加工零件的尺寸公差等级可达_____，表面粗糙度 Ra 值_____ μm。

9. 刀具切削部分的材料应具有的基本性能要求是_____，其中最重要的是_____。

---

① 标星号的题目表示机械专业学生要做的，无星号的题目表示所有专业的学生必做。

10. 最常用的刀具材料有_____和_____。常用的高速钢牌号有_____；YG表示_____，适用于加工_____等_____性材料。YT表示_____，适用于加工_____等_____性材料。

三、标出图中外圆车刀刀头的各部分名称及主要角度

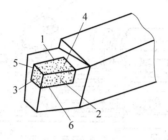

图 2　外圆车刀刀头

1—_____；　2—_____；　3—_____；

4—_____；　5—_____；　6—_____。

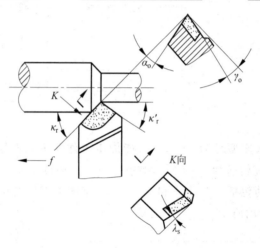

图 3　刀具的几何角度

γ_o—_____；　α_o_____；　κ_r_____；

κ'_r—_____；　λ_s—_____。

四、计算题

已知车床横溜板丝杠螺距为 5mm，刻度盘分 100 格，加工工件毛坯为 ϕ40mm，要一次进刀切削到 ϕ38mm，则横溜板刻度盘应转过几格？

五、车削综合工艺

1. 销轴车削工艺

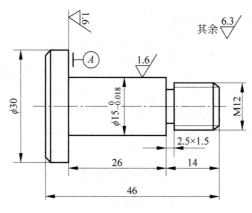

图 4　销轴零件图

表 1　销轴加工工艺

序号	加工内容	加工简图	刀具	装夹方法

* 2. 模套车削工艺

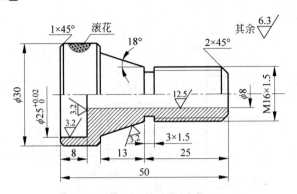

图 5　模套零件图

表 2　模套加工工艺

序号	加工内容	加工简图	刀具	装夹方法

14

铣削、刨削、磨削加工训练报告

一、根据图示填写立式铣床各部分的名称

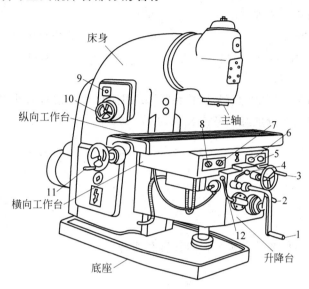

图 1 XQ5020A 立式升降台铣床示意图

1—＿＿＿＿＿＿＿＿＿＿＿＿； 2—＿＿＿＿＿＿＿＿＿＿＿＿； 3—＿＿＿＿＿＿＿＿＿＿＿＿；
4—＿＿＿＿＿＿＿＿＿＿＿＿； 5—＿＿＿＿＿＿＿＿＿＿＿＿； 6—＿＿＿＿＿＿＿＿＿＿＿＿；
7—＿＿＿＿＿＿＿＿＿＿＿＿； 8—＿＿＿＿＿＿＿＿＿＿＿＿； 9—＿＿＿＿＿＿＿＿＿＿＿＿；
10—＿＿＿＿＿＿＿＿＿＿＿＿； 11—＿＿＿＿＿＿＿＿＿＿＿＿； 12—＿＿＿＿＿＿＿＿＿＿＿＿。

二、填空题

1. 常用的铣削进给量有三种表示形式,它们分别是:＿＿＿＿＿＿＿、＿＿＿＿＿＿＿、＿＿＿＿＿＿＿；你实习所采用的是＿＿＿＿＿＿＿。

2. 铣削一般用来加工＿＿＿＿＿＿＿、＿＿＿＿＿＿＿、＿＿＿＿＿＿＿、＿＿＿＿＿＿＿、＿＿＿＿＿＿＿、＿＿＿＿＿＿＿等;其加工精度一般在＿＿＿＿＿＿＿,表面粗糙度 Ra 值为＿＿＿＿＿＿＿,属于＿＿＿＿＿＿＿加工。

3. 在铣削加工过程中,刀具作＿＿＿＿＿＿＿运动,是＿＿＿＿＿＿＿运动;工件作＿＿＿＿＿＿＿运动,是＿＿＿＿＿＿＿运动。

4. 铣床的种类很多,常用的有＿＿＿＿＿＿＿铣床和＿＿＿＿＿＿＿铣床两种,它们的主要区别是＿＿＿＿＿＿＿和＿＿＿＿＿＿＿之间的位置不同。

5. 根据铣刀安装方法的不同,可将铣刀分为两大类:即带孔铣刀和带柄铣刀,其中常用的带孔铣刀有＿＿＿＿＿＿＿、＿＿＿＿＿＿＿、＿＿＿＿＿＿＿；常用的带柄铣刀有＿＿＿＿＿＿＿、＿＿＿＿＿＿＿、＿＿＿＿＿＿＿等。

6. 根据铣刀的旋转方向和工件的进给方向之间的关系,铣削加工可分为＿＿＿＿＿＿＿和＿＿＿＿＿＿＿两种方式。

7. 铣床的主要附件有＿＿＿＿＿＿＿、＿＿＿＿＿＿＿、＿＿＿＿＿＿＿和＿＿＿＿＿＿＿等。

8. 刨削主要用于加工＿＿＿＿＿＿＿、＿＿＿＿＿＿＿及一些成形面等,其加工精度一般在

_____,表面粗糙度 Ra 值为_____。

9. 牛头刨床主要由_____、_____、_____、_____、_____和_____等部分组成。

10. 常见的磨削加工形式有_____、_____、_____和_____；其加工精度一般在_____,表面粗糙度 Ra 值为_____,属于_____加工。

11. 磨削用的砂轮由_____、_____和_____三部分组成。

12. 外圆磨削中最常用的磨削方法有_____和_____两种,平面磨削常用的方法有_____和_____两种。

*三、拟铣一齿数 $z=30$ 的直齿圆柱齿轮,试用简单分度法计算出每铣一齿,分度头手柄应转过多少圈?(已知分度盘的各圈孔数为 37,38,39,41,42,43。)

四、思考题

1. 什么是顺铣?什么是逆铣?它们各自有何特点?

2. 简述用端铣刀在立式铣床上铣削加工平面的步骤。

*3. 刨削加工有何特点?

*4. 简述平面磨削常用的两种加工方法的特点,如何选用?

钳工训练报告

一、根据图示填写各部分的名称

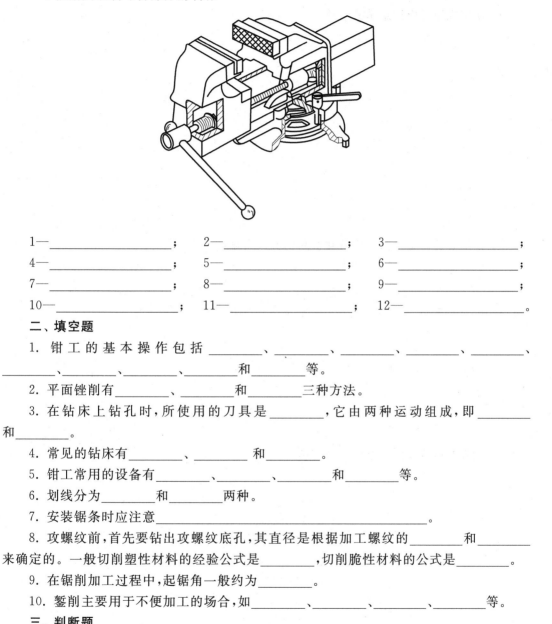

1—_____ ;　　2—_____ ;　　3—_____ ;

4—_____ ;　　5—_____ ;　　6—_____ ;

7—_____ ;　　8—_____ ;　　9—_____ ;

10—_____ ;　　11—_____ ;　　12—_____ 。

二、填空题

1. 钳工的基本操作包括 _____ 、_____ 、_____ 、_____ 、_____ 、_____ 、_____ 、_____ 和_____ 等。

2. 平面锉削有_____ 、_____ 和_____ 三种方法。

3. 在钻床上钻孔时,所使用的刀具是_____ ,它由两种运动组成,即_____ 和_____ 。

4. 常见的钻床有_____ 、_____ 和_____ 。

5. 钳工常用的设备有_____ 、_____ 、_____ 和_____ 等。

6. 划线分为_____ 和_____ 两种。

7. 安装锯条时应注意_____ 。

8. 攻螺纹前,首先要钻出攻螺纹底孔,其直径是根据加工螺纹的_____ 和_____ 来确定的。一般切削塑性材料的经验公式是_____ ,切削脆性材料的公式是_____ 。

9. 在锯削加工过程中,起锯角一般约为_____ 。

10. 錾削主要用于不便加工的场合,如_____ 、_____ 、_____ 、_____ 等。

三、判断题

1. 为保证工件在加工过程中牢固可靠,工件在台虎钳上夹持得越紧越好。(　　)

2. 锉削回程时应以较小的压力,以减小锉齿的磨损。(　　)

3. 工件将要锯断时锯力要减小,以防断落的工件砸伤脚部。(　　)

4. 高度游标卡尺与普通游标卡尺的刻线原理不同。(　　)

5. 起锯时,起锯高度越小越好。(　　)

6. 锉削过程中,两手对锉刀压力的大小应保持不变。（　　）

7. 当孔将要钻穿时,必须减小进给量。（　　）

8. 平面划线只需要选择一个划线基准,立体划线则要选择两个划线基准。（　　）

四、问答题

1. 使用虎钳时应注意哪些事项?

2. 怎样安装锯条? 锯齿崩落和折断的原因有哪些?

3. 钻孔时应注意的安全事项有哪些?

数控加工训练报告

一、填空题

1. 数控加工方法常见的有 _____ 、_____ 、_____ 、_____ 、_____ 、_____ 、_____ 等多种加工方法。

2. 数控机床主要由 _____ 、_____ 、_____ 、_____ 、_____ 和 _____ 组成

3. 数控机床按工艺用途可分为 _____ 、_____ 、_____ 、_____ 。

4. 数控编程步骤为：_____ 、_____ 、_____ 、_____ 、_____ 及 _____ 。

5. 数控加工工艺设计包括 _____ 、_____ 、_____ 、_____ 、_____ 。

二、简答题

1. 简述数控加工的特点。

2. 什么是机床坐标系？什么是工件坐标系？

3. 简述数控编程的方法。

数控车削加工训练报告

一、填空题

1. 数控车床一般由 _____ 和 _____ 组成。

2. 数控车床可以加工 _____ 的零件。

3. 数控车床工件坐标系的原点通常选择在 _____ 或者 _____。

4. 数控车床坐标系 Z 轴和主轴 _____，X 轴和主轴 _____。

5. 对刀点应尽量设置在零件的 _____ 或 _____ 上。

二、简答题

1. 数控车床切削用量的选择原则是什么？

2. 指出以下功能代码的含义：

G00	G97
G01	G98
G02	G99
G50	M03
G70	M05
G71	M08
G90	M09
G94	M30

三、编程题

根据图示零件编写数控加工程序。

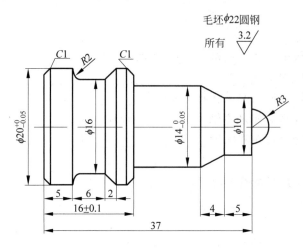

图 1   零件 1

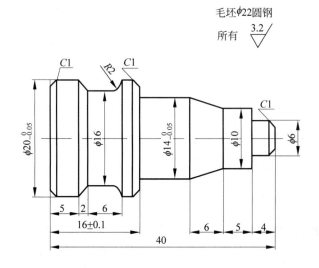

图 2   零件 2

数控铣削加工训练报告

一、填空题

1. 你实习的数控铣床使用的数控系统是_____。

2. 数控加工编程是根据被加工零件的图纸和工艺要求,用所使用的数控系统的数控语言,来描述_____及其_____的过程。

3. 以机床零点为原点建立的坐标系是_____。

4. 为了编程方便,由操作者自己设定,并且所有编程数据都以此为基准的坐标系是_____。

5. 数控铣程序的编写是以_____为参考点,按照程序格式,沿加工路线依次编写的。

6. 数控铣的主要编程方式有_____和_____两种。

7. _____是以建立的绝对坐标系为基准确定的坐标数据来编程的编程方式,用_____设定。

8. _____是以刀具运行终点相对于运行起点坐标数据来编程的编程方式,用_____设定。

二、写出以下指令代码的含义,并指出其属性。

G00:	G45:
G01:	G46:
G02:	G47:
G03:	G48:
G26:	M02:
G90:	M03:
G91:	M04:
G40:	M05:
G41:	M08:
G42:	M09
F:	T:
S:	

其中模态指令有_____;非模态指令有_____;终止模态有_____。

三、简述 XK5020D 数控铣床的组成及其加工特点。

四、根据以下零件图纸,编写加工程序。

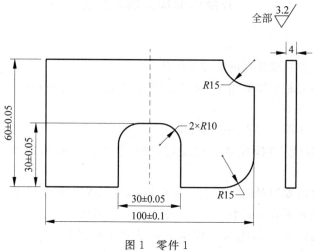

图 1   零件 1

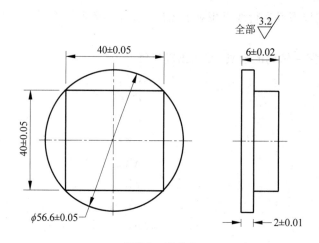

* 图 2   零件 2

特种加工训练报告

一、填空题

1. 根据工件所接电极的不同,电火花加工分为_____和_____两种接法。
2. 线切割按照运丝速度,可分为_____和_____。
3. 电火花线切割工作液的主要成分是_____。
4. 典型的快速成形技术包括_____、_____等。
5. 高能束加工主要是指_____、_____和_____。

二、选择题

1. 电火花加工主要包括_____。
   A. 电火花成形加工　　　　　　　　B. 电火花线切割加工
   C. 电火花高速小孔加工　　　　　　D. 超声波加工
2. 电火花线切割加工的主要工艺指标包括_____。
   A. 表面粗糙度　　B. 切割速度　　C. 加工精度　　D. 电极丝损耗
3. 超声波加工的主要用途包括_____。
   A. 超声波成形加工　B. 超声波切割　　C. 超声波焊接　D. 超声波清洗
4. 激光的特性包括_____。
   A. 强度亮度高　　B. 方向性好　　C. 相干性好　　D. 单色性好
5. 电子束加工装置主要由_____等部分组成。
   A. 电子枪　　　B. 运丝机构　　C. 真空系统　　D. 控制系统

三、简答题

1. 简述特种加工的特点。

2. 简述电火花线切割的主要用途。

3. 简述快速成形制造技术的优点。

* 四、编程题

利用 3B 编程方法编制下图零件的加工程序。

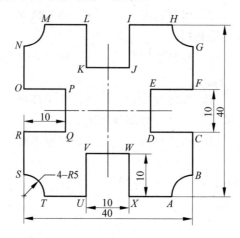